JN051687

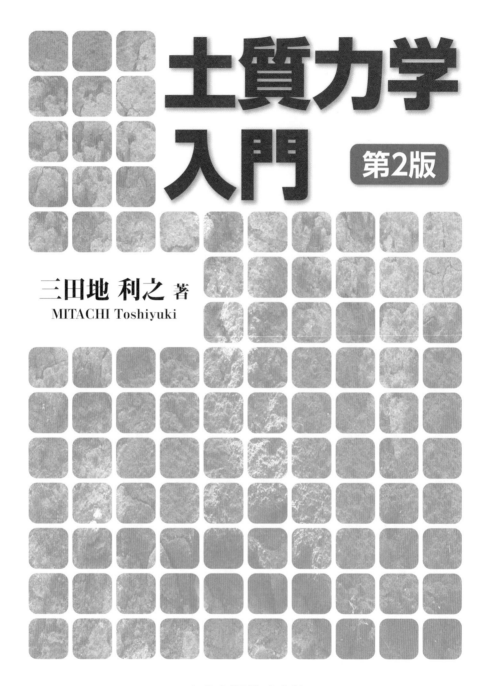

土質力学入門

第2版

三田地 利之 著

MITACHI Toshiyuki

森北出版株式会社

まえがき ⟫⟫⟫

　本書は，はじめて土質力学を学ぼうとする人を対象とした入門書である．土質力学は，外力の変化に対する地盤の応答，すなわち，土の強さと変形の問題を中心に扱う学問分野で，その知見は土（地盤）に関わるさまざまな工学的問題を解決するための基礎となるものである．土は土粒子と水，空気などからなる混合体で，しかも天然自然の材料であるから，地盤の深さ方向にも，水平方向にも均質さに欠けることは避けられないし，地域によって多種多様な土が存在するため，土質力学では構造力学や水理学のようには統一的に表現できない部分が残っている．

　本書では，このやっかいな「土の力学」の問題を，はじめて学ぶ人にできるだけわかりやすく解説するように努め，表現も読みやすくなるように心がけたつもりである．土質力学に関する知見を中心に解説したものであり，書名も「土質力学入門」としているが，土質力学の応用としての地盤の安定問題に関する内容，すなわち，地盤工学の内容の一部をも扱っている．執筆にあたり，近年の土質力学・地盤工学分野の著しい発展の成果をいかに取り込むべきかについて悩み，模索したが，初学者のための教科書として，地盤工学の実務の現状からかけ離れることのない内容構成をとることとした．本書の執筆にあたっての基本姿勢は以下のようである．

- 土の応力 - ひずみ挙動のモデルを，章によって使い分けて（第 4, 5 章では弾性体，第 8〜10 章では剛塑性体を仮定）いることを明示し，その背景を説明した．
- 土質力学の発展には，地盤調査・試験の技術が不可欠であることを説明し，各章の関連箇所でその概要を解説するとともに，詳細を記した参考文献を紹介した．
- 土の生成にはじまって，（どんな土であるか？—土の組成，構造）から，（どんな状態にあるか？—土の状態の表現）へ，そして（力学的性質は？—透水性，地盤内応力の表現，圧縮性，せん断強さ）へ，さらに地盤の安定問題へと進むように，できる限りストーリー性をもって各章のつながりがわかるように記述した．
- 各章各項目で説明する内容の根拠をなるべく丁寧に説明し，関連事項をさらに掘り下げて調べられるように，可能な限りその専門分野の入門書として発行された書籍を参考文献として挙げた．
- できるだけ多くの例題を設けることによって，各章のポイントを理解しやすいように努めるとともに，多くの演習問題を提示し，そのすべてにできるだけ詳しい解説を付けることによって理解を深めることができるようにした．

　本書第 2 版でも上記の姿勢は変わらないが，初版からの変更点を以下に記す．

- 図を一目でわかるようにするため，2 色刷りとしてより直観的に理解しやすくした．

- 内容の主な変更点として，7.5.1 項において，せん断試験のタイプと排水条件および試験結果として得られる強度パラメータの関係をより分かりやすくなるよう加筆修正した．また，8.3.4 項で粘性土地盤が非排水条件で壁面に及ぼす圧力の算定法について加筆した．

- 地盤材料試験に関する日本産業規格（JIS）の改正（2020 年）に合わせて，密度の単位を従来の g/cm^3 から Mg/m^3 に統一した．また，長さの単位を m の 10^3 ごとの倍数となるように統一する目的から，原則として cm の使用は避け，mm または m で表現した．ただし，文脈から cm のほうが適当な場合や，例題や演習問題の場合で，問題文を cm で表現するほうが都合のよい場合は，解答の過程までは cm で対応し，最後の答えを mm または m を用いた表現で統一した．

　近年のたび重なる自然災害によってわが国の社会基盤諸施設の老朽化進行が顕在化し，設計基準見直しの必要性が声高に叫ばれ，ようやく諸施設を「つくること」から安全に「まもること」さらに「つくりかえること」に重点を移すべきときがきたとの認識が高まりつつある．この流れが，防災の観点に留まらず，地域環境の保全，再生，創生につながるものであって欲しいと願うものであり，本書が社会基盤諸施設を支える技術者として次代を担う読者の活躍に少しでも役に立てば幸いである．

　この機会に，これまでお世話になった方々への御礼を申し上げたい．北海道大学名誉教授 故北郷繁先生には土質力学の研究・教育への道に導いていただき，同大学名誉教授 土岐祥介先生には恩師としてまた先輩教員として多くのご教示とご助言をいただきました．両先生の研究室卒業の先輩・後輩諸氏には，研究活動を通じて多大なご協力と，有意義な時間をいただきました．日本大学生産工学部の皆様には，同大学の学生に対する教育の機会を与えていただき，本書出版の契機となりました．心からお礼申し上げます．

　本書の記述内容のほとんどすべては，多くの先達の研究・技術の成果によるものである．また，学会活動や実務上の各種委員会等々における討議を通じて多くの方々に貴重な知識，経験を授かった．砂・粘土試料の顕微鏡写真は大河原正文氏（岩手大学），泥炭試料の写真は林宏親氏（寒地土木研究所）のご好意によるものである．

　元森北出版の利根川和男氏による，著者の北海道大学から日本大学在職時を通じての本書出版企画のご尽力と同社小林巧次郎氏の激励が本書を生んだと言ってよい．同社二宮惇氏には，初版から第 2 版を通じて丁寧に原稿を読んでいただき，表現の修正や校正に大変ご苦労いただいた．心からの謝意を表します．

2020 年 8 月

著　者

目　次 ⟫⟫⟫

第1章　土質力学とは　　1

1.1　土質力学と地盤工学 —— 1　　1.2　土の生成 —— 3
1.3　地盤の調査・試験 —— 8　　演習問題 —— 12

第2章　土の基本的性質　　13

2.1　土の組成と構造 —— 13　　2.2　土の状態の表現 —— 18
2.3　土の粒度 —— 23　　2.4　土のコンシステンシー —— 26
2.5　土の工学的分類 —— 31　　演習問題 —— 36

第3章　土中の水の流れ　　38

3.1　土中水の流れとダルシーの法則 —— 38　　3.2　透水係数の大きさと測定方法 —— 42
3.3　浸透流量の算定 —— 49　　演習問題 —— 56

第4章　地盤内の応力　　58

4.1　地盤の力学解析における前提 —— 58　　4.2　全応力と有効応力 —— 60
4.3　自重による地盤内応力 —— 61　　4.4　載荷重による地盤内応力 —— 63
4.5　浸透流と地盤内有効応力 —— 72　　演習問題 —— 78

第5章　土の圧縮性と圧密　　79

5.1　土の圧縮性 —— 79　　5.2　飽和粘土の圧密 —— 82
5.3　圧密試験 —— 88
5.4　圧密沈下量と圧密沈下の経時変化の予測 —— 91
5.5　圧密促進工法 —— 100　　演習問題 —— 103

第6章　土の締固め　　104

6.1　締固めの目的，機構とその試験方法 —— 104
6.2　締固めた土の性質 —— 109　　6.3　土の種類と締固め特性 —— 110
6.4　締固め施工への利用 —— 112　　演習問題 —— 117

第7章　土のせん断特性 　　　　118

7.1　土の変形とせん断強さ —— 118　　7.2　地盤内応力の表示方法 —— 119
7.3　モールの応力円 —— 121　　　　　7.4　土の破壊規準 —— 125
7.5　土のせん断強さの評価方法 —— 128　7.6　砂質土のせん断特性　　143
7.7　粘性土のせん断特性 —— 149
7.8　小ひずみレベルでの土の変形特性 —— 156
演習問題 —— 157

第8章　地盤の安定問題Ⅰ（土圧）　　　　159

8.1　土圧とは —— 159　　　　　　　　8.2　土中土圧 —— 160
8.3　ランキンの土圧理論 —— 160　　　8.4　静止土圧 —— 170
8.5　クーロンの土圧理論 —— 171　　　8.6　擁壁に作用する土圧の算定 —— 175
8.7　たわみ性構造物に作用する土圧 —— 182
8.8　埋設管に作用する鉛直土圧 —— 185　演習問題 —— 187

第9章　地盤の安定問題Ⅱ（斜面安定）　　　　188

9.1　斜面の崩壊と安定解析 —— 188　　9.2　無限長斜面の安定解析 —— 189
9.3　有限長斜面の安定解析 —— 193　　9.4　地すべり斜面の安定解析 —— 202
演習問題 —— 206

第10章　地盤の安定問題Ⅲ（基礎の支持力）　　　　208

10.1　基礎の種類 —— 208　　　　　　10.2　浅い基礎の支持力 —— 209
10.3　浅い基礎の沈下 —— 215　　　　10.4　深い基礎の支持力 —— 217
演習問題 —— 226

付録　本書で用いる単位系 SI —————————————— 227
演習問題解答 ————————————————————— 228
参考文献 ——————————————————————— 244
索　引 ———————————————————————— 247

第1章
土質力学とは

平常時は人間の生活基盤を安全に支えてくれる地盤も，通常と異なる大きな外力が加わったり，状態の変化が生じたりすると，異なった挙動を示す．その結果，ときにそれが地盤災害や地盤汚染として，我々の生活空間をおびやかすことになる．外力の変化に対する地盤の応答は，土の強さと変形の問題，すなわち土質力学の問題として扱われる．この章では，まず土質力学の定義と関連分野について説明し，土の定義とその生成について解説したのち，地盤調査，試験の概要を述べる．

▶ 1.1　土質力学と地盤工学 ◀

　人間が生活の基盤を築いている地盤は，地球の最も外側を構成する地殻（図 1.1）のうちのごく表層の部分であり，地盤を構成する物質の固結の程度によって固結地盤，未固結地盤，両者の中間の半固結状態の地盤に分けられる．地盤を構成する土はさまざまな大きさの土の粒子（以下，土粒子とよぶ）とその間隙に存在する水と空気から成り立っており，保水，通気，浄化，養分の貯蔵などの多様な機能を備えている．これにより，土は植物の生育環境を与え，植物と土との共生関係が地上のすべての生物の生存基盤をなすとともに，生物循環の場となっている．また一方で，地盤は建造物などの荷重を支える能力を有しており，建設材料としての機能とともに，人類の発展に不可欠な生活基盤，生産基盤としての諸施設を整備する場として利用されてきた．すなわち，都市の建築物，工場や鉄道，道路などの基礎地盤として生活の基盤を支え，生産の場としての役割を担っている．さらに，人間の生活，生産活動の結果として生じる廃棄物を受け入れる場としても利用され，土のもつ浄化機能と貯蔵機能が活用されているが，局所的な環境汚染に対しても大きな関わりをもっている．

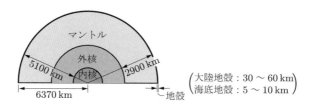

図 1.1　地球の構造

　このように，日常生活に密着した身近な存在である土（地盤）も，我々の居住空間を常に安全な状態に保持してくれるとはかぎらない．ひとたび豪雨に見舞われると，斜面崩壊の危険にさらされるだけでなく，より大規模な地すべり発生の危険がしのびよっているかもしれない．また，日本列島に頻発する地震動は，地盤をその伝播経路として地表付近の建造物に，大きなダメージを与えることもある．一方，工業用水などとしての地下水の汲み上げは，目に見えにくい形で軟弱地盤地帯の地盤沈下をひき起こしてきた．さらに，土中に投棄された産業・生活廃棄物は，微生物による分解や，複雑な酸化・還元反応などののち，地下水の流れを通じて土中に拡散し，地下水を含めた周囲の環境に影響を及ぼしている（図 1.2）．

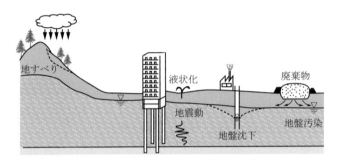

図 1.2　土（地盤）に関わるさまざまな問題

　土質力学（soil mechanics）という学問の体系化が進められたのは，第 5 章および第 10 章にその名が登場する**テルツァギー**（Terzaghi, K.）の Erdbaumecahnik が出版された 1925 年以降とされており，近代地質学の創始が 18 世紀後半とされる**地質学**（geology）の歴史に比べれば，はるかに新しい学問分野である．

　地質学は地球そのものに関する学問で，「地球を構成する物質の性質，それらにはたらく諸作用，地球における生命の起源とその後の生物と地球の歴史などを研究対象」とする分野であり，地質学的観点からみた特徴をその地域の**地質**と表現する．一方，土質力学は「土の物理化学的な性質や力学的な性質をもとに，力学や水理学などを応用して土に関する工学的問題を解決するための基礎となる学問」である．土質力学上の原理を構造物や基礎の設計，施工に応用し，さらに防災，減災や環境の保全，再生，創生に関わる地盤技術を扱う分野を**地盤工学**（geotechnical engineering）とよぶ．その意味では，図 1.3 に示すように土質力学は地盤工学という大きな専門領域の中の土の力学に関わる分野の基礎をなすものである．

　土質力学がほかの材料力学と大きく異なる点は，対象とする材料が天然自然のものであることから，対象地域（地点）ごとに異なる材料の力学的性質を把握する必要が

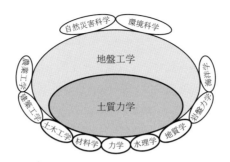

図 1.3 土質力学・地盤工学と関連分野

あることである．したがって，地盤調査・試験の技術が不可欠であり，これらの技術の発展と一体となって，学問分野が進歩，発展してきた．

▶ 1.2 土の生成

》 1.2.1 土の定義

　ところで，「土とは何か」について改めて考えてみよう．本書の対象とする土質力学，地盤工学の分野では，土（soil）は「地球の表面を薄くおおった部分で，岩石が気候や植物，動物などの作用を受けて風化，生成した比較的粒径の小さな粒状の鉱物性物質と，これと併存する空気，水，有機物などの集合体」と定義されている．**風化**については 1.2.2 項で説明するが，岩石が風化すると細かい砂や粘土の集まり（風化砕屑物）になり，これに植物の遺体が加わったり，微生物やモグラやミミズなどの地中の生物のはたらきが作用し，さらに気候などの環境の影響を受けて土が生まれる．土は岩石の風化によってできたものが大部分であるが，火山灰や有機物などのほかの成因によるものやゴミなども含まれる．粒子の大きさでいうと，μm の単位以下の**粘土**から，mm の単位の**砂**，そして cm から数十 cm 単位の**礫**まで，土質力学，地盤工学の分野ではきわめて幅広い範囲を**土**として取り扱う．

　人間生活に身近な土も，専門分野によってその定義が異なる．農学分野では，「地球表面の岩石が分解したものに植物の分解による有機物が混合して，植物の生育に必要な要素を備えているもの（**土壌**）」と定義される．一方，地質学の分野では「地表の植物を支える部分」と定義され，その他の部分では，鉱物粒子が固く結合していなくてもすべて**岩石**と表現される．

▶▶▶ 1.2.2　造岩鉱物と土の生成

　地表面から 30〜60 km の範囲の地球のもっとも外側の層（図 1.1），すなわち**地殻（crust）**を構成する岩石は**造岩鉱物**とよばれるケイ酸塩鉱物からなる．主要造岩鉱物は無水ケイ酸（すなわち，**石英** SiO_2），**長石類**（正長石 $KAlSi_3O_8$ など），**かんらん石類**（Mg_2SiO_4 あるいは Fe_2SiO_4），**輝石類**（Ca，Mg，Al，Fe などを含むケイ酸塩），**雲母類**（白雲母：K，Al を主体とするケイ酸塩，黒雲母：Mg を含むケイ酸塩）である．

　岩石が大気や水あるいは生物の作用によって地表付近で分解して安定な物質に変化する現象を**風化（weathering）**とよび，この過程には物理的風化と化学的風化とがある．

　物理的風化は機械的風化ともよばれ，岩石が化学的変化を起こさずに機械的に破壊されて細片化する現象で，はじめの鉱物（一次鉱物）の性質は変わらない．温度変化によるひずみ，流水，波浪，降雨などによる侵食や水の凍結膨張などが原因となる．一方，溶解，酸化，加水分解，炭酸塩化などの化学反応によって一次鉱物の性質が変化して，化学的に安定な新しい鉱物が生成する現象を**化学的風化**という．

▶▶▶ 1.2.3　粘土鉱物

　粘土を構成している主成分鉱物を粘土鉱物という．粘土鉱物は岩石が熱水との反応による変質（熱水変質）や，化学的な風化による変質でできる鉱物で，図 1.4 に示すような層状の結晶構造をもつ．すなわち，頂点が酸素原子（O）からなる正四面体の中心にケイ素原子（Si）をもつ正四面体単位が同じ方向に連なって形成する四面体シートと，酸素原子（O）または水酸基（OH）を頂点とする正八面体の中心にアルミニウム原子（Al）をもつ八面体シートが重なって単位構造をつくる．表 1.1 のように，多くの粘土鉱物は，四面体シートまたは八面体シートの重なり方によって，1：1 構造，2：1 構造からなる粘土鉱物に分類される．図 1.5 は，1：1 構造の例としてカオリナイト群（カオリナイトおよびハロイサイトなど，図 (a)），2：1 構造の例としてスメクタイト群（モンモリロナイト，ノントロナイトなど，図 (b)）およびイライト（図 (c)）

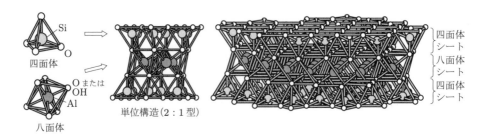

図 1.4　粘土鉱物の単位構造

表 1.1 粘土鉱物の分類

構造型	鉱物名	構造型	鉱物名
2:1 構造	パイロフィライト（pyrophyllite） モンモリロナイト（montmorillonite） ノントロナイト（nontronite） バイデライト（beidellite） クロライト（chlorite） イライト（illite）	1:1 構造	カオリナイト（kaolinite） ディッカイト（dickite） ハロイサイト（halloysite） 加水ハロイサイト 　　（hydrated halloysite）
		非晶質	アロフェン（allophane）

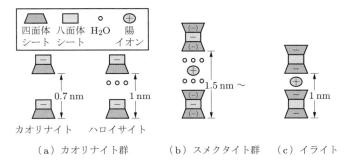

（a）カオリナイト群　　（b）スメクタイト群　　（c）イライト

図 1.5 代表的な粘土鉱物の構造模式図

の構造を示したものである．

　カオリナイトやハロイサイトは，力学的強さはスメクタイト群の粘土鉱物に比べて大きく，吸水膨張性は小さい．一方，モンモリロナイト，ノントロナイトなどのスメクタイト（smectite）群の粘土鉱物は，図 1.5(b) に示すように，層間の距離が長く，かつ，層間に水分子と陽イオンを取り込んでいるのが特徴で，吸水膨張性がきわめて大きく力学的強さは小さい．イライトの構造はスメクタイト群に類似しているが，カオリナイト群とスメクタイト群の中間的な力学的性質を示す．

≫≫ 1.2.4　土と運搬作用

　土は主として岩石の風化によって生成されるが，それらは，表 1.2 のようにその場に留まったもの（**定積土**）と，重力，流水，風，火山作用，氷河などによって運搬され，別の場所に堆積したもの（**運積土**）に分けられる．

(1) 定積土　　定積土は残積土と植積土に分けられる．

　① **残積土**（residual soil）：岩石が風化したのち，その場所に堆積したものである．花崗岩類の風化によってできた**まさ土**（decomposed granite soil）は代表的な残積土で，近畿，中国，四国地方，とくに中国地方では全域にわたって分布している．

表 1.2　土の成因と運搬作用

区　分		運搬作用	生成された土
定積土	残積土		まさ土など
	植積土		泥炭，黒泥など
運積土	崩積土	重力	崖錐
	沖積土	流水	河成沖積土，湖成沖積土，海成沖積土
	風積土	風力	黄土（レス）
	火山性堆積土	火山	火山灰質粗粒土（しらすなど），火山灰質粘性土（関東ローム，黒ぼくなど）
	氷積土	氷河	クイッククレイなど

② **植積土**（botanical deposit）：植物が枯死して堆積したもので，未分解の植物組織が残っているものを**泥炭**（peat），分解が進み黒色を示すものを**黒泥**（muck）とよぶ．泥炭は北海道や北東北に広い分布域をもつが，局所的には，全国的に旧谷地形や河川の蛇行跡などに存在することが多い．黒泥は本州以西に多く分布する．

(2) 運積土　　運積土は運搬作用の違いによって，以下のように分けられる．

① **崩積土**（colluvial deposit）：重力により比較的短距離の間を運ばれた土で，風化した岩石が急斜面から崩れ落ちて堆積したものを**崖錐**という．

② **沖積土**（alluvial soil）：風化によって生成された土が流水によって運ばれ，平野部や河口部で運搬力が減少して堆積したもので，堆積の場所によって海成沖積土，湖成沖積土などとよばれる．わが国の大都市の大部分は沖積土層の上に位置している．

③ **風積土**（aeolian deposit）：風によって運ばれて堆積した土で，代表的なものが中国大陸の**黄土**（レス：loess）である．

④ **火山性堆積土**（volcanic sedimentary soil）：火山の噴火によって噴出した火山礫，火山灰などが降下して堆積したものの総称で，北海道から沖縄までの各地に分布している．火山性堆積土は火山灰質粗粒土と火山灰質粘性土とに大別され，前者は南九州でしらすとよばれる土（北東北地方に同じ名称で南九州のしらすよりも細粒分の多い土がある）に代表され，後者は関東地方で**関東ローム**とよばれる土に代表される．火山灰質粘性土には，このほかに**黒ぼく**とよばれる土が北海道から九州にいたる火山灰土地帯に，粘性土化した火山灰を母材として過去の草原植生下に広く分布している．

⑤ **氷積土**（glacial soil）：氷河あるいは氷山により運搬され，陸上または海中に堆積した土で，北欧やカナダ東部にみられる**クイッククレイ**（quick clay）は海中で堆

積した氷積土である.

図 1.6 は火成岩や堆積岩, 変成岩が風化・浸食作用を受けて土となり, 運搬作用のもとで堆積したのち物理的・化学的変化を受け, 固結して岩石となり (続成作用), さらにその後の温度や圧力の変化を受けて鉱物学的に変化し (変成作用), いずれまた風化浸食作用のもとで土になるといったプロセスを模式的に描いたものである. このように, 土と岩石の間には境目がなく, きわめて長い年月をかけて循環を繰り返している.

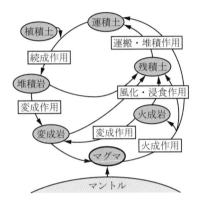

図 1.6　地殻構成物質の循環

≫ 1.2.5　地層の形成

定積土, 運積土によらず, 地盤を構成している土は一般に層状をなしている. これらの層を**地層** (stratum) とよぶ. 各層の厚さとその順序 (層序とよぶ) および地層を構成する土の種類と力学的性質などは, 1.3 節で述べる地盤調査などで明らかにされ, **土質柱状図** (soil boring log) として記録される.

地層は長い年月のもとにつくられたものであり, 一般に深部の地層ほど古い時代に堆積したものと考えてよい. 地層の層序を, 地層に残っている記録をもとに地質学的に区分した年代を**地質年代**とよび, 地質年代は古いほうから順に, 先カンブリア時代, 古生代, 中生代, 新生代に大区分されている. 図 1.7 は**新生代**の区分を示している.

現在は**第四紀**とよばれる地質年代であるが, 約 1 万年前を境にして, それ以前 (約 260 万年〜1 万年) の第四紀を**更新世** (pleistocene epoch), それ以後現在までを**完新世** (holocene epoch) とよぶ. 更新世は図 1.7(b) に示すように四つの年代に区切られていて, 78.1〜12.6 万年前の時代に**チバニアン** (千葉時代) という名称が与えられている. これは千葉県市原市の地層に, 地磁気の N 極と S 極の向きがこの時代に逆転した痕跡が鉱物などに良好な状態で残っていて, 年代の境界を観察しやすい代表的な

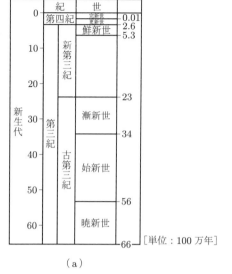

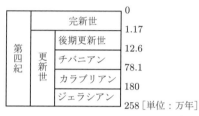

		完新世	0
第四紀	更新世	後期更新世	1.17
		チバニアン	12.6
		カラブリアン	78.1
		ジェラシアン	180
			258 [単位：万年]

（a）　　　　　　　　　　　　　　（b）　第四紀の時代区分

図 1.7　地質年代（新生代）

地層（国際標準模式地）として 2020 年に認定されたことによる．更新世の末期（1～2 万年前）から現在までの間に，最終氷期以降の海水準変動によって形成された未固結堆積物からなる地層を**沖積層**（alluvial deposit）とよび，一般に軟弱な地層が形成されている．これに対して，更新世やそれより古い時代の堆積物は硬い地層を形成し，構造物の支持地盤とされることが多い．従来，沖積層下部に位置する第四期の堆積物を洪積層（diluvial deposit）とよんでいたが，現在では**更新統**（pleistocene series）とよぶようになっている[1.1]．

▶**1.3　地盤の調査・試験** ◀

　地盤工学の実務では，道路盛土や河川堤防の構築の場合など，土を材料として利用することもあるが，多くの場合，各種建設工事の対象地点に存在する自然状態の地盤を取り扱う．いずれにしても，対象土（地盤）の材料としての特性，あるいは自然状態での特性を知ることからスタートすることになる．すなわち，原位置での調査結果によるか，または試料を採取して室内試験を行うことにより，対象となる土の物理的・力学的性質を把握することが必要不可欠である．

　地盤工学に関わる研究者，技術者から構成される**地盤工学会**（The Japanese Geotechnical Society）では，各種の地盤調査・試験に関する国家規格（日本産業規格：**JIS**）

の案を作成したり，地盤工学会基準（**JGS**）を定めている．実務者はこれらの規格，基準に従って統一された調査，試験の方法を用いることになっており，その内容は「地盤調査の方法と解説」および「地盤材料試験の方法と解説」として地盤工学会から出版され，10 年ごとに改訂が行われている．以下に原位置試験および室内試験の概要を記すが，調査・試験方法の詳細については，上記の**調査法**，**試験法**またはそれぞれの内容を初心者向けの手引として解説した「地盤調査—基本と手引—」，「土質試験—基本と手引—」を参照するとよい．

≫≫ 1.3.1　原位置試験

　原位置（対象となる現場のその位置）の地表またはボーリング孔などを利用して，土（地盤）の物理特性，力学特性を直接調べる試験を総称して原位置試験 (in situ test) といい，以下のように分類できる．

① 物理定数を求める試験：地表や地下での**物理探査**や現場で実施する土の**現場密度試験**など
② 強度・変形特性を求める試験：**標準貫入試験**や**コーン貫入試験**などの貫入試験や，**ベーンせん断試験**など
③ 地下水と浸透流に関する試験：**現場透水試験**など
④ 載荷試験：ボーリング孔内で行われる**孔内水平載荷試験**，地盤の**載荷試験**，基礎杭の**鉛直（水平）載荷試験**など

　ここでは，原位置試験の中で地盤の相対的な強さや密度の深度分布を求めるなど，概略の調査によく用いられる**サウンディング**（sounding）の代表的な試験について，その概要を説明する．ほかの原位置試験については，文献 [1.2] あるいは文献 [1.3] を参照してほしい．なお，現場透水試験および載荷試験については，関連の章（第 3，10 章）で説明する．

　サウンディングとは，抵抗体を地盤に挿入し，貫入，回転，引抜きなどに対する抵抗を測定することによって，相対的な強さなどの地盤性状を調査する方法で，静的サウンディングと動的サウンディングに大別される．

(1) 静的サウンディング　抵抗体を地盤中に圧入するときの抵抗値を測定する**静的コーン貫入試験**（cone penetration test：CPT）や，回転抵抗を測定する**スクリューウエイト貫入試験**（screw weight sounding test：SWS，旧称スウェーデン式サウンディング試験）が代表的なものである．

　図 1.8 に示すように，静的コーン貫入試験は，先端に鋼製の円錐（コーン）を装着したロッドを静的に地盤に貫入し，貫入抵抗を深さ方向に連続的に求める試験である．地盤の強さや土層構成の詳細を把握することを目的に，調査ボーリングの補完調査や

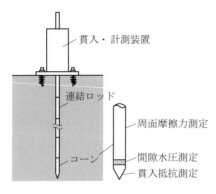

図 1.8　静的コーン貫入試験

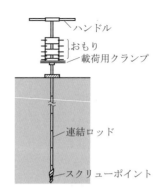

図 1.9　スクリューウエイト
　　　　　貫入試験

精密調査に利用される．図のように，コーンの先端部に貫入抵抗，周面摩擦力，間隙水圧のほかに温度や土圧などを測定できるセンサーが取り付けられ，粘性土のせん断強さ，砂質土のせん断抵抗角，相対密度，液状化抵抗の推定などに用いられている．

　スクリューウエイト貫入試験（図 1.9）は，先端に鋼製のスクリューポイントが装着されていて，ロッドの上部に取り付けられた載荷用クランプに，段階的に所定の荷重を載荷して貫入量を測定したのち，規定の方法でロッドを回転させて，規定の貫入量に達するのに要する半回転数を測定する試験である．土の硬さや締まり具合を判定したり，軟弱層の厚さや分布を把握するのに用いられる．戸建て住宅用地盤の支持力調査の方法として広く普及している．

(2) 動的サウンディング

標準貫入試験（standard penetration test：SPT）が代表的なもので，概要を図 1.10 に示す．ボーリング孔を利用して行われる試験で，先端にスプリットサンプラーの付いたボーリングロッドの頭部にあるノッキングヘッドに，質量 63.5 kg のハンマーを自由落下させ，その打撃回数を測定する．ハンマーの落下高を 760 mm に設定し，サンプラーを 300 mm 貫入させるのに要する打撃回数を **N 値**（N-value）として地盤の硬さや締まり具合を知る指標とする．この試験の特徴は N 値の測定（通常 1 m ごとに行われる）後，その深度の試料を採取できることにある．すなわち，スプリットサンプラーを二つ割りにして試料を観察したり，物理試験を行うことにより，図 1.11 のような**土質柱状図**（土質名と層厚，地下水位，試料の観察記録，サウンディング試験結果などの地盤情報を記録したもの）を描くことができる．

　なお，静的・動的サウンディングは地盤の強さに関する指標を得るための試験であり，サウンディングによって得た指標を設計に用いる場合には，同一地盤から採取された試料について次項で述べる室内試験（現場から採取した試料を用いて実験室内で行う試験）を実施して比較検討するか，既存の相関式を用いて検討するなどして総合

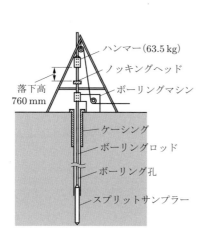

図 1.10　標準貫入試験

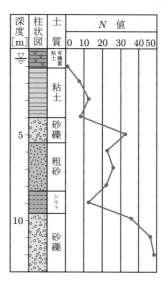

図 1.11　土質柱状図

的に判断する必要がある.

≫≫ 1.3.2　室内試験

　詳細設計の段階に入ると, 必要に応じて, 現場から採取した試料について各種室内試験 (laboratory test) が行われる. 室内試験には, 以下のような目的がある.

① 土の状態を表すための諸量を求める

② 土の分類を行う

③ 締固め特性を調べる

④ 現場の土の状態を把握する

⑤ 透水性を調べる

⑥ 圧縮性を調べる

⑦ 強度特性を調べる

　①〜③の目的に用いる試料は, 浅い深度の場合はスコップやハンドオーガーなど, 深い深度の場合は標準貫入試験のスプリットサンプラーによって採取した試料で問題ない. しかし, ④〜⑦の目的の場合, 原位置での土の状態が極力変化しないように保ちながら採取し, 試験する必要がある. このように意図して採取された試料を乱れの少ない試料（undisturbed sample）とよぶ. 浅い深度から採取する場合は手掘りによるブロックサンプリングによる. 深い深度の場合は, 図 1.12 に示す固定ピストン式シンウォールサンプラーによる方法などがある. この方法では, 対象深度までボーリング

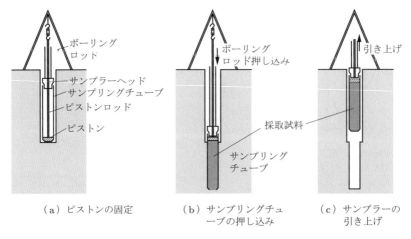

図 1.12　固定ピストン式シンウォールサンプラーによる乱れの少ない試料の採取

したのち，孔底までサンプラーを下ろし（図 1.12(a)），ピストンを孔底に固定した後サンプリングチューブ（肉厚：1.5～2 mm）を押し込み（図 (b)），その後サンプラー全体を引き上げて試料を採取する（図 (c)）．これらの詳細については，文献 [1.2] あるいは [1.3] を参照してほしい．

採取された試料について，上記①～⑦の目的で行われる各種室内試験の方法については，日本産業規格（JIS）あるいは地盤工学会基準（JGS）で規定している内容に従って実施するように定められている．

本書では，それぞれの試験の概要について下記のように関連の各章で説明する．

- 土の状態を調べる試験〈第 2 章〉
- 土の工学的分類のための試験〈第 2 章〉
- 土の締固め特性を調べる試験〈第 6 章〉
- 土の透水性を調べる試験〈第 3 章〉
- 土の圧縮性を調べる試験〈第 5 章〉
- 土の強さを調べる試験〈第 7 章〉

▶**演習問題**◀

1.1　土の生成過程について説明せよ．

1.2　粘土鉱物を結晶構造によって分類し，代表的な粘土鉱物の特徴を説明せよ．

1.3　定積土と運積土の代表的な土について説明せよ．

1.4　サウンディングとよばれる原位置試験について説明せよ．また，代表的なサウンディングの一種である標準貫入試験結果から，どのような情報が得られるかについて説明せよ．

第2章

土の基本的性質

土質力学の対象とする土は，第1章で述べたようにさまざまな顔をもっている．地盤災害防止工事だけでなく，自然地盤の上に構造物をつくる場合や，土を材料として堤防やフィルダムなどを構築する場合には，つぎの点が問題となる．
① どんな土であるか？
② どんな状態にあるか？
③ 力学的性質は？
この章では，まず対象とする土が「どんな土であるか？」，すなわち土を構成する土粒子の大きさ，形やその配列状態，土粒子，水，空気の構成割合などの表現方法について述べる．つぎに，対象とする土が「どんな状態にあるか？」，すなわち土の密度や土粒子間の間隙の量，あるいは水の含み具合などの表現方法と，それらを求めるための試験方法について説明する．最後に，土粒子の大きさとその分布や水分の含み具合が土の力学的性質に及ぼす影響の概略を述べたのち，土の工学的分類方法について説明する．なお，土の力学的性質の表現方法については，第3章以降の各章において詳しく説明する．

▶2.1　土の組成と構造

　この節では，対象とする土を構成する土粒子の大きさ，土粒子の形や配列構造について説明し，さらに土粒子，水，空気の三相からなる土の構成モデルについて述べる．

⋙2.1.1　土粒子の大きさ

　自然地盤を構成する地盤材料の粒子の大きさは，$5\,\mu\mathrm{m}$（$0.005\,\mathrm{mm}$）以下の微粒子から，$300\,\mathrm{mm}$ 以上の大きな石までを含むきわめて広範囲にわたっている．地盤工学の分野では，粒子の大きさによって図 2.1 に示すように**粘土**（clay），**シルト**（silt），**砂**（sand），**れき**（礫：gravel），**石**（stone）などの呼び名で区分している[2.1]．この際に用いる**粒径**（particle size または grain size）は，「土粒子の複雑な形状を球と仮定したときの仮想の直径」である（測定方法は 2.3 節で説明する）．自然の土は 100% 粘土粒子あるいは 100% 砂粒子からなるなどということはほとんどなく，いろいろな

粒径[mm]			0.005	0.075 0.25 0.85		2	4.75	19	75	300
呼び名	粘　土	シルト	細砂	中砂	粗砂	細礫	中礫	粗礫	粗石	巨石
			砂			礫			石	
構成分	細粒分		粗粒分						石分	

図 2.1　地盤材料の粒径区分

粒径の粒子から構成されているのが普通であり，その土の構成分を表すときは**粘土分**（clay fraction），**砂分**（sand fraction）のように表現する．なお，75 μm（0.075 mm）以下の構成分を**細粒分**（fines または fine fraction），75 μm〜75 mm を**粗粒分**（coarse fraction），75 mm 以上の構成分を**石分**（rock fraction）という．

≫ 2.1.2　土粒子の形と土の構造

　鉱物あるいは有機物からなり，土の固体部分を形成している 75 mm 以下の構成分を土粒子という．鉱物からなる土粒子は，岩石が物理的，化学的風化作用によって細粒化してできたものである．一方，有機物には，動植物の遺体が土中に堆積し，分解して**腐植**（humus）となったものと，未分解のまま存在するものとがある．前者は鉱物粒子に吸着されて存在し，一般の土に含まれる腐植は多くても数 % であるが，黒色をした土では 10〜40% もの腐植を含む場合がある．植物遺体が未分解のままで繊維質な**泥炭**（peat）では，有機物含有量が 90% 以上になる場合もある．

　鉱物から構成される土粒子には，岩石が物理的な風化作用を受け，破砕されてできたシルト，砂，礫と，風化して細粒化したのちに化学的風化を受けて変質，分解して生成した**二次鉱物**を主体とする粘土とがある．シルト，砂，礫の粒子の形状は，図 2.2 に示すように粒状のものが多いが，風化の程度によって，角張ったもの，丸みのあるものなど，さまざまな形状を示す．これらの粒子は二次鉱物をほとんど含まず，粒子間に重力のみが作用する状態で堆積して地盤を形成する．一方，粘土粒子の形状は，図 2.3 に示すように薄片状や板状あるいはフレーク状など，砂や礫の形状と大きく異なり，微細粒子間の界面にはたらく電気化学的作用の結果，粘土は粘性や塑性を示す

豊浦砂
（山口県）

白浜町白良浜砂
（和歌山県）

浦安市富岡埋立土
（千葉県）

石狩新港埋立土
（北海道）

図 2.2　日本各地の砂粒子の形状

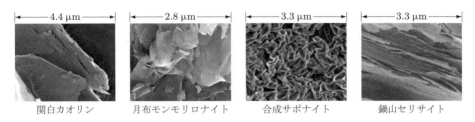

| 関白カオリン | 月布モンモリロナイト | 合成サポナイト | 鍋山セリサイト |

図 2.3　各種粘土粒子の形状

という特徴がある.

　図 2.4 は有機物含有量の異なる有機質土の形状を示したものである. 土粒子の形状は不定であり, とくに図 2.4(a) の繊維質泥炭では, 構成植物の繊維がそのまま残っている様子が明らかである.

| （a）繊維質泥炭 | （b）泥炭 | （c）有機質粘土 |

図 2.4　有機質土の形状

　このように, 土粒子はその構成物質, 大きさ, 形状がさまざまであり, それらの特性が土（地盤）を構成する土粒子の配列状態すなわち**土の構造**（soil structure）に反映される. 土の構造を表現するモデルとして, 一般に以下のような構造モデルが採用されている.

(1) 粗粒土の構造　　砂や礫などの粗粒土では, 重力のみの作用で粒子が相互に接触しながら, 図 2.5(a) に示すように単純に積み重なった配列を示す. このような配列状

| （a）単粒構造 | （b）ランダム構造 | （c）綿毛構造 | （d）配向構造 |

図 2.5　土の構造

態を，**単粒構造**（single-grained structure）という．

(2) 細粒土の構造   粘土のような細粒土は，μm の単位で示されるようなきわめて微細な粒子からなり，図 2.3 に示したように常に複数の粒子の集合体として存在することから，ペッド（ped）とよばれる集合体が構造の基本単位となる．そして，ランダム構造，面毛構造，配向構造というペッドの 3 種類の配列構造が粘土の基本構造モデルである．

① **ランダム構造**（random structure）：図 2.5(b) のように，粒子が無秩序な配向をしながら凝集しているが，密な接触はしていないような構造をランダム構造という．一般に，粘土粒子は全体としては負の電荷を帯び，端部には正の電荷が局部的に存在している．粘土粒子が沈降堆積するときにまわりの水の陽イオン濃度が高いと，粒子の端部と面部との間に強い引力がはたらくが，淡水中で沈降堆積するときのように，陽イオン濃度が低いと，粒子間の反発力が引力に比べて大きいため，ランダム構造が形成される．

② **綿毛構造**（flocculated structure）：海水中で粘土粒子が沈降堆積するときのように，陽イオン濃度が高いと，粘土粒子の端部と面部との間にはたらく引力が強く，図 2.5(c) のようにまったく固有の配向をせずに密な凝集状態をつくる．これを綿毛構造という．

③ **配向構造**（oriented structure）：図 2.5(d) のように，粒子が特定の配向を示す場合を配向構造といい，カオリナイトのような粒子表面にはたらく電気化学的作用（表面活性）の弱い粘土粒子が，淡水中で沈降堆積するときに形成される．また，綿毛構造の粘土が 1 次元的に圧密されると，薄片状の粒子の面部が圧密圧力の作用方向と直交する方向に配向する構造に，また大きなせん断変形を受けると，せん断面の方向に配向する構造に変わりやすい．粘土粒子が沈降堆積するときに形成される配向の程度は周辺の水のイオン濃度に依存し，圧密やせん断によって形成される配向の程度は，載荷重の大きさや圧密時間，せん断変形の大きさによって異なる．配向構造は，粒子の配向の程度によって，完全配向構造や不完全配向構造とよばれる．

　上記のように，土粒子の配列に特定の方向性があることを**構造異方性**という．粗粒土は細粒土に比べれば球形に近いが，完全な球形であることはなく，粒子の長軸が重力方向に直交するように堆積する傾向がある．したがって，粗粒土でも粒子配列に方向性が生じることが多い．このような状態で堆積した土がさらに 1 次元的な圧縮を受けたりすると，粒子配列の方向性がより強くなる．

▷▷▷ 2.1.3 吸着水

粘土のような細粒土の構造は，粒子の表面活性と周辺の水のイオン濃度の影響を受ける．これは，粘土粒子の表面に物理化学的作用によって吸着されている**吸着水**（adsorbed water）が存在することによる．粘土鉱物の表面は，図 1.4 に示したように酸素の層かまたは水酸基の層からなる．水分子は双極性を有するので，水分子の陽極側と酸素の層が，そして陰極側と水酸基の層が結合する（水素結合）．また，粘土粒子は一般に負に帯電しているので，陽イオンをその表面に吸着する．水分子は，粘土粒子表面に電気的に直接引きつけられるか，または粒子に付着しているイオンを介して吸着される．吸着されたイオンの濃度は粒子の表面で最も高く，粒子表面から離れるに従って指数関数的に減少する．粒子表面近くのイオン濃度の高い部分と直接粒子表面に吸着された水分子とで形成される層は，固定層あるいは**吸着層**とよばれ，粘土粒子に強く吸着されて固体的な性質を示す水膜を形成している．吸着層の外側のイオン濃度の低い部分を拡散イオン層といい，吸着層とあわせて**拡散二重層**とよぶ（図 2.6）．拡散二重層内の水が吸着水である．拡散二重層の外側に存在する水は，重力の作用によって自由に動くことができるので，**自由水**（free water）あるいは重力水とよばれる．粘土粒子が接触しあって前述のような構造をつくる場合，吸着水を介して接触することにより粘性や塑性を示すが，粒子の間隙に含まれる自由水の多少によって力学的性質が大きく変化する．これが細粒土の特徴であり，水分の変化による細粒土の力学的性質の変化については 2.4 節で説明する．

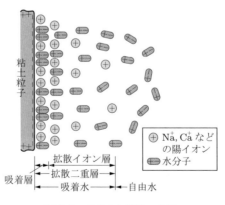

図 2.6　吸着水と拡散二重層

▷▷▷ 2.1.4 土の構成

前述のように，土はさまざまな大きさの土粒子（固体）と，粒子間の間隙内に存在する水（液体）および空気（気体）の三相から構成される．固体部分には，土粒子表

面に強く吸着された吸着水を含む．図 2.7(b) は，図 (a) に示した土のモデルについ
ての固体，液体，気体の各相の体積 V と質量 m を表示したものである．図中に示し
た記号の添え字 s, v, w, a はそれぞれ固体（solid），**間隙**（void），水（water），空気
（air）を意味する．土がどのような状態にあるか，すなわち土の締まり具合（密度）や
水分の含み具合などは，図 2.7 の記号を用いて定量的に表現されるが，これについて
は 2.2 節で説明する．

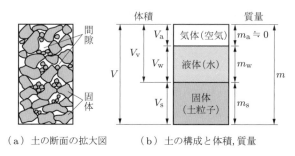

（a）土の断面の拡大図　　（b）土の構成と体積, 質量

図 2.7　土の構成

▶ 2.2　土の状態の表現 ◀

　土がどのような状態にあるかを示すには，土の密度や土に含まれる間隙の量，ある
いは水の含み具合などを表現する必要がある．この節では，図 2.7 で示した記号を用
いて土の状態を表すための指標について説明する．

⋙ 2.2.1　間隙量と水分量の指標

（1）間隙量の指標　　土に含まれる間隙の量を表す指標として，間隙の体積 V_v と固
体部分の体積 V_s との比で**間隙比**（void ratio）e が次式のように定義される．

$$e = \frac{V_v}{V_s} \tag{2.1}$$

間隙の体積と土の全体積 V の比を次式のように百分率で表現する**間隙率**（porosity）
$n\,[\%]$ も間隙量の指標として用いられるが，地盤工学分野では間隙比 e のほうがよく使
われる．

$$n = \frac{V_v}{V} \times 100 \tag{2.2}$$

なお，間隙率と間隙比との間には次式の関係がある．

$$n = \frac{e}{1+e} \times 100 \tag{2.3}$$

間隙比 e のおよその値は砂質土（砂分が主体の土：詳細は 2.5 節参照）で 0.5～1.5，粘性土（粘土分が主体の土：詳細は 2.5 節参照）で 1～4 程度の範囲にあるが，有機物を多量に含む泥炭では 5～20 という大きな値を示す．

(2) 水分量の指標　土の工学的性質は間隙に含まれる水分量によって大きく変化するから，水分量の把握が重要である．この指標として，土粒子の質量 m_s に対する水の質量 m_w の比を百分率で表した**含水比**（water content）w [%] を用いる．

$$w = \frac{m_w}{m_s} \times 100 \tag{2.4}$$

一般に，砂質土の自然状態での含水比（自然含水比）は 20% 以下，粘性土では 40～60% 程度の値をとることが多く，火山灰質粘性土では 100～150%，泥炭では 300～1000% を超える場合もある．

土の間隙の体積 V_v がどの程度水の体積 V_w で占められているかを表す指標として，**飽和度**（degree of saturation）S_r [%] が次式のように定義される．

$$S_r = \frac{V_w}{V_v} \times 100 \tag{2.5}$$

間隙がすべて水で満たされていて飽和度 100% の土を**飽和土**といい，間隙中に気体が存在する状態の土を**不飽和土**という．

≫2.2.2　密度の指標

(1) 土粒子の密度　土粒子の構成物の単位体積あたりの平均質量を，**土粒子の密度**（soil particle density）ρ_s [Mg/m^3]* といい，以下の式で表される．

$$\rho_s = \frac{m_s}{V_s} \tag{2.6}$$

通常の土の粒子は大部分が鉱物で構成されるので，鉱物の密度の値を反映して ρ_s は 2.60～2.75 Mg/m^3 と比較的狭い範囲の値を示す．泥炭のように固体部分として有機物含有量の多い土では，1.2～2.0 Mg/m^3 程度の小さな値を示す．

なお，土粒子の密度 ρ_s と水の密度 ρ_w との比を**土粒子の比重**といい，G_s で表す．

$$G_s = \frac{\rho_s}{\rho_w} \tag{2.7}$$

---

* 従来 g/cm^3 という単位を用いてきたが，1 Mg/m^3 = 10^6 g/$(10^2)^3$ cm^3 = 1 g/cm^3 であり，数値は同じである．

(2) 土の密度　　土粒子の密度 ρ_s は，土の固体部分のみについて定義される密度であるが，土の単位体積あたりの質量，すなわち**土の密度**はその土の締まり具合を表し，工学的性質を大きく支配する重要な指標である．一般に，土の間隙内には水を含んでいるから，その状態での土の密度として**湿潤密度**（wet density）$\rho_t\,[\mathrm{Mg/m^3}]$ が次式で定義される．

$$\rho_t = \frac{m}{V} \tag{2.8}$$

湿潤密度 ρ_t は，土の種類と含水状態（含水比の大きさ）によって当然異なり，一般に $1.4 \sim 2.0\,\mathrm{Mg/m^3}$ の値をとるが，泥炭のように有機物を多量に含む土では，$0.95 \sim 1.2\,\mathrm{Mg/m^3}$ 程度と水の密度 $\rho_w\,(\fallingdotseq 1.0\,[\mathrm{Mg/m^3}])$ に近い値を示す．

式 (2.8) に $m = m_s + m_w$, $V = V_s + V_v$ を代入し，式 (2.1)〜(2.7) の関係を結びつけると，次式を得る．

$$\rho_t = \frac{G_s + (e \cdot S_r/100)}{1 + e}\,\rho_w \tag{2.9}$$

土が飽和状態にある場合は，式 (2.9) で $S_r = 100[\%]$ とおくことにより，**飽和密度**（saturated density）$\rho_{sat}\,[\mathrm{Mg/m^3}]$ が得られる．

$$\rho_{sat} = \frac{G_s + e}{1 + e}\,\rho_w = \frac{(\rho_s/\rho_w) + e}{1 + e}\,\rho_w \tag{2.10}$$

また，**乾燥密度**（dry density）$\rho_d\,[\mathrm{Mg/m^3}]$ は，単位体積中の土粒子のみの質量を表し，式 (2.9) で $S_r = 0[\%]$ とおくことにより次式で与えられる．

$$\rho_d\left(= \frac{m_s}{V}\right) = \frac{G_s}{1 + e}\,\rho_w = \frac{\rho_s}{1 + e} \tag{2.11}$$

土の乾燥密度 ρ_d は，一般に $1.2 \sim 1.6\,\mathrm{Mg/m^3}$ 程度の値をとるが，泥炭では $0.1 \sim 0.6\,\mathrm{Mg/m^3}$ ときわめて小さい．

例題 2.1　質量 1400 g，体積 750 cm³ の湿潤状態の土がある．この土を乾燥させた後の質量が 1200 g であった．土粒子の密度 ρ_s が $2.68\,\mathrm{Mg/m^3}$ であるとして，乾燥前の状態の湿潤密度，含水比，間隙比，飽和度を求めよ．

解　湿潤密度 $\rho_t = \dfrac{m}{V} = \dfrac{1400}{750} = 1.87\,[\mathrm{g/cm^3}] = 1.87\,[\mathrm{Mg/m^3}]$

含水比 $w = \dfrac{m_w}{m_s} \times 100 = \dfrac{m - m_s}{m_s} \times 100 = \dfrac{1400 - 1200}{1200} \times 100 = 16.7[\%]$

間隙比 $e = \dfrac{V_v}{V_s} = \dfrac{V}{V_s} - 1 = \dfrac{V}{m_s/\rho_s} - 1 = \dfrac{750}{1200/2.68} - 1 = 0.675$

$$\text{飽和度 } S_r = \frac{V_w}{V_v} \times 100 = \frac{m_w/\rho_w}{e \cdot m_s/\rho_s} \times 100 = \frac{200 \times 100}{0.675 \times 1200/2.68} = 66.2\,[\%]$$

(3) 粗粒土の相対密度　以上，土の密度すなわち締まり具合を表す指標について説明してきたが，現在の密度がその土のとり得る最大および最小密度の間のどの状態にあるかを示す指標として，**相対密度**（relative density）D_r が用いられる．この指標は，粗粒土の相対的な締まり具合を示すものとして，次式で定義される．

$$D_r = \frac{e_{max} - e}{e_{max} - e_{min}} \tag{2.12}$$

ここで，e_{max}：その土の最大間隙比（最もゆるい（最小密度）状態の間隙比），e_{min}：その土の最小間隙比（最も密な（最大密度）状態の間隙比），e：現在の間隙比であり，e_{max}, e_{min} は JIS A 1224「砂の最小密度・最大密度試験方法」[2.1, 2.2] および JGS 0162「礫の最小密度・最大密度試験方法」[2.1] によって求められる値である．

≫≫ 2.2.3　土の状態を表す指標の相互関係

土の状態を表すために定義された前述の諸指標の間には，以下に述べるような相互関係がある．

式 (2.11) を書き換えると，

$$e = \frac{\rho_s}{\rho_d} - 1 \tag{2.13}$$

が得られ，土の間隙比は土粒子の密度 ρ_s と乾燥密度 ρ_d から算定できる．なお，乾燥密度 ρ_d は式 (2.11) と式 (2.4)，(2.8) を関係づけることにより，次式で求められる．

$$\rho_d = \frac{\rho_t}{1 + (w/100)} \tag{2.14}$$

したがって，乾燥密度は湿潤密度 ρ_t と含水比 $w\,[\%]$ を用いて計算できる．また，式 (2.5) と式 (2.1)，(2.4)，(2.7) を関係づけることにより，飽和度 $S_r\,[\%]$ は次式で表される．

$$S_r = \frac{w \cdot G_s}{e} \tag{2.15}$$

以上で示したように，土粒子の密度 ρ_s，上の湿潤密度 ρ_t，含水比 w の三つの指標の測定値があれば，土の状態を表すほかの諸指標を算定できる．これらの三つの指標の測定方法の概要はつぎの 2.2.4 項で説明するが，試験方法の詳細については文献 [2.1, 2.2] を参照するとよい．

例題 2.2　ある現場の砂の乾燥密度が $1.58\,\mathrm{Mg/m^3}$ であった．同じ砂について実験室内で最もゆるい状態と最も密な状態で乾燥密度を求めたら，それぞれ 1.43, $1.72\,\mathrm{Mg/m^3}$ であった．現場における砂の相対密度 D_{r} を求めよ．

解　最大乾燥密度は最小間隙比に，最小密度は最大間隙比に対応することから，式 (2.12)，(2.13) より次式が得られる．

$$D_{\mathrm{r}} = \frac{e_{\max} - e}{e_{\max} - e_{\min}} = \frac{(\rho_{\mathrm{s}}/\rho_{\mathrm{d\,min}} - 1) - (\rho_{\mathrm{s}}/\rho_{\mathrm{d}} - 1)}{(\rho_{\mathrm{s}}/\rho_{\mathrm{d\,min}} - 1) - (\rho_{\mathrm{s}}/\rho_{\mathrm{d\,max}} - 1)}$$

$$= \frac{1/\rho_{\mathrm{d\,min}} - 1/\rho_{\mathrm{d}}}{1/\rho_{\mathrm{d\,min}} - 1/\rho_{\mathrm{d\,max}}} = \frac{\rho_{\mathrm{d\,max}}\,(\rho_{\mathrm{d}} - \rho_{\mathrm{d\,min}})}{\rho_{\mathrm{d}}\,(\rho_{\mathrm{d\,max}} - \rho_{\mathrm{d\,min}})}$$

よって，D_{r} はつぎのようになる．

$$D_{\mathrm{r}} = \frac{1.72(1.58 - 1.43)}{1.58(1.72 - 1.43)} = 0.56$$

≫≫ 2.2.4　土粒子の密度・土の湿潤密度・含水比の測定方法

(1) 土粒子の密度試験　土粒子の密度 ρ_{s} は，JIS A 1202「土粒子の密度試験方法」に規定される方法に従って求める．式 (2.6) で定義されるように，ρ_{s} は「土粒子固体部分のみの単位体積質量」であるから，土粒子の質量は試料を炉乾燥することによって求め，体積はピクノメーターとよばれる容器を用いて，土粒子と同体積の水の質量を測定することにより求める．

(2) 土の湿潤密度試験　土の湿潤密度 ρ_{t} は，JIS A 1225「土の湿潤密度試験方法」に基づいて求められる．式 (2.8) で定義されるように，ρ_{t} は土の全質量を全体積で除した単位体積質量（この意味で total density と英語表記されることがある）である．体積を求めるにはいくつかの方法があるが，JIS A 1225 では，円柱形または直方体に成形した供試体の寸法をノギスで直接測る**ノギス法**と，円柱形または直方体に成形できないような場合，供試体周面にパラフィンを塗布し，塗布前後の質量と水中での見かけの質量から間接的に体積を測定する**パラフィン法**が規定されている．

(3) 含水比試験　含水比 w は，土粒子の質量に対する間隙中の水の質量の比として，式 (2.4) のように百分率で表す．含水比の測定方法には，$(110 \pm 5)^{\circ}\mathrm{C}$ の炉乾燥によって間隙水を蒸発させて求める，JIS A 1203「土の含水比試験方法」と，電子レンジを用いて間隙水を蒸発させて求める，JGS 0122「電子レンジを用いた土の含水比試験方法」とがある．炉乾燥による場合，$110^{\circ}\mathrm{C}$ で吸着水の一部を除く間隙水が失われて一定質量になるまでの乾燥時間は，土の種類と分量にもよるが 18〜24 時間程度である．電子レンジ法は，短時間（10〜20 分程度）で含水比を求めたい場合に適用する方法として，地盤工学会で定めた基準である．

<table><tr><td>例題
2.3</td><td>ある現場の地盤の密度を求めるために円筒型の孔を掘り，掘り出した土の質量と含水比を測定したところ，それぞれ 2350 g，25 % であった．掘削した孔の体積を求めるために，乾燥密度 1.52 Mg/m³ の砂をこの孔に注ぎ込んだところ，孔の体積を満たすのに 1900 g を要した *．この地盤の湿潤密度および乾燥密度を求めよ．</td></tr></table>

解 孔の体積 V は $V = 1900 \times 10^{-6}/1.52 = 1.25 \times 10^{-3}\,[\mathrm{m}^3]$ である．したがって，湿潤密度，乾燥密度は式 (2.8)，(2.14) を用いて，つぎのようになる．

$$\rho_\mathrm{t} = \frac{m}{V} = \frac{2350 \times 10^{-6}}{1.25 \times 10^{-3}} = 1.88\,[\mathrm{Mg/m}^3]$$

$$\rho_\mathrm{d} = \frac{\rho_\mathrm{t}}{1 + (w/100)} = \frac{1.88}{1 + (25/100)} = 1.50\,[\mathrm{Mg/m}^3]$$

▶ 2.3 土の粒度

土を構成する土粒子の粒径が幅広く分布している場合と，特定の粒径に偏って分布している場合とを比較すると，一般に前者のほうが力学的に安定している．したがって，対象とする土の粒径の分布状態を把握することは重要な意味をもつ．

自然の土は大小さまざまな粒径の粒子から構成されているが，この粒径の分布状態のことを**粒度分布**（gradation）または**粒径分布** (grain size distribution) といい，土の粒度分布の状態（すなわち**粒度**）を調べるための試験を**粒度試験**（grain size analysis）という．試験の詳細については文献 [2.1] にゆずるが，粒径が 75 µm より大きい範囲（粗粒分）についてはふるい分析により，75 µm 以下の細粒分については**沈降分析**とよばれる方法を用いる（JIS A 1204「土の粒度試験方法」[2.1, 2.2]）．

≫ 2.3.1 土の粒度試験

ふるい分析では，**標準ふるい**として JIS で定められた 75 mm〜75 µm の 13 段階の網目をもつふるい（篩）によってふるい分けを行う．沈降分析にはさまざまな方法があるが，いずれも静水中を土粒子が沈降するときの速度と粒径の関係に関する**ストークスの法則**を応用したものである．JIS A 1204 では**密度計法**を用いるように定められているが，その概要を簡単に説明すると以下のようである．

ストークスの法則は，半無限に広がる液体中を直径 $d\,[\mathrm{m}]$ の 1 個の球形粒子が速度 $v\,[\mathrm{m/s}]$ で沈降するときに，粒子の水中での重量 $\pi d^3(\rho_\mathrm{s} - \rho_\mathrm{w})g/6$ と粒子にはたらく液体の粘性抵抗 $3\pi d\eta v$ がつり合うとして導かれたもので，速度 $v\,[\mathrm{m/s}]$ は次式で表さ

---

* 現場の地盤の密度は，【例題 2.3】に示したような方法で求められる．これを**現場密度試験**とよぶが，試験方法の詳細については参考文献 [2.3, 2.4] を参照してほしい．

れる.

$$v = \frac{\rho_{\mathrm{s}} - \rho_{\mathrm{w}}}{18\eta} gd^2$$

ここで, ρ_{s}：球の密度 [kg/m^3], ρ_{w}：液体の密度 [kg/m^3], η：液体の粘性係数 [N·s/m^2], g：重力加速度 [m/s^2] である.

密度計法では, メスシリンダーに土試料と蒸留水を入れて懸濁状態（水が濁っている状態）にし, 土粒子の沈降が進むとともに溶液の密度が減少する過程を時間ごとに測定する（図 2.8）. 土粒子を球とみなしたときの**等価粒径** d は, 上式を用いて次式のように表される.

$$d = \sqrt{\frac{18\eta}{(\rho_{\mathrm{s}} - \rho_{\mathrm{w}})g}} \sqrt{\frac{L}{t}} \tag{2.16}$$

時刻 t で深さ L より浅い位置には, この式で計算される d よりも大きい直径の粒子は理論上存在しないことになる. そこで, 時刻 t, 深さ L での懸濁液の濃度を求めれば, それは直径 d 以下の粒子の濃度を意味する. 濃度を求める代わりに, 密度計によって懸濁液の密度を測ることにより, 直径 d 以下の粒子の全試料に対する質量百分率を求めることができる.

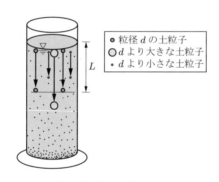

● 粒径 d の土粒子
◯ d より大きな土粒子
・ d より小さな土粒子

図 2.8 沈降分析の原理

なお, ストークスの法則では, 半無限の液体中を 1 個の粒子が沈降する状態を仮定しているが, 実際の試験では棒状や薄片状などのさまざまな形状をした多数の粒子がメスシリンダー内を沈降すること, また密度の異なる鉱物粒子の集合を一つの密度で代表させていることなど, 仮定と実際との違いを認識しておく必要がある.

≫ 2.3.2 土の粒度分布の表現

土の粒度試験結果は, 図 2.9 に示すような**粒径加積曲線**（grain size accumulation

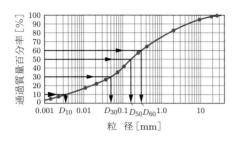

図 2.9 粒径加積曲線

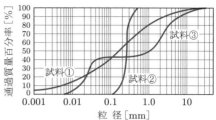

図 2.10 粒径加積曲線の例

curve）で表す．これは横軸に粒径を対数目盛で表し，縦軸にそれぞれの粒径よりも細かい粒子の割合を全質量に対する質量百分率（通過百分率）で表示したものである．粒径加積曲線において，通過百分率 10, 30, 50, 60% に相当する粒径をそれぞれ 10% 粒径，30% 粒径などとよび，D_{10}, D_{30}, D_{50}, D_{60} と表示する．なお，D_{50} は**平均粒径**ともいい，D_{10} は砂質土の透水性との関係が深いことから，とくに**有効径**ともよばれる．図 2.10 には 3 種類の土に対する粒径加積曲線を示したが，土によって粒度分布が大きく異なり，試料①のように広範囲にわたる粒径の粒子が分布している場合もあれば，試料②のようにある粒径の範囲に偏っている場合もある．このような粒度分布の特徴を数量的に表現する指標として，**均等係数**（uniformity coefficient）U_{c} と**曲率係数**（coefficient of curvature）U_{c}' が用いられる．

$$U_{\mathrm{c}} = \frac{D_{60}}{D_{10}} \tag{2.17}$$

$$U_{\mathrm{c}}' = \frac{(D_{30})^2}{D_{10}D_{60}} \tag{2.18}$$

均等係数 U_{c} は粒径加積曲線の傾きを表し，値が大きくなるほど広範囲にわたって異なる粒径の粒子を含むことを意味する．地盤工学会基準 JGS 0051[2.1] では $U_{\mathrm{c}} \geq 10$ の土を**粒径幅の広い**（well graded）土，$U_{\mathrm{c}} < 10$ の土を**分級された**（poorly graded）土と表記する．なお，**分級**とは，ふるいなどを用いて土をその粒径範囲ごとの粒度に分けることを意味することから，「分級された」は特定の範囲に粒径が集中していることを指す．

曲率係数 U_{c}' は，図 2.10 の試料③の分布のように均等係数が大きくても階段状の分布を示す場合もあるので，粒径加積曲線のなだらかさを表現するために導入されたもので，$U_{\mathrm{c}}' = 1 \sim 3$ の場合に粒径幅の広い土という．

例題 2.4　図 2.9 の粒径加積曲線で表される土について，粘土，シルト，砂，礫の含有割合を求めよ．また，この土の均等係数を求めよ．

解　図 2.9 の粒径加積曲線を図 2.1 の粒径区分に照らし合わせると，それぞれの含有割合は，粘土分 12%，シルト分 24%，砂分 47%，礫分 17% となる．また，均等係数はつぎのようになる．

$$Uc = \frac{D_{60}}{D_{10}} = \frac{0.30}{0.0034} = 88$$

▶2.4　土のコンシステンシー

　粗粒土では，その粒度分布が**透水性**（水を通す性質）や力学的性質に影響するが，細粒土の力学的性質は，含水比の多少によって大きく変化する．含水比の変化とともに細粒土の状態が変化し，変形に対する抵抗の大きさが変わる性質を**コンシステンシー**（consistency）とよぶ．

≫2.4.1　コンシステンシー限界

　多量に水分を含んだ状態の細粒土は液体と同様の性質を示すが，含水比の減少とともに，つぎのように状態が変化する．

① **液性状態**
② **塑性状態**：力を加えて生じた変形が力を除いても，もとに戻ることなく，成形可能な状態
③ **半固体状態**：力を加えて任意の形をつくろうとしてもボロボロの状態となり，成形不可能な状態
④ **固体状態**

　この様子を模式的に示したのが図 2.11 で，図の縦軸は含水比の変化にともなう土の体積の変化を表している．図中に示したように，塑性状態から液体状に移るときの含水比を**液性限界**（liquid limit）w_L [%]，塑性状態から半固体状に移るときの含水比を**塑性限界**（plastic limit）w_p [%]，含水比をある量以下に減じてもその体積が減少しない状態に移るときの含水比を**収縮限界**（shrinkage limit）w_s [%] という．なお，これらの限界値を総称してコンシステンシー限界（consistency limit）とよぶが，これらの限界値の提唱者アッターベルグ（Atterberg, A.M.）にちなんでアッターベルグ限界（Atterberg limit）ともいわれる．

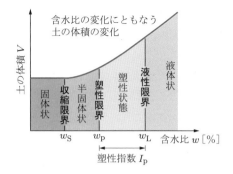

図 2.11 土の状態の変化とコンシステンシー限界

》》2.4.2 コンシステンシー限界の求め方

液性限界，塑性限界および収縮限界を求めるための試験方法は，それぞれ JIS A 1205，JIS A 1209 に規定されている．詳細については文献 [2.1, 2.2] にゆずるとして，ここでは液性限界試験，塑性限界試験の概略を説明する．

(1) 液性限界試験 土の液性限界は JIS A 1205「土の液性限界・塑性限界試験方法」（以下，JIS 法と記す）によるか，または JGS 0142「フォールコーンを用いた土の液性限界試験方法」[2.1, 2.2]（以下，フォールコーン法と記す）によって求められる．JIS 法では，含水比を調整しながらあらかじめ十分に練り合わせた試料を，図 2.12(a) に示す液性限界測定器の皿に入れ，溝切り用具を用いて図 (b) のように試料に溝を切り，落下装置によって皿を 10 mm の高さから 1 秒間に 2 回の割合で落下させる．溝の底部で試料が約 15 mm の長さで合流するまでこの操作を続け，溝が合流したときの落下回数を記録し，含水比を測定する．含水比を変えてこの作業を繰り返し，落下回数の対数と試料の含水比の関係を図 (c) のようにプロットする．図のように，測定値

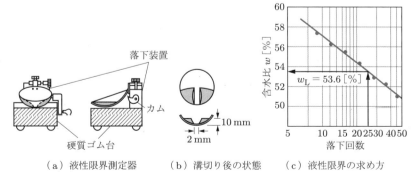

（a）液性限界測定器　　（b）溝切り後の状態　　（c）液性限界の求め方

図 2.12 液性限界試験

に最もよく適合する直線（**流動曲線**）を求め，直線上で落下回数 25 回に対応する含水比を液性限界 w_L [%] とする．なお，流動曲線の傾きは含水比の変化にともなう土の変形に対する抵抗の変化割合を表し，これを**流動指数**（flow index）とよび，I_f で表す．

　アメリカのキャサグランド（Casagrande, A.）の提案した方法をもとに規定された JIS 法は，静的な性質を動的な試験で求めるという矛盾点を含むなど，いくつかの問題点を有している．フォールコーン法はこれに代わるものとして，北欧諸国や旧ソ連，中国などで用いられてきた方法をもとに，地盤工学会基準として定められたものである．この方法は，図 2.13(a) に一例を示すような装置を用いるもので，JIS 法と同様に十分に練り合わせた試料を試料容器に入れて表面を平らに仕上げ，コーン先端を試料表面に接する位置に合わせたのち，自重により試料に貫入させる．含水比を変えて行った試験結果からコーン貫入量と含水比の関係をプロットすると，図 2.12(c) とは逆に，図 2.13(b) のように右肩上がりの直線関係を示す．質量 60 g，先端角 60° のコーンを用いた場合，貫入量 11.5 mm に対応する含水比を液性限界とする．

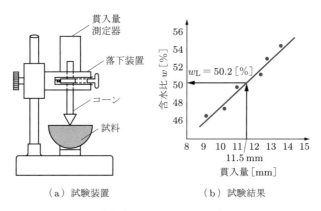

（a）試験装置　　　　　　　　（b）試験結果

図 2.13　フォールコーン法

(2) 塑性限界試験　　土の塑性限界試験方法は，液性限界試験とともに JIS A 1205 に規定されている．塊にしやすい程度に含水比を調整して十分に練り合わせた試料の中から，親指の大きさ程度の塊をとって，図 2.14(a) に示すように，手のひらとすりガラス板との間で転がしながら直径 3 mm のひも状にする．直径 3 mm のひもになっても切れない場合には，再び塊にしてひも状にしながら含水比を減少させつつ同じ操作を繰り返す．図 2.14(b) のように，土のひもが直径 3 mm で切れ切れになったら，その試料の含水比を測って塑性限界とする．

　なお，砂分の多い試料などでは，上記の JIS 法で液性限界が求められない場合や塑性限界が求められない場合，あるいは塑性限界が液性限界以上の値になることもある．

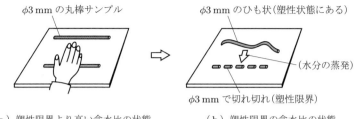

φ3 mm の丸棒サンプル　　　　　φ3 mm のひも状（塑性状態にある）

（水分の蒸発）

φ3 mm で切れ切れ（塑性限界）

（a）塑性限界より高い含水比の状態　　　（b）塑性限界の含水比の状態

図 2.14　塑性限界試験

このような土は，**非塑性**（NP; nonplastic）と表す.

以上のようにして求められた液性限界 w_L [%] と塑性限界 w_p [%] との差を**塑性指数**（plasticity index）とよび，I_p で表す（ただし，I_p は単位のない指数で表示）.

$$I_p = w_L - w_p \tag{2.19}$$

I_p は土が塑性状態を保つことのできる含水比の範囲を示す．一般に，液性限界から塑性限界の間（I_p の範囲）の含水比の変化に対し，その土の強度はおよそ 100 倍の変化を生じる[2.5].

⫸ 2.4.3　コンシステンシー限界と土の力学的性質

2.4.2 項で説明したように，コンシステンシー限界は簡単な試験によって求められるが，これらの限界値から導かれる諸指数を，土の力学的性質の推定や土の工学的分類に利用することができる.

(1) 液性限界と圧縮指数　　圧密による地盤の沈下量を推定するのに用いられる**圧縮指数** C_c（第 5 章参照）と液性限界 w_L [%] との間に，以下の関係が成り立つ.

$$C_c = a \cdot w_L + b$$

ここで，a, b は経験的に求められる係数であり，国や地域の調査単位によって異なる値を示す．ちなみに，この関係を最初に見出したスケンプトン（Skempton, A.W.）は当時の世界各地の粘土の調査データから，つぎのような関係を示している.

$$C_c = 0.009 \, (w_L - 10)$$

(2) コンシステンシー指数と自然状態の土の安定性　　塑性域の中で，現在の含水比（自然含水比）が相対的にどの位置にあるかを示すのに，**コンシステンシー指数**（consistency index）I_c が用いられる.

$$I_c = \frac{w_L - w_n}{w_L - w_p} = \frac{w_L - w_n}{I_p} \tag{2.20}$$

I_c は粘性土の自然含水比 w_n [%] の状態における相対的な硬さあるいは安定度を表し，$I_c \geqq 1$ は半固体状態にあって安定であることを意味し，$I_c \fallingdotseq 0$ は液体状に近いことから不安定な状態にあることを示す．日本の代表的な海成沖積粘土は $I_c \fallingdotseq 0$ であることが多く，軟らかく変形抵抗が小さいことから，構造物の基礎地盤として十分な強さを有しない，いわゆる**軟弱地盤**を形成している．

式 (2.20) は，粗粒土に対して定義された式 (2.12) の相対密度に対応する表現式である．なお，同じく自然含水比の状態における相対的な硬さを表す指標として，液性指数 (liquidity index) I_L も古くからよく用いられており，I_L と I_c の間には次式の関係がある．

$$I_L = \frac{w_n - w_p}{w_L - w_p} = \frac{w_n - w_p}{I_p} = 1 - I_c \tag{2.21}$$

(3) 活性度　　一般に，粘土分の含有量が多い土ほど液性限界は高く，塑性を示す含水比の範囲，すなわち塑性指数 I_p が大きい．ただし，粘土分の含有量が同じでも，電気的な性質の活発なスメクタイトなどの粘土鉱物の含有量が多い土ほど I_p が大きくなる．スケンプトン[2.6] は，細粒土の粒子表面の物理化学的結合力の強さを反映する指標として，**活性度** (activity) A を次式のように定義した

$$A = \frac{I_p}{2\,\mu m\ 以下の粘土含有率\ [\%]} \tag{2.22}$$

一般に，カオリナイトを主成分とする $A < 0.75$ の土は不活性粘土とよばれ，イライトを主成分とする $0.75 < A < 1.25$ の土は普通粘土とよばれる．$1.25 < A$ は活性粘土とよばれ，スメクタイトを含む土では $5 \leqq A$ にもなる．活性度は細粒土の堆積時の環境や含有粘土鉱物の推定などにも用いられる．

(4) 塑性図の利用　　液性限界 w_L [%] を横軸に，塑性指数 I_p を縦軸にとった図を**塑性図** (plasticity chart) という．図 2.15 に示すように，この図には A 線，B 線とよばれる 2 本の特性曲線が引かれていて，液性限界試験，塑性限界試験の結果の図上へのプロット点の位置によって，その土の圧縮性や透水性の高低など，細粒土の力学特性を相対的に把握することができる．なお，図中のタフネスは塑性限界付近における硬さの程度を表す．

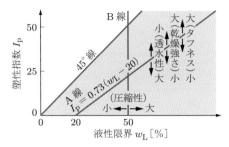

図 2.15 塑性図による力学的性質の把握

▶2.5 土の工学的分類

2.1 節で述べたように，対象とする土が「どんな土」であって，「どのような力学的性質を示すか」を把握することが，地盤工学上，きわめて重要である．そこで，一定のルールに従って土に与えられた分類名から，その土の力学特性が大まかに把握できるような分類方法が必要であり，これを土の工学的分類とよんでいる．わが国では，地盤工学会基準として JGS 0051 「地盤材料の工学的分類方法」[2.1] が定められている．この分類方法は，粗粒土は粒度に基づいて分類し，細粒土は粒度とコンシステンシー

表 2.1 分類記号の意味[2.1]

記号		意味	記号		意味
地盤材料区分	Gm	地盤材料（geomaterial）	主記号	Pt	高有機質土（highly organic soil）または泥炭（peat）
	Rm	岩石質材料（rock material）		Mk	黒泥（muck）
	Sm	土質材料（soil material）		Wa	廃棄物（wastes）
	Cm	粗粒土（coarse grained soil）		I	改良土（improved soil）
	Fm	細粒土（fine grained soil）	副記号	W	粒径幅の広い（well graded）
	Pm	高有機質土（highly organic material）		P	分級された（poorly graded）
	Am	人工材料（artificial material）		L	低液性限界（low liquid limit）（$w_L < 50[\%]$）
主記号	R	石（rock）		H	高液性限界（high liquid limit）（$w_L \geqq 50[\%]$）
	R_1	巨石（boulder）		H_1	火山灰質粘性土の I 型（$w_L < 80[\%]$）
	R_2	粗石（cobble）		H_2	火山灰質粘性土の II 型（$w_L \geqq 80[\%]$）
	G	礫粒土（gravel）	補助記号	○○	観察などによる分類（＊○○と表示してもよい）
	S	砂粒土（sand）		○○	自然堆積ではなく盛土，埋立などによる土や地盤（＃○○と表示してもよい）
	F	細粒土（fine soil）			
	Cs	粘性土（cohesive soil）			
	M	シルト（mo：スウェーデン語のシルト）			
	C	粘土（clay）			
	O	有機質土（organic soil）			
	V	火山灰質粘性土（volcanic cohesive soil）			

表 2.2　分類記号の基本配列[2.1]

(a) 粗粒土の分類記号

	質量構成比主記号			副記号
	第1構成分	第2構成分	第3構成分	
Cm：粗粒土	G：礫 分	F：細粒分 *	S：砂 分	W：粒径幅の広い
		S：砂 分	F：細粒分 *	P：分級された
	S：砂 分	F：細粒分 *	G：礫 分	
		G：礫 分	F：細粒分 *	

* 小分類における第2・第3構成分の細粒分は Cs：粘性土分，
　O：有機質土分，V：火山灰質土とに細区分できる.

(b) 細粒土の分類記号

	第1構成分 (観察，塑性図上で分類)		第2構成分 (観察，粒度で分類)
	主記号	副記号	主記号
Fm：細粒土	M：シルト C：粘 土 O：有機質土 V：火山灰質粘性土	L：低液性 $w_L < 50[\%]$ H：高液性 * $w_L \geqq 50[\%]$	G：礫 分 S：砂 分

* 火山灰質粘性土（V）のみ $50 \leqq w_L < 80[\%]$ を H_1，
　$w_L \geqq 80[\%]$ を H_2 に細区分する.

に基づいて分類するという基本的考え方に立っており，土の種類を表 2.1, 2.2 に示す分類記号を用いて表す．分類方法の詳細は文献 [2.1, 2.2] にゆずるとして，以下にその要点を説明する.

まず，図 2.16 に示すように，地盤材料 Gm を石分の割合によって，大きく**岩石質材料 Rm，土質材料 Sm，石分まじり土質材料 Sm-R** に大別する．さらに，図 2.17 に示すように，土質材料を粗粒土 Cm，細粒土 Fm，高有機質土 Pm，人工材料 Am に分けたうえで，それぞれに対して大分類，中分類，小分類を適用する．なお，高有機

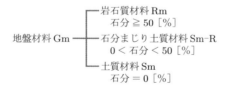

　　　　　　　　┌─岩石質材料 Rm
　　　　　　　　│　石分 ≧ 50 [%]
地盤材料 Gm ──┼─石分まじり土質材料 Sm-R
　　　　　　　　│　0 < 石分 < 50 [%]
　　　　　　　　└─土質材料 Sm
　　　　　　　　　　石分 = 0 [%]

図 2.16　地盤材料の工学的分類体系[2.1]

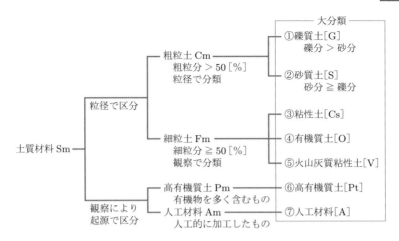

図 2.17　土質材料の工学的分類体系（大分類）[2.1]

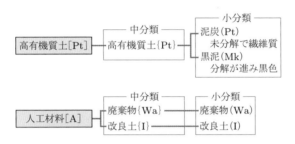

図 2.18　高有機質土および人工材料の中小分類[2.1]

質土および人工材料の中小分類は図 2.18 のように行う.

≫≫≫ 2.5.1　粗粒土の分類

　粗粒土の透水性やせん断強さなどの工学的性質は，粒度に大きく依存することから，粗粒土の分類はすべて粒度に基づいて行われる.　まず，図 2.17 に示す大分類で礫質土 [G] と砂質土 [S] に分けたうえで，それぞれに含まれる礫分，砂分，細粒分の含有率によって，図 2.19 のように中分類，小分類を行う.　小分類したもののうち，細粒分が 5% 未満のものは，均等係数 $U_c \geqq 10$, $U_c < 10$ に対してそれぞれ副記号 W, P を用い，「粒径幅の広い礫（GW）」，「分級された砂（SP）」などと細分類できる.

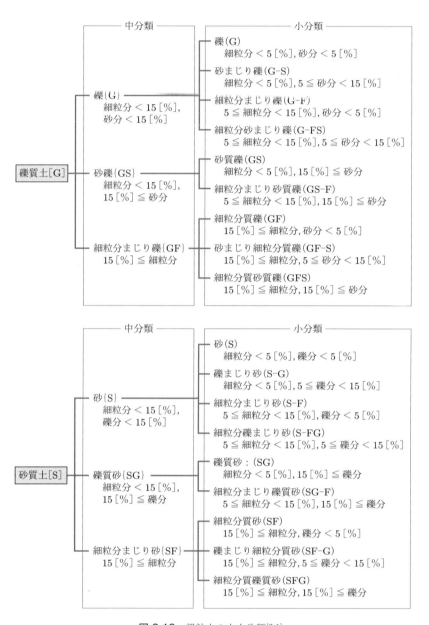

図 2.19　粗粒土の中小分類[2.1]

≫2.5.2 細粒土の分類

細粒土については，図 2.17 のようにまず大分類として，主に細粒分含有率や色調などの観察結果や地質的背景によって，粘性土 [Cs]，有機質土 [O]，火山灰質粘性土 [V] に分ける．さらに，コンシステンシー試験結果による塑性図上の分類を加味して，図 2.20 のように中分類，小分類を行う．2.4 節で述べたように，塑性図を利用することにより，土の力学特性の相対的な評価ができる（図 2.15）ことから，細粒土の分類には塑性図が不可欠な要素となっている．

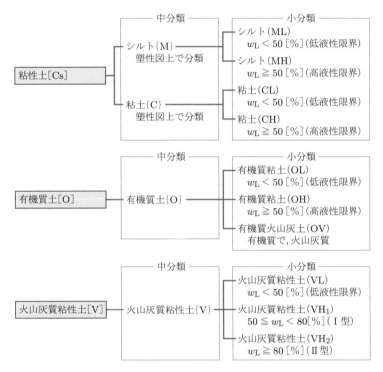

図 2.20 細粒土の中小分類[2.1]

図 2.21 は，細粒土の分類に用いる塑性図を表している．たとえば，塑性図上で CH，ML と表示された領域にプロットされた土は，それぞれ**高液性限界の粘土，低液性限界のシルト**と分類される．2.4.3 項で説明したように，粘土の圧縮指数は液性限界とともに比例的に大きくなるため，CH と分類された粘土は圧縮性が大きい．

以上で述べたように，「地盤材料の工学的分類方法」によれば粒度とコンシステンシー試験および観察結果だけで，対象とする土のおよその力学的性質がわかるから，たとえば地盤上に土を盛り上げてつくる**盛土**の場合のように，土を材料として用

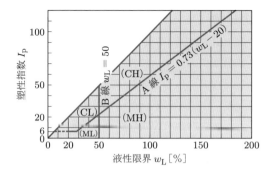

図 2.21　塑性図

いる場合の適否を判定（適否判定のための資料があらかじめ用意されている．たとえば文献 [2.1] 参照）することができる．また，自然の地盤を対象とする工事の場合，調査・試験，計画・設計，施工の各段階を通じての土に関する情報交換が，定められた分類名によってそれらの仕事に携わる技術者の間で行われ，その土の力学的性質についての共通の認識のもとで工事を進めることができる．

例題 2.5　ある土についての液性限界試験，塑性限界試験の結果，液性限界 63.5%，塑性限界 23.8% を得た．この土の自然含水比は 57.6% である．

(1) この土の塑性指数およびコンシステンシー指数を求めよ．

(2) 塑性図を利用してこの土を分類せよ．

解　(1) 式 (2.19), (2.20) より，塑性指数，コンシステンシー指数は，それぞれつぎのようになる．

$$I_p = w_L - w_p = 63.5 - 23.8 = 39.7, \quad I_c = \frac{w_L - w}{I_p} = \frac{63.5 - 57.6}{39.7} = 0.15$$

(2) 液性限界と塑性指数を図 2.21 にプロットすることにより，この土は CH（高液性限界の粘土）と分類される．

 演習問題

2.1 湿潤密度 1.78 Mg/m³，含水比 45% の飽和土試料がある．この試料の間隙比，土粒子密度，乾燥密度を求めよ．なお，水の密度 $\rho_w = 1.0\,[\text{Mg/m}^3]$ とする．

2.2 含水比 18%，間隙比 0.75，土粒子密度 2.68 Mg/m³ の地盤がある．この地盤の湿潤密度を求めよ．また，この地盤が完全に飽和したときの密度を求めよ．

2.3 質量 860 g で体積 500 cm³ の湿潤状態の土がある．この土の含水比は $w = 25\,[\%]$ で土粒子の密度が $\rho_s = 2.70\,[\text{Mg/m}^3]$ である．湿潤密度，乾燥密度，間隙比，飽和度の値を計算せよ．

2.4 含水比 15%，質量 300 g の土と，含水比 40%，質量 500 g の土がある．これらを混合した土の含水比を求めよ．

2.5 湿潤密度 1.68 Mg/m³，含水比 8.5% の砂地盤がある．砂を炉乾燥させたのち，容積 1000 cm³ の容器に最もゆるく詰めたときの質量は 1480 g，最も密に詰めたときの質量が 1650 g であった．原位置におけるこの砂の相対密度と飽和度を求めよ．なお，この砂の土粒子密度は 2.67 Mg/m³ である．

2.6 ある土試料について粒度試験を行ったところ，表 2.3 のような結果が得られた．この土試料の粒径加積曲線を描き，シルト分，砂分の割合 [%]，有効径 D_{10}，均等係数 U_c を求めよ．

表 2.3　粒度試験の結果

粒径 [mm]	通過質量百分率 [%]	粒径 [mm]	通過質量百分率 [%]	粒径 [mm]	通過質量百分率 [%]
9.50	100	0.425	47.5	0.045	15.0
4.75	92.5	0.250	38.5	0.030	10.0
2.00	79.0	0.106	26.0	0.020	6.0
0.85	58.5	0.075	21.0	0.009	1.0

2.7 ある土の液性限界試験において，試料の含水比と皿の落下回数の間に表 2.4 のような関係を得た．
  - (1) この土の液性限界を求めよ．
  - (2) この土の塑性限界が 35% の場合の，塑性指数を求めよ．
  - (3) 塑性図を利用してこの土を分類せよ．
  - (4) この土の圧縮指数 C_c のおよその値を推定せよ．
  - (5) この土の自然含水比が 58% であった．この地盤の安定性について根拠を示して説明せよ．

表 2.4　液性限界試験の結果

落下回数 [回]	45	32	21	14
含水比 [%]	49	55	63	70

第3章

土中の水の流れ

降雨や地表水が地盤に浸透すると，水を通しやすく飽和した状態にある地層（帯水層）に付加される（地下水涵養）．地下水は帯水層中を流動して，最終的に河川や海洋に流出する．地盤の挙動は土中の水の流れと密接に関わっている．この章では，涵養，流動，流出という地下水の循環の間に発生する地盤工学上のさまざまな問題を解決するための基礎知識について解説する．

▶3.1　土中水の流れとダルシーの法則

≫≫3.1.1　土中水と地盤工学上の問題

　図 3.1 は地下水循環の間に生じる地盤工学上の諸問題を示したものである．斜面内の土中の間隙を通って移動する水（浸透水）による地すべりや斜面の崩壊，浸透水に対する堤体の安定および堤体と基礎地盤からの漏水量の算定，あるいは掘削工事における排水処理と掘削面の安定，さらには地下水の過剰揚水による地盤沈下などである．以下，これらの問題を解決するための基礎知識について解説するが，上記の諸問題のうち，地盤の安定に関わる問題については 4.5 節で述べる．

　図 2.7 に示したように，土は土粒子（固体）によって構成される骨格の間隙内に液体（水）と気体（空気）が存在する三相でできた材料である．間隙内に存在する水は**間隙水**（pore water）または**土中水**（soil water）とよばれ，水にはたらく力の作用によっ

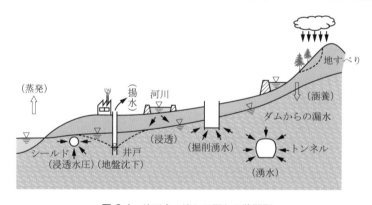

図 3.1　地下水の流れに関わる諸問題

て異なる性質を示すことから，以下の三つに大別される．土粒子の表面に強く吸着されて固体的な性質を示す**吸着水**（2.1.3 項参照），表面張力と重力の作用を受けて微細な間隙内に保持されている**毛管水**（capillary water），比較的大きな間隙の中を重力の作用で流動する**重力水**（gravitational water）である．なお，吸着水を除いた毛管水と重力水の二つを指して，狭い意味で間隙水とよぶこともある．

水平地盤の地表面から地下水面付近までの地盤内の水の存在状態を，図 3.2 に示す．地下水面より下に存在する土中水を**地下水**（groundwater）という．地下水面の位置（地下水位）は，地下水によって飽和している地盤に設置された観測井戸や，ボーリング孔内に現れる水面（自由水面）の位置を計測することによって知ることができる．土の間隙が水で満たされている場合を飽和状態といい，地下水面以下の土は一般に飽和状態にある．地下水面より上にある土でも，毛管現象によって水面からある範囲（**毛管飽和帯**）までの土の間隙は水で飽和されている．毛管飽和帯から地表面までの範囲の土は，その間隙中に水と空気が存在する不飽和状態にある．**不飽和水帯**にある間隙水は，吸着水のほかに降雨や地表水が地下に浸透して重力の作用で地下水面に向かって流れる重力水と，毛管張力によって間隙内に保持されている毛管水からなる．

土中の間隙を通って水が移動する現象を**浸透**（seepage）または**透水**とよび，浸透する水の流れを**浸透流**（seepage flow）という．水を通す土の性質を**透水性**（permeability）といい，浸透現象にともなって生じる地盤工学上のさまざまな問題に深く関わる重要な性質である．

地下水によって飽和した状態にある透水性の高い地盤を**帯水層**（aquifer）とよぶ．図 3.2 の⑪や図 3.3 の⑪のように，自由水面を有する飽和水帯を**不圧帯水層**（unconfined aquifer）といい，図 3.3 の©のように不透水層によって覆われた状態にあり，自由水面が存在しないような帯水層を**被圧帯水層**（confined aquifer）という．

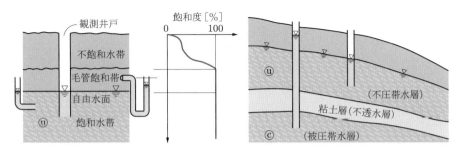

図 3.2 地下水の存在状態   図 3.3 不圧帯水層と被圧帯水層

≫ 3.1.2 水頭と動水勾配

図 3.4 は，帯水層中を地下水が流動する間に生じるエネルギーの損失の様子を示したものである．図中の面 AA' を基準面として，基準面から h_e の高さにあって水圧 p，速度 v で流れている質量 m の水のエネルギー E は次式で表される．

$$E = mgh_e + \frac{m}{\rho_w} p + \frac{1}{2} mv^2 \tag{3.1}$$

ここで，g は重力加速度，ρ_w は水の密度である．式 (3.1) の右辺第 2 項は水圧 p を有する体積 V （$= m/\rho_w$）の水がもっている圧力エネルギーを表し，第 1, 3 項はそれぞれ位置エネルギーと運動エネルギーである．

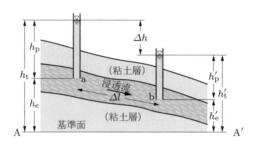

図 3.4 地盤中の水の浸透

単位重量あたりのエネルギーで表すために，式 (3.1) の両辺を mg で割ると次式が得られる．

$$\frac{E}{mg} = h_e + \frac{p}{\rho_w g} + \frac{v^2}{2g} \tag{3.2}$$

式 (3.2) の右辺各項についてエネルギーの損失がないとすれば，$E/(mg) =$ 一定 （ベルヌーイの法則：Bernoulli's law）となるが，土中の浸透では，水分子が間隙を通って流れる際の粘性抵抗によるエネルギーの損失を見込む必要がある．

一般に，地下水の流速は小さく，式 (3.2) の右辺第 3 項はほかの 2 項に比べて小さいので無視できる．また，式 (3.2) の各項は長さの次元を有するので，$h_t = E/(mg)$，$h_p = p/(\rho_w g)$ とおくと，

$$h_t = h_e + h_p \tag{3.3}$$

が得られる．ここで，h は**水頭**（head）とよばれ，単位重量の水がもつエネルギーの大きさを水柱の高さ（図 3.4 参照）で表したものである．式 (3.3) の h_e，h_p はそれぞれ**位置水頭**（elevation head），**圧力水頭**（pressure head）とよばれ，両者の和を**全水**

頭 (total head) h_t とよぶ.

図 3.4 に示すように, 帯水層内の点 a から点 b まで地下水が土の間隙中を流動する間に, 粘性抵抗による全水頭の損失 Δh を生じる. これを損失水頭 (head loss) とよび, 図 3.4 の場合, 次式で表される.

$$\Delta h = h_t - h_t' \tag{3.4}$$

Δh は, また, 水頭差ともよばれ, 全水頭の高いほうから低いほう (その水頭の差が Δh) に向かって地下水の流れが生じるとも解釈できる. このときの全水頭の変化率は動水勾配 (hydraulic gradient) i とよばれ, 次式で表される.

$$i = \frac{\Delta h}{\Delta l} \tag{3.5}$$

ここで, Δl は浸透方向に沿って測った ab 間の距離である.

例題 3.1 図 3.5 において各点 A, B, C の圧力水頭を求めよ. また, 2 点 A, C 間の動水勾配を求めよ.

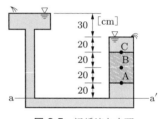

図 3.5 浸透流と水頭

解 図中の aa' を基準面にとると, 点 A, C の全水頭 h_t, 位置水頭 h_e は, それぞれ以下のようになる.

点 A : $(h_t)_A = 110\,[\text{cm}],\ (h_e)_A = 20\,[\text{cm}]$
点 C : $(h_t)_C = 80\,[\text{cm}],\ (h_e)_C = 60\,[\text{cm}]$

よって, 点 A, C の圧力水頭は, 式 (3.3) から,

$$(h_p)_A = (h_t)_A - (h_e)_A = 110 - 20 = 90\,[\text{cm}], \quad (h_p)_C = (h_t)_C - (h_e)_C = 80 - 60 = 20\,[\text{cm}]$$

となる. 点 A から点 C まで浸透する間の水頭の変化量は 2 点間の距離に比例すると考えてよいから,

$$(h_p)_B = (h_p)_A - \{(h_p)_A - (h_p)_C\} \times \left(\frac{20}{40}\right) = \frac{(h_p)_A + (h_p)_C}{2} = 55\,[\text{cm}]$$

となる. また, AC 間の動水勾配は式 (3.5) を用いて, つぎのようになる.

$$i = \frac{\Delta h}{\Delta l} = \frac{(h_t)_A - (h_t)_C}{\Delta l} = \frac{110 - 80}{40} = 0.75$$

≫≫ 3.1.3   ダルシーの法則と透水係数

ダルシー（Darcy, H.P.G.）は，土中を浸透する単位時間あたりの流量 Q と動水勾配 i の間に，次式が成り立つことを実験的に見出した．

$$Q = kiA \tag{3.6}$$

ここで，A は浸透断面積であり，k は **透水係数**（hydraulic conductivity または coefficient of permeability）とよばれる比例定数で，速度の次元をもつ．**ダルシーの法則** とよばれる式 (3.6) は，流量 Q が動水勾配と断面積に比例することを表し，地下水の流れを支配する運動方程式として用いられる．式 (3.6) を断面積で割った次式は，見かけの流速 v を与える．

$$v = \frac{Q}{A} = ki \tag{3.7}$$

式 (3.7) における A は土の断面全体を表しており，実際に水の流れる間隙の断面積を A_v とすると，真の流速 v_s は

$$v_s = \frac{Q}{A_v} = \frac{kiA}{A_v} = \frac{ki}{n} \tag{3.8}$$

により求められる．ここで，n は間隙率である．透水係数 k はつぎの 3.2 節で述べる方法によって求められるが，その際全断面積 A を用いるので，地盤の透水量の算定には全断面積 A を用い，式 (3.6) で計算することができる．

▶ 3.2   透水係数の大きさと測定方法 ◀

土の透水性の大小を表す透水係数は，土中の水の流れにともなって生じる諸問題に深く関わる重要な定数である．この節では，透水係数の大きさに及ぼす諸要因と透水係数の測定方法について説明する．

≫≫ 3.2.1   透水係数に及ぼす影響要因

土の透水係数 k は土の種類や状態，間隙水の性質などによって変化する．透水係数の値に及ぼす主な影響要因を挙げると，以下のようである．

① 粒径：粒径の大きな粒子からなる土は，粒子間の間隙が大きくなり，水の流れる管路の断面が大きくなることから，透水性が高まる．ヘーズン（Hazen, A.）は砂質土の透水係数 k [m/s] が，10% 粒径（有効径）D_{10} [mm] の 2 乗に比例的に大きくなることを実験的に見出し，次式を提案した．

$$k = C_s D_{10}{}^2 \times 10^{-4} \tag{3.9}$$

ここで、C_s は砂の粒度や締まり具合などの状態を表す係数で、簡易的に $C_s \fallingdotseq 100$ として用いられることが多い.

② 間隙比：同じ土であっても、密な状態にあるか、ゆるい状態にあるかによって間隙水の流れる断面が異なり、間隙比が大きいほど透水係数が大きくなる. テイラー（Taylor, D.W.）らは土粒子を球と仮定し、土粒子の直径、土の間隙比、水の粘性係数と透水係数の関係式を導いた. この中で、透水係数が間隙比関数 $e^3/(1+e)$ に比例するという関係を得た. このほかにも、図 3.6 に示すような実験結果に基づくさまざまな間隙比関数が提案されている.

③ 間隙の形状と配列：一般に、土粒子の形は球形からかけ離れたものが多く、とくに粘土粒子の場合は薄片状や板状あるいは管状などの形状を示す. また、2.1 節で述べたように、さまざまな配列構造を示し、とくに配向が強い場合には、水の流れの方向によって透水係数が異なる. 粘性土についての鉛直方向、水平方向透水係数の測定比較例を示した図 3.7 をみると、$e - \log k$ の関係が直線で示されること、また水平方向の透水係数 k_x が鉛直方向の透水係数 k_z よりも大きいことがわかる. これを透水係数の異方性といい、そのような地盤を異方性地盤という. 泥炭地盤では異方性がとくに大きく、k_x が k_z の 2〜6 倍になることもある[3.3].

④ 間隙水の性質：土の透水係数は、間隙を透過する流体の性質、とくに密度および粘性の影響を受け、密度に比例し、粘性係数に反比例する.

以上で述べたように、土の透水係数の大きさは多くの要因の影響を受けるが、各種の土の透水係数の概略値を示したのが図 3.8 である. 図からわかるように、およその目安として礫や砂で 10^{-2}〜10^{-5} m/s, 微細砂やシルトで 10^{-5}〜10^{-9} m/s, 粘性土で 10^{-9}〜10^{-11} m/s 程度の値を示す.

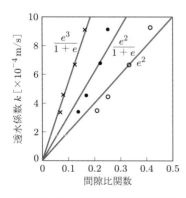

図 3.6 透水係数と間隙比関数[3.1]

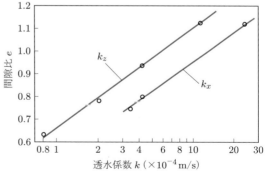

図 3.7 透水係数の異方性[3.2]

透水係数 k[m/s]	10^{-11}	10^{-10}	10^{-9}	10^{-8}	10^{-7}	10^{-6}	10^{-5}	10^{-4}	10^{-3}	10^{-2}	10^{-1}	10^{0}
透水性	実質上不透水			非常に低い		低い		中位			高い	
土の種類	粘性土			微細砂，シルト 砂 - シルト - 粘土混合土				砂および礫			清浄な礫	
直接測定	*			変水位透水試験			定水位透水試験			*		
間接測定	圧密試験から計算						粒度と間隙比から計算					

＊特殊な変水位透水試験

図 3.8　各種の土の透水係数の目安

例題 3.2　図 3.9 のように，透水係数の異なる土層から構成される地盤の透水に関して，以下の二つの場合について，土層全体としての平均の透水係数を求めよ．ただし，各層の厚さと透水係数を，それぞれ $H_1, H_2, \cdots, H_n$，および $k_1, k_2, \cdots, k_n$ とし，土層全体の厚さを H とする．
(1) 土層に対して平行に流れる場合
(2) 土層に対して鉛直に流れる場合

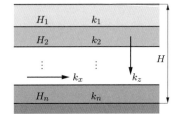

図 3.9　成層地盤の平均透水係数

解　(1) 平行に流れる場合の平均透水係数 k_x
土層全体の流量を Q とし，各層を流れる流量を $Q_1, Q_2, \cdots, Q_n$ とすると，

$$Q = Q_1 + Q_2 + \cdots + Q_n$$

各層の動水勾配 i は等しいはずなので，ダルシーの法則より次式が成り立つ．

$$k_x i H = k_1 i H_1 + k_2 i H_2 + \cdots + k_n i H_n$$

よって，平均透水係数 k_x は，つぎのようになる．

$$k_x = \frac{1}{H}(k_1 H_1 + k_2 H_2 + \cdots + k_n H_n)$$

(2) 鉛直に流れる場合の平均透水係数 k_z
各層を流れる間の損失水頭を $\Delta h_1, \Delta h_2, \cdots, \Delta h_n$ とし，土層全体の損失水頭を Δh とすれば，$\Delta h = \Delta h_1 + \Delta h_2 + \cdots + \Delta h_n$ であり，各層および土層全体の動水勾配は $i_1 = \Delta h_1/H_1$，$i_2 = \Delta h_2/H_2, \cdots, i_n = \Delta h_n/H_n$ および $i = \Delta h/H$ で表される．各層を流れる流量は土層全体の流量に等しく，$Q = Q_1 = Q_2 = \cdots = Q_n$ であり，ダルシーの法則より

$$Q = \frac{k_z \Delta h}{H}, \quad Q_1 = \frac{k_1 \Delta h_1}{H_1}, \quad Q_2 = \frac{k_2 \Delta h_2}{H_2}, \quad \cdots, \quad Q_n = \frac{k_n \Delta h_n}{H_n}$$

と表されるから，

$$\Delta h \left(= \frac{QH}{k_z}\right) = \Delta h_1 + \Delta h_2 + \cdots + \Delta h_n = \frac{Q_1 H_1}{k_1} + \frac{Q_2 H_2}{k_2} + \cdots + \frac{Q_n H_n}{k_n}$$

よって，平均透水係数 k_z は，つぎのようになる．

$$k_z = \frac{H}{(H_1/k_1) + (H_2/k_2) + \cdots + (H_n/k_n)}$$

≫ 3.2.2 透水試験

土の透水係数を求める方法として，現場から採取した試料を用いて実験室内で測定する**室内透水試験**と，現場で行う**原位置透水試験**とがある．それぞれについて，測定目的や対象となる土の種類，現場の条件などによって各種の方法があるが，以下に代表的な試験方法について説明する．

(1) 室内透水試験 室内透水試験[3.1, 3.4] には，試験時の水頭差の与え方の違いによって，定水位透水試験と変水位透水試験とがある．透水係数 $k = 10^{-5}$ m/s を選択の目安とし，定水位透水試験は透水係数の比較的大きな土に，変水位透水試験は小さな土に適用される．いずれの場合も対象とする供試体に水頭差を発生させ，水頭差と流量の測定値からダルシーの法則によって透水係数を算定する．なお，$k \leqq 10^{-9}$ m/s の粘性土については，第5章で説明する圧密試験から間接的に求めることができる．

① **定水位透水試験**（constant head permeability test）：定水位透水試験には，図 3.10 のような装置を用いる．長さ L，断面積 A の供試体に一定の水頭差 h を与え，定常浸透流を生じさせる．時間 t の間に流れる流量 Q を測定し，ダルシーの法則を適用することにより，透水係数 k を次式で計算することができる．

$$k = \frac{Q}{tAi} = \frac{QL}{tAh} \tag{3.10}$$

② **変水位透水試験**（falling head permeability test）：変水位透水試験には，図 3.11 のような装置を用いる．長さ L，断面積 A の供試体の上部からスタンドパイプを通じて水を浸透させる．スタンドパイプの断面積を a とし，時間 dt の間の水位の低下量を dh とすると，ダルシーの法則から次式が成り立つ．

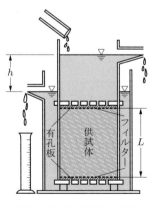

図 3.10 定水位透水試験

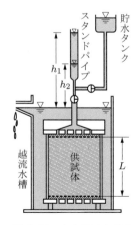

図 3.11 変水位透水試験

$$-adh = k\frac{h}{L}Adt$$

ここで, h は任意時刻におけるスタンドパイプと越流水槽との水位差である. 時刻 t_1 におけるスタンドパイプ内の水位を h_1, 時刻 t_2 のときの水位を h_2 として, 上式を積分することにより, 透水係数 k は次式で求められる.

$$k = \frac{aL}{A(t_2 - t_1)}\ln\frac{h_1}{h_2} \tag{3.11}$$

例題 3.3 断面積 $A = 80$ [cm^2], 長さ $L = 15$ [cm] の円柱供試体について, 水頭差を $\Delta h = 12$ [cm] で一定に保った定水位透水試験を行った結果, 5 分間で透水量 $Q = 480$ [cm^3] の測定値を得た. この試験における動水勾配を算出し, 透水係数 k を求めよ.

解 動水勾配 i は, $i = \Delta h/L = 12/15 = 0.8$ である. 透水係数 k は式 (3.10) より, つぎのようになる.

$$k = \frac{Q}{tAi} = \frac{480}{(5 \times 60) \times 80 \times 0.8} = 2.5 \times 10^{-2}\,[\text{cm/s}] = 2.5 \times 10^{-4}\,[\text{m/s}]$$

---

(2) 原位置透水試験　　(1) で述べた室内透水試験の場合, 現場からの試料の採取にともなって生じる試料の乱れが避けられない. また, 採取した試料による試験結果が, 必ずしも現場の地層の透水係数を代表するとはかぎらない. さらに, 実際の地盤には室内試験供試体に含まれない大きな礫や転石, 水みち, 亀裂などを含む可能性がある. そこで, 原位置での透水係数を得るために, 原位置透水試験[3.5, 3.6] が行われる. 図 3.12 は, 泥炭層およびその下部に存在する粘性土層について実施された, 原位置および室内透水試験結果の比較例を示したものである. 原位置透水試験による透水係数 k_f と室内透水試験による透水係数 k_l の比 k_f/k_l が, 粘性土では 3~7 であるのに対し, 泥炭の k_f/k_l は, 構成する植物や混入する灌木類が水みちとなって 10~30 という大きな値を示している.

　原位置透水試験では, 対象となる地盤の原位置において人為的に水頭差を発生させて水頭差と流量を計測し, ダルシーの法則に基づいて透水係数を算定する. 室内透水試験では供試体に 1 次元の流れを発生させるが, 原位置透水試験では後述のように試験孔を中心とした放射状流れを発生させて行う. 原位置透水試験方法の詳細については文献 [3.5, 3.6] にゆずるとして, 以下にその概要を説明する.

　原位置透水試験には, 1 本のボーリング孔を用いる単孔式透水試験と複数のボーリング孔を用いる多孔式揚水 (透水) 試験がある. 単孔式の場合, 試験孔の周辺の透水性に関する情報が得られるが, 多孔式の場合は設置された複数の試験孔 (観測孔) の

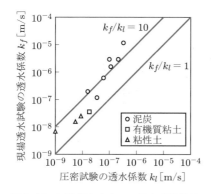

図 3.12 原位置と室内での透水試験結果の
比較[3.3]に加筆

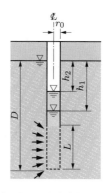

図 3.13 単孔式透水試験
（ピエゾメーター法）

領域の平均的な情報が得られる.

● **単孔式透水試験**　　1 本のボーリング孔を用い，孔内から揚水することにより水位を低下させたり，孔内に注水して水位を高めたりして透水係数を測定する試験法で，オーガー法，チューブ法，ピエゾメーター法，パッカー法などの方法がある．たとえば，ピエゾメーター法では，図 3.13 のように半径 r_0 のボーリング孔内の水を汲み出して水面を下げておいて，時間 t_1 から t_2 の間に断面 L の部分から流入する地下水による孔内水位の回復（$h_1 \rightarrow h_2$）を測定し，次式で透水係数を求める.

$$k = \frac{r_0{}^2}{2L(t_2 - t_1)} \ln \frac{L}{r_0} \ln \frac{h_1}{h_2} \tag{3.12}$$

● **（多孔式）揚水試験**　　図 3.3 に示したように，地下水（の流れ）には自由水面を有する **不圧地下水** と，粘土のような不透水層に覆われた状態にあって，自由水面をもたない **被圧地下水** とがある.

　不圧帯水層または被圧帯水層に井戸を設置して揚水を行い，揚水井戸の周辺に設置した複数の観測孔の水位低下状況を観測することによって，地盤の透水係数を求める試験を **揚水試験**（pumping test）という．不圧帯水層から揚水する場合の井戸を **重力井戸**（gravity well）とよび，被圧帯水層の場合を **掘抜き井戸**（artesian well）とよぶ．それぞれの場合についての透水係数の求め方は，以下のようである.

① **重力井戸**：図 3.14(a) に示すように，不圧帯水層に半径 r_0 の井戸（揚水井）を掘り，単位時間あたりの揚水量 Q で各観測孔の水面勾配がほぼ一定の状態（定常状態）になるまで揚水を続ける．揚水井の中心からの距離 r における水頭を h とすると，動水勾配は近似的に dh/dr としてよい．また，図 3.14(b) のように，半径

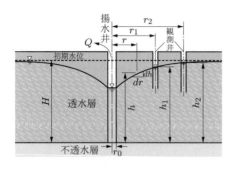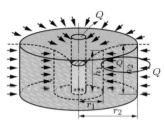

（a）揚水試験による水位低下　　　　（b）揚水井に向かう地下水の流れ

図 3.14　揚水試験（重力井戸）

r の円筒面を通って揚水井に流入する水量は揚水量に等しいから，ダルシーの法則により

$$Q = kiA = k\frac{\partial h}{\partial r} 2\pi rh \tag{3.13}$$

となる．ここで，式 (3.13) は

$$khdh = \frac{Q}{2\pi r}\,dr$$

と変形できる．したがって，揚水井から r_1, r_2 の距離にある観測孔の水位 h_1, h_2 が測定されていれば，$(r = r_1, h = h_1)$，$(r = r_2, h = h_2)$ の条件で上式を積分して得られる次式を用いて透水係数を求めることができる．

$$k = \frac{Q}{\pi\left(h_2{}^2 - h_1{}^2\right)} \ln \frac{r_2}{r_1} \tag{3.14}$$

② **掘抜き井戸**：図 3.15 に示すように，層厚 D の被圧帯水層に半径 r_0 の揚水井戸を掘り，単位時間あたり Q の揚水を行って，定常状態に達したのちの各観測孔の水頭を測定する．この場合，半径 r の位置から井戸に向かう地下水の流れは厚さ D の帯水層内でのみ生じるから，重力井戸の場合の図 3.14(b) に相当する円筒面の面積は $2\pi rD$ となる．したがって，揚水量 Q は次式で表される．

$$Q = kiA = k\frac{\partial h}{\partial r} 2\pi rD \tag{3.15}$$

式 (3.15) は，つぎのように変形できる．

$$kdh = \frac{Q}{2\pi rD}\,dr$$

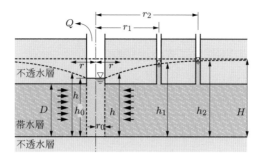

図 3.15　揚水試験（掘抜き井戸）

よって，揚水井から r_1, r_2 の距離にある観測孔での水頭の観測値 h_1, h_2 を用いて，$(r = r_1, h = h_1)$，$(r = r_2, h = h_2)$ の条件で上式を積分すると，透水係数は次式で求まる.

$$k = \frac{Q}{2\pi D(h_2 - h_1)} \ln \frac{r_2}{r_1} \tag{3.16}$$

| 例題 3.4 | 不圧帯水層に図 3.16 に示すような井戸を掘り，毎分 $7.8\,\mathrm{m^3}$ の揚水を行ったところ，井戸の中心から 5, 10 m の位置に設置された観測孔の水位が，それぞれ 4.5, 5.2 m で定常状態になった. この地盤の透水係数 k を求めよ. |

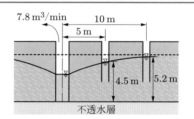

図 3.16　不圧帯水層での揚水試験

解　$Q = 7.8\,[\mathrm{m^3/min}]$, $r_1 = 5\,[\mathrm{m}]$, $r_2 = 10\,[\mathrm{m}]$, $h_1 = 4.5\,[\mathrm{m}]$, $h_2 = 5.2\,[\mathrm{m}]$ を式 (3.14) に代入すると，透水係数 k はつぎのようになる.

$$k = \frac{Q}{\pi\left(h_2{}^2 - h_1{}^2\right)} \ln \frac{r_2}{r_1} = \frac{7.8}{\pi \times (5.2^2 - 4.5^2)} \ln \frac{10}{5} = 2.53 \times 10^{-1}\,[\mathrm{m/min}]$$

$$= 4.2 \times 10^{-3}\,[\mathrm{m/s}]$$

▶3.3　浸透流量の算定 ◀

　浸透現象にともなって生じる地盤工学上の問題の一つは，浸透流量を把握することである. そのためには，地盤中の水の流れを支配する方程式（浸透流の基礎方程式）を導く必要がある. この節では方程式の誘導過程を簡単に説明したのち，方程式の解と

して得られる流線網とその利用による浸透流量の算定方法について説明する.

⟫⟫⟫ 3.3.1　浸透流の基礎方程式と流線網

図 3.17(a) に示すように,透水性地盤に不透水の矢板 (sheet pile) を打設して片側に水をためると,水は矢板下方の地盤中を浸透して右側の地表面に流出する.この場合を例にとって,2 次元の浸透流に関する基礎方程式を導くことを考える.図 3.17(b) のように,地盤中に $dx \times dy \times dz$ の微小要素を考え,要素に流入する x, z 軸方向の流速を v_x, v_z とすれば,要素から流出するときの流速は,それぞれ

$$v_x + \frac{\partial v_x}{\partial x}\,dx, \quad v_z + \frac{\partial v_z}{\partial z}\,dz$$

で表される.したがって,単位時間内に要素に流入する水量 Q_in,および流出する水量 Q_out はそれぞれ,

$$Q_\mathrm{in} = v_x dydz + v_z dxdy \tag{3.17}$$

$$Q_\mathrm{out} = \left(v_x + \frac{\partial v_x}{\partial x}\,dx\right) dydz + \left(v_z + \frac{\partial v_z}{\partial z}\,dz\right) dxdy \tag{3.18}$$

と表される.

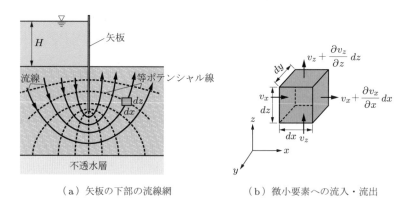

（a）矢板の下部の流線網　　　　　（b）微小要素への流入・流出

図 3.17　矢板の下部の浸透流と流線網

水の非圧縮性と要素中の間隙水の体積一定（土要素の圧縮は生じない）を仮定すれば,Q_in と Q_out は等しいことから,

$$\frac{\partial v_x}{\partial x} + \frac{\partial v_z}{\partial z} = 0 \tag{3.19}$$

となる.一方,ダルシーの法則によれば,流速 v_x, v_z は次式で表される.

$$v_x = -k_x \frac{\partial h}{\partial x}, \quad v_z = -k_z \frac{\partial h}{\partial z} \tag{3.20}$$

ここで，k_x, k_z は x, z 軸方向の透水係数で，$-\partial h/\partial x$, $-\partial h/\partial z$ は x, z 軸方向の動水勾配である．なお，dx, dz の変化に対して水頭 dh が減少するため，マイナスがついている．式 (3.20) を式 (3.19) に代入すると，

$$k_x \frac{\partial^2 h}{\partial x^2} + k_z \frac{\partial^2 h}{\partial z^2} = 0 \tag{3.21}$$

を得る．もし，$k_x = k_z = k$ と仮定できる（等方性の仮定）とすれば，

$$k \frac{\partial^2 h}{\partial x^2} + k \frac{\partial^2 h}{\partial z^2} = 0 \tag{3.22}$$

が得られる．式 (3.22) を与えられた境界条件のもとに解いて全水頭 h の値の等しい点（等ポテンシャルの点）を連ねた線を描くと，図 3.17(a) の点線（群）が得られる．これらを**等ポテンシャル線**（equi-potential line）といい，これらに直交する線群（図中の実線群）を**流線**（stream line）という．流線は水分子のたどる軌跡であり，流れの方向を表す．流線群と等ポテンシャル線群によってつくられる網状の図を**流線網**（flow net）とよび，流量の算定や，第 4 章で説明する地盤中の間隙水圧の算定に用いられる．図 3.18 はコンクリートダムの基礎地盤内の浸透流に関する流線網の例であり，図 3.19 はアースダムの堤体内の浸透流に関する流線網の例を示したものである．

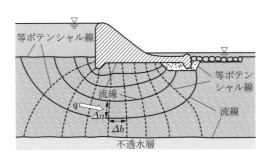

図 3.18 コンクリートダム基礎地盤内の浸透流に関する流線網

少し経験を積めば，境界条件が複雑な場合でも，簡単な作業で流線網を描くことができ，近似解法ではあるが，十分な計算精度が得られる．流線網を描く際には，以下のような流線網の特性に注意する．

- 貯水に接する地盤の境界面は等ポテンシャル線（図 3.18〜3.20 参照）であり，流線はこれに直交する．
- 不透水境界面は流線（図 3.18〜3.20 参照）であり，等ポテンシャル線群はこれら

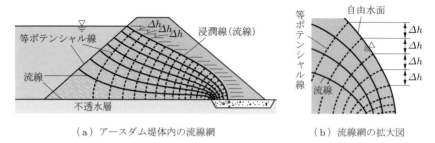

（a）アースダム堤体内の流線網　　　　（b）流線網の拡大図

図 3.19　アースダム堤体内の浸透流

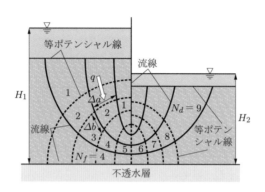

図 3.20　矢板まわりの流線網

に直交する.

- 隣り合う等ポテンシャル線間の損失水頭は，どこでも等しい.
- アースダム内の**浸潤線**（図 3.19(a) 参照）のような自由水面は流線である. また，この**自由水面**は大気に接しているので，浸潤線上の各点での圧力水頭はゼロであり，全水頭は位置水頭に等しい. したがって，等ポテンシャル線と自由水面との交点の位置の高低差はどこでも等しく，かつ等ポテンシャル線間の損失水頭 Δh に等しい（図 3.19(b) 参照）.
- それぞれの流線で挟まれた部分（すなわち流管）を流れる流量は，いずれも等しい.

以上の特性をふまえたうえで，つぎのような手順で作図を行う.

① 境界条件を明確にする.

② （透水層の入口と出口でその層に直交し，不透水境界面に平行になるように）数本の流線を描く.

③ （各四辺形の幅と長さが等しくなるように）流線に直交させて，等ポテンシャル線を描く.

④ すべての交点が直角となり，各四辺形の幅と長さが等しくなるように，再調整する.

≫3.3.2 非拘束流れの場合の流線網

図 3.19(a) のように，地下水の流れが生じている境界に大気と接した部分（自由水面）が存在する場合の流れを非拘束流れという．このような場合の流線網の作図では，最初に自由水面（浸潤線）の形を決める必要がある．

浸潤線の形状は実験的に放物線に近似することがわかっているので，まず図 3.21 に示すように，点 A を焦点として CD を準線とする基本放物線 A_0B_1 を描く．ここで，BB_1 の距離は実験的に $0.3m$（m は水面が斜面と交わる点 B から斜面先までの水平距離）となることがキャサグランデによって示されている．図中に示すように x, y 座標を定め，準線 CD から焦点 A までの距離を y_0 とすると，基本放物線 A_0B_1 は次式で表される．

$$\sqrt{x^2 + y^2} = x + y_0 \tag{3.23}$$

式 (3.23) に点 B_1 の座標値（$x = d, y = H$）を代入すると，次式が得られる．

$$\sqrt{d^2 + H^2} = d + y_0 \tag{3.24}$$

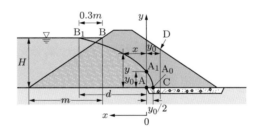

図 3.21 アースダムの浸潤線の描き方

式 (3.24) に既知の値 d, H を代入することにより y_0 の値が求まるから，y_0 の値を式 (3.23) に代入して浸潤線を描くことができる．なお，浸潤線が上流側の水面と交わることはあり得ないから，BB_1 の部分を図 3.22(a) のように修正する．このようにして浸潤線が決まったら，前述のように等ポテンシャル線と自由水面との交点の位置の高低差はどこでも等しく，かつ等ポテンシャル線間の損失水頭 Δh に等しいことに注意して流線網を描く（図 3.19(a) 参照）．

図 3.22(a) のように，不透水の基盤上にアースダム全体が構築されているような場合は，斜面先と不透水基盤との交点 A を焦点とした基本放物線が描かれる．基本放物線に基づく浸潤線と斜面との交点は点 C_0 のようになるが，実際の浸出点は点 C_0 よりも下方の点 C となる．図 3.22(a) に示すように，$AC = a$，$CC_0 = \Delta a$ とすれば，下

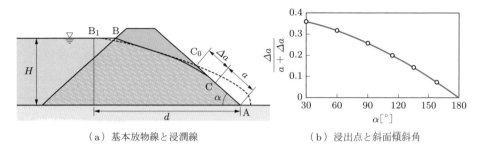

（a）基本放物線と浸潤線　　　　　　（b）浸出点と斜面傾斜角

図 3.22　浸出点の求め方

流側の斜面傾斜角 α の大きさに応じて，浸出点の位置を以下のように求めることができる.

① $\alpha \geqq 30°$ の場合：傾斜角 α の値に応じて図 3.22(b) から $\Delta a / (a + \Delta a)$ を読み取り，これに基本放物線から算出される $(a + \Delta a)$ の値を掛けて Δa を得る. こうして浸出点が求まるから，図 3.22(a) のように浸潤線が定まる.

② $\alpha < 30°$ の場合：AC 間の距離 a は次式で求めることができる.

$$a = S - \sqrt{S^2 - \frac{H^2}{\sin^2 \alpha}} \tag{3.25}$$

ここで，S は下流側斜面先から上流側水面までの曲線距離である. 図 3.22(a) で，

$$S \fallingdotseq \sqrt{d^2 + H^2}$$

と近似できる場合には，式 (3.25) の S を上式で置き換えることにより，次式で浸出点を求めることができる.

$$a = \sqrt{d^2 + H^2} - \sqrt{d^2 - H^2 \cot^2 \alpha} \tag{3.26}$$

≫ 3.3.3　浸透流量の算定

　流線網を利用した浸透流量の算定法について，図 3.20 の止水矢板基礎地盤内の浸透流の場合を例に説明する. 図 3.20 において流線と等ポテンシャル線に囲まれた四辺形要素内の浸透流について考える. 等ポテンシャル線に沿う辺長を Δa，流線に沿う辺長を Δb とする. 流線網における等ポテンシャル線間に挟まれる部分の数を N_d（図 3.20 の場合，$N_d = 9$）とし，上流と下流の水頭差を $\Delta H (= H_1 - H_2)$ とすると，流線網の特性として隣り合う等ポテンシャル線間の損失水頭はどこでも等しく，$\Delta H / N_d$ で表される. したがって，Δb の距離を流れる間の損失水頭が $\Delta H / N_d$ であるから，式

(3.5) の定義より，動水勾配は

$$i = \frac{1}{\Delta b}\frac{\Delta H}{N_d}$$

で表される．よって，ダルシーの法則により四辺形要素内を流れる流量 q は次式で求まる．

$$q = ki\Delta a = k\frac{\Delta a}{\Delta b}\frac{\Delta H}{N_d}$$

上記のようにして求められた q は，一つの流管について単位時間に流れる流量である．流線網における流管の数を N_f（図 3.20 の場合，$N_f = 4$）とすると，この地盤全体としての単位奥行き，単位時間あたりの浸透量 Q は次式で与えられる．

$$Q = N_f \cdot q = k\Delta H\frac{\Delta a}{\Delta b}\frac{N_f}{N_d}$$

流線網の作図手順で説明したように，通常各四辺形は $\Delta a = \Delta b$ の正方形となるように描かれるから，浸透量は次式で求められる．

$$Q = k\Delta H\frac{N_f}{N_d} \tag{3.27}$$

コンクリートダムの基礎地盤やアースダムの堤体内の浸透量についても，図 3.18，3.19 のように流線網を描くことにより，式 (3.27) を用いて算定できる．

| 例題 3.5 | 図 3.23 に示す矢板の下を浸透する単位奥行き $(1\,\mathrm{m})$，1 日あたりの水量 $Q\,[\mathrm{m^3/(day\cdot m)}]$ を求めよ．ただし，矢板の上流と下流の水頭差 $\Delta H = 3.3\,[\mathrm{m}]$ とし，砂層の透水係数 $k = 2.0 \times 10^{-5}\,[\mathrm{m/s}]$ とする． |

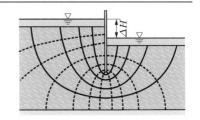

図 3.23 矢板の下部の流線網

解 流線網から $N_d = 11$ および $N_f = 5$ であるから，透水係数 k と水頭差 ΔH を式 (3.27) に代入すると，つぎのようになる．

$$Q = 2.0 \times 10^{-5} \times 3.3 \times \frac{5}{11} = 3 \times 10^{-5}\,[\mathrm{m^3/(s\cdot m)}] = 2.59\,[\mathrm{m^3/(day\cdot m)}]$$

≫ 3.3.4 異方性地盤の流線網

式 (3.22) では透水係数に関する地盤の等方性を仮定したが，3.2 節で述べたように

水平方向の透水係数 k_x が鉛直方向の透水係数 k_z の数倍になることもある．このような場合には，式 (3.21) を k_z で割って次式のように変換する．

$$\frac{\partial^2 h}{(k_z/k_x)\partial x^2} + \frac{\partial^2 h}{\partial z^2} = 0 \tag{3.28}$$

式 (3.28) で $\sqrt{k_z/k_x}\,x = x_\mathrm{t}$ とおけば，次式が得られる．

$$\frac{\partial^2 h}{\partial x_\mathrm{t}^2} + \frac{\partial^2 h}{\partial z^2} = 0 \tag{3.29}$$

そこで，たとえば図 3.18 について実際の断面の横座標を $\sqrt{k_z/k_x}$ 倍した変形断面を描いて，これに前述の方法を適用して流線網を描き，これを水平方向に $\sqrt{k_x/k_z}$ の割合で拡大すれば，実断面に対する流線網を得ることができる．

　なお，浸透流量の計算には変換後の断面について式 (3.27) を適用するが，この際，変換後の断面について用いるべき透水係数 k_e の値を以下のように求める．たとえば，図 3.18 に示した流線網で，流線と等ポテンシャル線に囲まれた一つの四辺形要素内の浸透流について考える．変換前の流線に沿う辺長を Δb とすると，変換後の辺長は $\Delta b\sqrt{k_z/k_x}$ で表される．隣り合う等ポテンシャル線間の損失水頭 Δh，および断面 Δa の四辺形要素を流れる流量 q は変換の前後で変わらないから，次式が成り立つ．

$$q = k_x \frac{\Delta h}{\Delta b} \Delta a = k_\mathrm{e} \frac{\Delta h}{\Delta b\sqrt{k_z/k_x}} \Delta a \tag{3.30}$$

式 (3.30) より，変換後の断面で用いるべき透水係数 k_e は次式で与えられる．

$$k_\mathrm{e} = \sqrt{k_x k_z} \tag{3.31}$$

　したがって，変換断面について N_d, N_f を求め，式 (3.27) の透水係数を k_e に置き換えた次式によって浸透流量を求めることができる．

$$Q = \sqrt{k_x k_z}\,\Delta H \frac{N_f}{N_d} \tag{3.32}$$

▶演習問題◀

3.1 図 3.24 に示す各点の位置水頭 h_e，圧力水頭 h_p，全水頭 h_t を求めて図示せよ．また，点 C の圧力水頭の数値を求めよ．

3.2 【例題 3.1】において，15 分間で 560 cm^3 の透水量が測定された．土試料の断面積を 60 cm^2 として，この試料の透水係数を求めよ．

3.3 ある土試料について変水位透水試験を行ったところ，試料の断面積は 80 cm^2，長さ 12 cm で，断面積 5.0 cm^2 のスタンドパイプの水位が 152 cm の位置からはじまり，5 分後の水

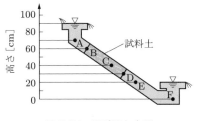

図 3.24 浸透流と水頭

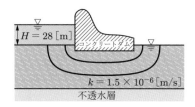

図 3.25 ダムの下部地盤の流線網

位が 126.5 cm であった．この試料の透水係数を求めよ．

3.4 図 3.19 に示したアースダムにおいて透水係数を $k = 2.5 \times 10^{-8}$ [m/s]，上流と下流の水頭差を 15 m とするとき，単位奥行き（1 m），1 日あたりの水量 Q [m³/(day·m)] を求めよ．

3.5 図 3.25 に示す水位 28 m のコンクリートダムの基礎に生じる浸透流量を求めるために流線網を描く．図 3.25 には流線のみが描かれているが，流線網を完成させ，ダムの単位奥行き（1 m），1 日あたりの水量 Q [m³/(day·m)] を求めよ．ただし，透水係数を $k = 1.5 \times 10^{-6}$ [m/s] とする．

第4章

地盤内の応力

　構造物などの荷重によって地盤内に発生する応力を算定することは，地盤の沈下や安定の問題などの地盤の力学解析に不可欠な基本事項である．すなわち，発生応力によって地盤が圧縮され，地盤沈下が発生する．圧縮応力が比較的小さければ圧縮によって密度が増し，地盤の強さは増大するが，発生応力の大きさによっては地盤が破壊に至る危険を招く．

　この章では，まず地盤の力学解析における前提について述べ，各章で扱う力学解析における土の力学モデルについて説明する．また，第5章以降に述べる土の圧縮特性や変形特性および地盤の安定解析方法の説明には，間隙水圧や有効応力の考え方が必要なことから，地下水位以下の地盤の間隙内に発生する水圧の算定法，全応力・有効応力の考え方とその算定法について解説する．

　地盤内に発生する応力は，地盤の自重による応力と，構造物などの載荷重による応力との和からなる．4.3節以降では，まず自重によって地盤内の任意の深さに発生する応力の算定法について述べる．つぎに，載荷重によって地盤内に発生する応力増分の算定法について解説し，浸透流が存在する場合の地盤内有効応力の算定方法について説明する．

▶4.1　地盤の力学解析における前提

　この章以降の内容は，外力の変化に対する土（地盤）の応答に関する解析方法を扱うが，このためには土の応力‐ひずみ挙動を実際の挙動に忠実に，かつ可能なかぎり簡単な形でモデル化する必要がある．ここでは，外力が作用したときの土の応答，すなわち応力‐ひずみ挙動のモデルについて説明したのち，地盤の力学解析における前提について述べる．

≫4.1.1　土の応力‐ひずみ挙動のモデル

　土の応力‐ひずみ挙動の特徴を，載荷と除荷を繰り返す**繰返し圧縮試験**の結果に基

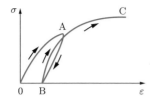

図 4.1　繰返し圧縮試験における
土の応力 – ひずみ挙動

（a）弾性材料

（b）剛塑性材料

（c）弾塑性材料

図 4.2　理想材料の応力 – ひずみ挙動のモデル

づいて描くと，図 4.1 のようになる．応力 σ の増加とともにひずみ ε が増大し，点 A で除荷すると曲線 AB に沿ってひずみも減少していくが，ゼロに戻ることはない．再び載荷すると，B → A → C のように挙動する．

図 4.2(a) は 0 → A → 0 のように載荷，除荷した際の応力 – ひずみ挙動が直線的で，しかも除荷によってひずみが完全にゼロに戻る，理想的な弾性材料の挙動を示したものである．一方，図 4.2(b) のモデルでは，応力がある限界値 σ_A に至るまではまったくひずみを生じないが，σ_A に到達すると，突然大きなひずみが発生し，応力を除荷してもひずみがもとに戻ることはない．このような理想材料を剛塑性材料という．図 4.2(c) は σ_A 以下の応力で弾性的に挙動し，応力が σ_A に至ると塑性的な挙動を示すような理想材料（弾塑性材料）の応力 – ひずみ挙動を示したものである．

図 4.1 と図 4.2 を比較すると，実際の土の挙動（図 4.1）は，低い応力域では弾性材料に，また高い応力域では剛塑性材料に類似した挙動を示すことから，全体として弾塑性材料の挙動に類似している．

≫≫ 4.1.2　地盤の力学解析における応力 – ひずみ挙動のモデル

4.1.1 項で説明したように，土の応力 – ひずみ挙動は弾塑性材料の挙動に類似するものの，載荷前の密度の違いによって図 4.3 のように応力 – ひずみ挙動が大きく異なる（詳細は第 7 章参照）．したがって，このような挙動を忠実に表現できるような土の応力 – ひずみモデルをつくることは容易ではない．

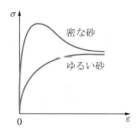

図 4.3　密度の異なる砂の応力 – ひずみ挙動

　1960年代前半のカムクレイ（Cam-clay）モデルとよばれる土の応力‐ひずみモデルの提案にはじまり，その後の数多くの研究成果と数値解析法の発展によって，現在では，小さなひずみ領域から破壊に至るまでの地盤の挙動を一つのモデルに基づいて計算する方法も確立しつつある．しかし，この方法はまだ地盤の挙動解析に関するすべての実務に取り入れられているわけではない．本書では，以下のような方針に基づいて，従来から用いられ，かつ実務上の取扱いとして定着している解析手法を解説する．

　この章で扱う「地盤内の応力」では，地盤は弾性的に挙動するものと仮定して載荷重によって発生する地盤内の応力を算定し，第5章で扱う「土の圧縮特性と圧密」では，発生した応力によって引き起こされる地盤の圧密沈下量とその時間経過の推定方法を説明する．第8〜10章の「地盤の安定問題」では，破壊に至るほどの大きな応力の作用下での安定問題を論じることから，地盤を剛塑性材料と仮定して解析する手法について解説する．

▶4.2　全応力と有効応力

　土の圧縮特性や変形特性，地盤の力学解析の説明には，間隙水圧や有効応力の考え方が不可欠である．この節では，地下水位以下の地盤の間隙内に発生する水圧（**間隙水圧**：pore water pressure）の算定法，全応力・有効応力の考え方とその算定法について解説する．

　図4.4は地盤内の土粒子間の間隙と土粒子接触面を通る断面（断面積 ΔA）を示している．この断面全体に垂直にはたらく力を ΔP とすると，垂直応力 σ は次式で定義される．

$$\sigma = \frac{\Delta P}{\Delta A} \tag{4.1}$$

粒子接触点で各粒子間にはたらく力の，断面に垂直な成分の和を $\Delta P'$ とすると，垂直応力 σ' は次式で表される．

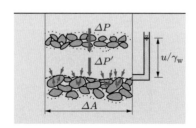

図 4.4　土の断面全体に作用する力と粒子接触点に作用する力

$$\sigma' = \frac{\Delta P'}{\Delta A} \tag{4.2}$$

飽和状態の間隙内で発生する間隙水圧を u とすると，間隙水圧は粒子接触点の面積を除いた断面に作用するから，水圧の合力 ΔU は次式で与えられる．

$$\Delta U = u(\Delta A - \Delta A_c)$$

ここで，ΔA_c は粒子間の接触面積である．

　断面全体にはたらく垂直力 ΔP は，$\Delta P'$ と ΔU の和に等しいため，次式で表される．

$$\Delta P = \Delta P' + \Delta U = \Delta P' + u(\Delta A - \Delta A_c)$$

上式の両辺を断面積 ΔA で割り，式 (4.1), (4.2) と組み合わせると，

$$\sigma = \frac{\Delta P}{\Delta A} = \frac{\Delta P'}{\Delta A} + u\left(1 - \frac{\Delta A_c}{\Delta A}\right) = \sigma' + u\left(1 - \frac{\Delta A_c}{\Delta A}\right)$$

と表される．粒子間の接触面積 ΔA_c は断面積 ΔA に比べてきわめて小さいから，$\Delta A_c / \Delta A \fallingdotseq 0$ とすると，次式を得る．

$$\sigma = \sigma' + u \tag{4.3}$$

ここで，σ は土全体にはたらく垂直応力という意味で**全応力**（total stress）とよばれる．また，σ' は土粒子で形成される骨格に，粒子間の接触点を通して作用する垂直応力である．σ' は土の圧縮や変形に対する抵抗を支配する最も有効な因子であることから，**有効応力**（effective stress）とよばれる．なお，式 (4.3) で表される関係を**有効応力の原理**とよぶ．

▶4.3　自重による地盤内応力

　地盤内に発生する応力は，地盤の自重による応力と，構造物などの載荷重による応力の和からなる．この節では，自重によって地盤内の任意の深さに発生する応力の算定法について述べる．

≫4.3.1　自重による鉛直応力の算定

　土の自重によって，図 4.5 の面 AA′ にはたらく**鉛直応力**（vertical stress）σ_v を算定することを考える．湿潤状態の土の単位体積重量を $\gamma_t \, [\mathrm{kN/m^3}]$ とすると，幅 $b \, [\mathrm{m}]$，深さ $z \, [\mathrm{m}]$ で単位奥行きの土の柱による面 AA′ にはたらく力は，$(\gamma_t \times b \times z \times 1)$ で表

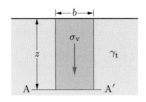

図 4.5　自重による地盤内応力

される．これを面 AA′ の面積（$b \times 1$）で割ることにより，鉛直応力 $\sigma_\mathrm{v}\,[\mathrm{kN/m^2}]$ は，

$$\sigma_\mathrm{v} = \frac{\gamma_\mathrm{t} \times b \times z \times 1}{b \times 1} = \gamma_\mathrm{t} z \tag{4.4}$$

で表される．このようにして算定される土の自重による鉛直応力 σ_v は，土被り応力ともよばれる．ここで，土の湿潤単位体積重量 γ_t は土の湿潤密度 ρ_t を用いることにより $\gamma_\mathrm{t} = \rho_\mathrm{t} \cdot g$ で表され，g は重力加速度である．一般に，湿潤密度 ρ_t は $1.4 \sim 2.0\,\mathrm{Mg/m^3}$ の値をとるので，γ_t はおよそ $14 \sim 20\,\mathrm{kN/m^3}$ の値を示す[*]．

》》4.3.2　地盤内有効応力の計算

図 4.6 を例に，地盤内の地下水面以下にある点 A にはたらく鉛直方向の有効応力（鉛直有効応力）σ_v' の算定法について考える．

全応力：$\sigma_\mathrm{v} = \gamma_\mathrm{t} z_1 + \gamma_\mathrm{sat} z_2$

間隙水圧：$u = \gamma_\mathrm{w} z_2$

ここで，γ_sat は**土の飽和単位体積重量** $[\mathrm{kN/m^3}]$，γ_w は**水の単位体積重量** $[\mathrm{kN/m^3}]$ であり，それぞれ

$$\gamma_\mathrm{sat} = \rho_\mathrm{sat} \cdot g, \quad \gamma_\mathrm{w} = \rho_\mathrm{w} \cdot g \tag{4.5}$$

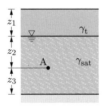

図 4.6　地表面下 z_1 の深さに地下水面を有する地盤

---

[*] $g \fallingdotseq 9.80\,\mathrm{m/s^2}$，$1\,\mathrm{Mg\cdot s^2} = 1000\,\mathrm{kg\cdot m/s^2} = 1\,\mathrm{kN}$ であるから，$\gamma_\mathrm{t} = 1.4\,\mathrm{Mg/m^3} \times 9.80\,\mathrm{m/s^2} = 13.72\,(\mathrm{Mg\cdot m/s^2})/\mathrm{m^3} = 13.72\,\mathrm{kN/m^3}$

で表される．なお，ρ_{sat} は土の飽和密度 [Mg/m³]，ρ_{w} は水の密度 [Mg/m³] である（2.2 節参照）．水の密度を $\rho_{\mathrm{w}} = 1.0\,\mathrm{Mg/m^3}$ とすると，単位体積重量は $\gamma_{\mathrm{w}} \fallingdotseq 9.80\,\mathrm{kN/m^3}$ となる．また，土の飽和密度 ρ_{sat} は土の種類によって異なるが，一般に $1.6\sim2.0\,\mathrm{Mg/m^3}$ 程度の値をとるので，$\gamma_{\mathrm{sat}} \fallingdotseq 16\sim20\,\mathrm{kN/m^3}$ の値を示す．

点 A にはたらく鉛直有効応力 σ'_{v} は，σ_{v}, u を用いて以下のように表される．

$$\sigma'_{\mathrm{v}} = \sigma_{\mathrm{v}} - u = \gamma_{\mathrm{t}}z_1 + (\gamma_{\mathrm{sat}} - \gamma_{\mathrm{w}})z_2 = \gamma_{\mathrm{t}}z_1 + \gamma'z_2$$

上式で計算される σ'_{v} は，**有効土被り応力**（effective overburden stress）ともよばれる．なお，γ' は浮力を受けた状態にある地下水面以下の土の単位体積重量で，**土の水中単位体積重量**（submerged unit weight of soil）とよばれ，γ_{sat} から γ_{w} を引くことにより求められる[*]．

$$\gamma' = \gamma_{\mathrm{sat}} - \gamma_{\mathrm{w}} \tag{4.6}$$

したがって，一般の土の γ' は γ_{sat} のおよそ 40～50% の値となる．

例題 4.1　図 4.7 で 1 m の深さに地下水位が存在する場合の，地表面から 3 m の点 A にはたらく鉛直有効応力を求めよ．

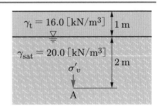

図 4.7 地表面下 1 m の深さに地下水面を有する地盤

解　点 A にはたらく鉛直全応力は $\sigma_{\mathrm{v}} = \gamma_{\mathrm{t}}z_1 + \gamma_{\mathrm{sat}}z_2 = 16.0 \times 1 + 20.0 \times 2 = 56.0\,[\mathrm{kN/m^2}]$ で，間隙水圧は $u = \gamma_{\mathrm{w}}z_2 = 9.80 \times 2 = 19.6\,[\mathrm{kN/m^2}]$ である．よって，鉛直有効応力は，$\sigma'_{\mathrm{v}} = \sigma_{\mathrm{v}} - u = 56.0 - 19.6 = 36.4\,[\mathrm{kN/m^2}]$ となる．

別解　水面以下の地盤の水中単位体積重量は $\gamma' = \gamma_{\mathrm{sat}} - \gamma_{\mathrm{w}} = 20.0 - 9.80 = 10.2\,[\mathrm{kN/m^3}]$ である．よって，点 A にはたらく鉛直有効応力は，$\sigma'_{\mathrm{v}} = \gamma_{\mathrm{t}}z_1 + \gamma'z_2 = 16.0 \times 1 + 10.2 \times 2 = 36.4\,[\mathrm{kN/m^2}]$ となる．

▶4.4　載荷重による地盤内応力 ◀

構造物などによる荷重は構造物基礎版を介して地盤に作用するので，地盤と構造物基礎版の接触面における応力（**接地圧**：contact pressure）は必ずしも荷重分布と一致

---

[*] $W_{\mathrm{s}}, W_{\mathrm{w}}$ を土粒子および水の重量とすると，$\gamma_{\mathrm{sat}} = (W_{\mathrm{s}} + W_{\mathrm{w}})/V$，$\gamma' = (W_{\mathrm{s}} + W_{\mathrm{w}} - V\gamma_{\mathrm{w}})/V = \gamma_{\mathrm{sat}} - \gamma_{\mathrm{w}}$

せず，基礎版と地盤との相対剛性，基礎版の形状，大きさなどによって変化する．基礎版がたわみ性の場合，荷重が等分布であれば接地圧も等分布となる．

　構造物などによる荷重の作用で地盤に発生する応力の問題は，つぎの二つに大きく分けられる．

① 均質で等方的な弾性地盤内の応力分布を求める問題

② 地盤と構造物基礎版の接地圧を求める問題

なお，ここでの応力は載荷重によって地盤内に発生する増加応力である．また，増加応力による間隙水圧の変化はここでは考えない．

▶▶▶4.4.1　弾性地盤内の応力分布

(1) 集中荷重による地盤内応力　　ブーシネスク（Boussinesq, J.）は，深さ方向と水平方向に無限に広がった等方等質の弾性材料の表面に集中荷重が載荷された場合について，載荷点から $r\left(=\sqrt{x^2+y^2}\right)$ の距離にあって，深さ z の点にはたらく鉛直応力，放射方向応力，接線方向応力，せん断応力の増分が，それぞれ以下のように求められることを示した（図 4.8 参照）．なお，$\cos\theta = z/\sqrt{x^2+y^2+z^2}$ である．

$$鉛直応力増分：\Delta\sigma_z = \frac{3Q}{2\pi}\frac{z^3}{(x^2+y^2+z^2)^{5/2}} = \frac{3Q}{2\pi z^2}\cos^5\theta \tag{4.7a}$$

$$放射方向応力増分：\Delta\sigma_r = \frac{Q}{2\pi z^2}\left\{3\cos^3\theta\sin^2\theta - \frac{(1-2\nu)\cos^2\theta}{1+\cos\theta}\right\} \tag{4.7b}$$

$$接線方向応力増分：\Delta\sigma_t = -\frac{(1-2\nu)Q}{2\pi z^2}\left(\cos^3\theta - \frac{\cos^2\theta}{1+\cos\theta}\right) \tag{4.7c}$$

$$せん断応力増分：\Delta\tau_{rz} = \frac{3Q}{2\pi z^2}\cos^4\theta\sin\theta \tag{4.7d}$$

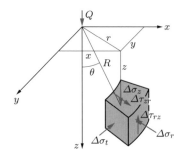

図 4.8　集中荷重による地盤内応力

ここで，ν はポアソン比であり，砂地盤では $0.25 \sim 0.3$ の値が採用され，非排水条件の飽和粘土地盤では 0.5 が用いられる．

例題 4.2 図 4.9 に示すように，正三角形状に $10\,\mathrm{m}$ ずつ離れて，それぞれ $200\,\mathrm{kN}$ の集中荷重を受けている地盤がある．点 A 直下 $5\,\mathrm{m}$ の深さにおける増加鉛直応力を計算せよ．

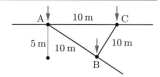

図 4.9 正三角形状に集中荷重を受ける地盤

解 集中荷重による増加鉛直応力は式 (4.7a) で計算できる．

$$\Delta\sigma_z = \frac{3Q}{2\pi}\frac{z^3}{(r^2+z^2)^{5/2}}, \quad r^2 = x^2 + y^2$$

点 A の荷重による点 A 直下の応力を計算すると，$Q = 200\,[\mathrm{kN}]$，$z = 5\,[\mathrm{m}]$，$r = 0\,[\mathrm{m}]$ より，つぎのようになる．

$$\Delta\sigma_{zA} = \frac{3 \times 200}{2\pi}\frac{5^3}{(0^2+5^2)^{5/2}} = \frac{300}{\pi}\frac{1}{5^2} = 3.820\,[\mathrm{kN/m^2}]$$

点 B，C の荷重による点 A 直下の応力を計算すると，$Q = 200\,[\mathrm{kN}]$，$z = 5\,[\mathrm{m}]$，$r = 10\,[\mathrm{m}]$ より，つぎのようになる．

$$\Delta\sigma_{zB} = \Delta\sigma_{zC} = \frac{3 \times 200}{2\pi}\frac{5^3}{(10^2+5^2)^{5/2}} = \frac{300}{\pi}\frac{5^3}{(5^3)^{5/2}} = \frac{300}{\pi}\frac{1}{5^4 \cdot \sqrt{5}}$$
$$= 0.068\,[\mathrm{kN/m^2}]$$

よって，点 A 直下 $5\,\mathrm{m}$ の深さにおける増加鉛直応力は，次式となる．

$$\Delta\sigma_z = \Delta\sigma_{zA} + \Delta\sigma_{zB} + \Delta\sigma_{zC} = 3.820 + 0.068 + 0.068 = 3.96\,[\mathrm{kN/m^2}]$$

4.1 節で述べたように，地盤材料の応力 – ひずみ特性は弾性的ではないが，たとえば，比較的低い応力の載荷によって生じる地盤の圧密沈下量を求める場合（第 6 章参照），計算に必要な地盤内鉛直応力の算定に式 (4.7) を利用することができる．以下，地盤の表面に線状に分布した荷重や，面状に分布した荷重による地盤内応力の計算法について述べる．なお，この節では，主に鉛直応力の増分の計算式について述べ，増加応力を $\Delta\sigma_z$ で表す．

(2) 線荷重による地盤内応力 図 4.10 に示すように，無限長の線荷重 $q'\,[\mathrm{kN/m}]$ が作用する場合，集中荷重による式 (4.7a) を荷重の分布方向に積分することによって，地盤内応力を求めることができる．すなわち，式 (4.7a) において $Q = q'dy$ とおき，y について $-\infty$ から $+\infty$ まで積分することにより，

$$\Delta\sigma_z = \int_{-\infty}^{+\infty} \frac{3q'}{2\pi} \frac{z^3}{(x^2+y^2+z^2)^{5/2}} dy$$

$$= \frac{2q'}{\pi} \frac{z^3}{(x^2+z^2)^2} \tag{4.8a}$$

が得られる．同様にして，水平方向の垂直応力 $\Delta\sigma_x$，せん断応力 $\Delta\tau_{xz}$ は以下のように与えられる．

$$\Delta\sigma_x = \frac{2q'}{\pi} \frac{z \cdot x^2}{(x^2+z^2)^2} \tag{4.8b}$$

$$\Delta\tau_{xz} = \frac{2q'}{\pi} \frac{z^2 \cdot x}{(x^2+z^2)^2} \tag{4.8c}$$

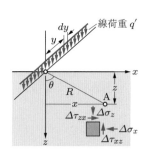

図 4.10　線荷重による地盤内応力　　図 4.11　帯状荷重による地盤内応力

(3) 帯状荷重による地盤内応力　　帯状荷重 $q\,[\mathrm{kN/m^2}]$ が図 4.11 のように地盤表面に作用する場合，線荷重による地盤内応力をさらに荷重の載荷幅の方向に x_1 から x_2 まで積分することにより，$\Delta\sigma_z$ が次式のように表される．

$$\Delta\sigma_z = \int_{x_1}^{x_2} \int_{-\infty}^{+\infty} \frac{3q}{2\pi} \frac{z^3}{(x^2+y^2+z^2)^{5/2}} dy dx$$

$$= \frac{q}{\pi}(\alpha + \sin\alpha\cos\theta) \tag{4.9a}$$

同様にして $\Delta\sigma_x$，$\Delta\tau_{xz}$ についても以下の式で与えられる．

$$\Delta\sigma_x = \frac{q}{\pi}(\alpha - \sin\alpha\cos\theta) \tag{4.9b}$$

$$\Delta\tau_{xz} = \frac{q}{\pi}\sin\alpha\sin\theta \tag{4.9c}$$

ここで，$\alpha = \beta_2 - \beta_1\,[\mathrm{rad}]$，$\theta = \beta_2 + \beta_1\,[\mathrm{rad}]$ である．

(4) 盛土荷重による地盤内応力 道路や鉄道の盛土，河川堤防のような盛土荷重によって地盤内に生じる鉛直応力の算定には，図 4.12 のオスターバーグ（Osterberg, J.O.）の図を用いるのが便利である．この方法は，図 4.12 の挿入図に示すように a, b の長さを定め，深さ z の点における鉛直応力の増分 $\Delta\sigma_z$ を求めるものである．すなわち，a/z, b/z の関数として図 4.12 より**影響値**（influence value）I_σ を読み取り，

$$\Delta\sigma_z = I_\sigma \cdot q$$

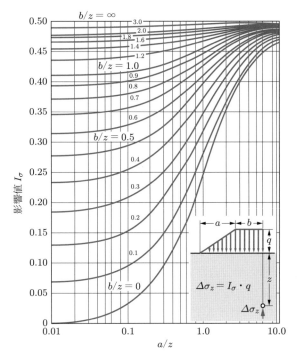

図 4.12 盛土荷重による地盤内応力[4.1]

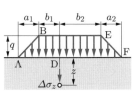

$I_\sigma = I_\sigma(\mathrm{ABCD}) + I_\sigma(\mathrm{CDFE})$

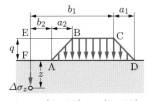

$I_\sigma = I_\sigma(\mathrm{CDFE}) - I_\sigma(\mathrm{BAFE})$

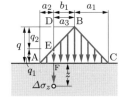

$\Delta\sigma_z = I_\sigma(\mathrm{CBDF}) \cdot q + I_\sigma(\mathrm{AEF}) \cdot q_1 - I_\sigma(\mathrm{BED}) \cdot q_2$
ただし，$b_2 = b_3 = 0$

図 4.13 重ね合わせの原理の適用例

によって $\Delta\sigma_z$ を算出する．鉛直応力を求める点が盛土の載荷面から外れている場合には，オスターバーグの図が利用可能なようにするために，図 4.13 のように架空の載荷面による鉛直応力を加えたり，引いたりするなどして，計算できる．弾性の範囲内であれば，応力の大きさによらず応力 – ひずみ挙動は直線比例関係にあるので，応力の重ね合わせが成り立つ（重ね合わせの原理）からである．

(5) 長方形荷重による地盤内応力　　図 4.14 のように，幅 B，奥行き L の長方形の地表面に等分布荷重 $q\,[\mathrm{kN/m^2}]$ が載荷された場合，載荷面の隅角部（点 O）直下の深さ z の点に発生する鉛直応力増分 $\Delta\sigma_z$ の計算式が，ニューマーク（Newmark, N.M.）によって以下のように求められた．

$$\Delta\sigma_z = I_\sigma \cdot q \tag{4.10a}$$

$$I_\sigma = \frac{1}{2\pi}\left(\frac{mn\sqrt{m^2+n^2+1}}{m^2+n^2+1+m^2n^2}\cdot\frac{m^2+n^2+2}{m^2+n^2+1}+\tan^{-1}\frac{mn}{\sqrt{m^2+n^2+1}}\right) \tag{4.10b}$$

ここで，$m=B/z,\ n=L/z$ である．与えられた条件のもとで式 (4.10b) に m,n の値を代入して影響値 I_σ を求めることにより，長方形載荷面の隅角部直下 z の深さにはたらく鉛直応力増分 $\Delta\sigma_z$ を計算することができる．隅角点直下以外の点における $\Delta\sigma_z$ を求める場合には，重ね合わせの原理を適用すればよい．たとえば，図 4.15 のように長方形面 DEFI に等分布荷重 q が作用する場合，載荷面の外部の点 A の直下 z の深さにはたらく鉛直応力増分 $\Delta\sigma_{zA}$ の計算にあたっては，式 (4.10) が利用できるように，隅角部が点 A と一致するような複数の架空載荷面（図中の破線部分）を考え，以下のように計算する（長方形分割法）．

$$\begin{aligned}\Delta\sigma_{zA} &= \Delta\sigma_{zACEG} - \Delta\sigma_{zABFG} - \Delta\sigma_{zACDH} + \Delta\sigma_{zABIH}\\ &= (I_{\sigma ACEG} - I_{\sigma ABFG} - I_{\sigma ACDH} + I_{\sigma ABIH})q\end{aligned}$$

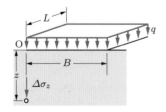

図 4.14　長方形荷重による地盤内応力

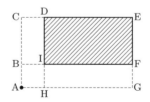

図 4.15　長方形分割法における重ね合わせの原理の適用

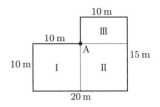

例題 4.3	図 4.16 のような平面形の地盤の上に $100\,\mathrm{kN/m^2}$ の等分布荷重が作用している．点 A 直下 5 m の

点に生じる鉛直応力増分を求めよ．

図 4.16　等分布荷重を受ける地盤

解　長方形面の隅角部直下 z の深さにおける鉛直応力増分 $\Delta\sigma_z$ は式 (4.10) で求められる．図に示したように，点 A が隅角点となるように三つの四辺形に分割する．

四辺形 I, II については，ともに $m = 10/5 = 2$，$n = 10/5 = 2$ であり，$q = 100\,[\mathrm{kN/m^2}]$ であるから，(4.10b) より

$$I_\sigma = \frac{1}{2\pi}\left(\frac{2\times2\sqrt{2^2+2^2+1}}{2^2+2^2+1+2^2 2^2}\cdot\frac{2^2+2^2+2}{2^2+2^2+1} + \tan^{-1}\frac{2\times2}{\sqrt{2^2+2^2+1}}\right)$$

$$= \frac{1}{2\pi}(0.5333 + 0.9273)$$

となる．よって，式 (4.10a) より，次式が成り立つ．

$$\Delta\sigma_{z\mathrm{I}} = \Delta\sigma_{z\mathrm{II}} = I_\sigma \cdot q = \frac{100}{2\pi}(0.5333 + 0.9273) = 23.246\,[\mathrm{kN/m^2}]$$

四辺形 III については，$m = 5/5 = 1$，$n = 10/5 = 2$ を式 (4.10) に適用して，

$$\Delta\sigma_{z\mathrm{III}} = \frac{100}{2\pi}(0.572 + 0.685) = 20.006\,[\mathrm{kN/m^2}]$$

となる．したがって，$\Delta\sigma_z = \Delta\sigma_{z\mathrm{I}} + \Delta\sigma_{z\mathrm{II}} + \Delta\sigma_{z\mathrm{III}} = (2\times23.246 + 20.006) = 66.50\,[\mathrm{kN/m^2}]$ となる．

(6) 円形荷重による地盤内応力　等分布荷重 $q\,[\mathrm{kN/m^2}]$ が半径 R の円形面に作用した場合の，中心直下深さ z の位置に発生する鉛直応力増分 $\Delta\sigma_z$ は以下のように求められる．図 4.17 の微小面積 dA は $dA = r\cdot d\theta\cdot dr$ で表されるので，式 (4.7a) において $Q = q\cdot r\cdot d\theta\cdot dr$，$x^2 + y^2 = r^2$ とおき，θ について 0 から 2π まで積分し，r について 0 から R まで積分すると，次式を得る．

$$\Delta\sigma_z = \int_0^{2\pi}\int_0^R \frac{3q}{2\pi}\frac{z^3}{(r^2+z^2)^{5/2}}r\,d\theta\,dr$$

$$= q\left\{1 - \frac{z^3}{(R^2+z^2)^{3/2}}\right\} \tag{4.11}$$

(7) 地盤内応力分布と近似解　載荷重によって地盤内に発生する応力増分は，載荷点から深さ方向，水平方向に離れるに従って小さくなる．図 4.18 は半径 R の円形面

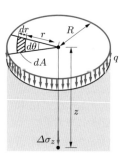

図 4.17 円形荷重による地盤内応力

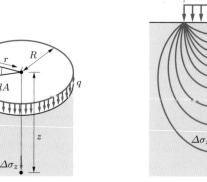

図 4.18 圧力球根

に等分布荷重が載荷された場合に,大きさの等しい鉛直応力増分 $\Delta\sigma_z$ が発生する点の位置を結んで得られる曲線群を示したもので,その形状が球根状であることから**圧力球根**(pressure bulb)とよばれる.なお,図 4.18 では載荷重 $q\,[\mathrm{kN/m^2}]$ に対する地盤内に発生する応力増分 $\Delta\sigma_z$ の割合を表すために,$\Delta\sigma_z$ を q で割って表現している.

　圧力球根は,荷重の載荷幅と地盤内応力分布の関係を考えるうえで重要である.たとえば,幅 1 m の正方形面と幅 10 m の正方形面に同じ大きさの等分布荷重 q が作用した場合の圧力球根を考えてみよう.それぞれの場合について,q を荷重面の中心にはたらく集中荷重 Q_A,Q_B に換算すると,

$$Q_A = 1 \times 1 \times q, \quad Q_B = 10 \times 10 \times q$$

となるから,Q_A,Q_B によって載荷面中央直下に発生する応力増分が等しい値(たとえば,$\Delta\sigma_z = 0.2q$)を示す深さを z_A,z_B とすると,応力増分と深さの関係は,式 (4.7) を用いて以下のように表される.

$$\Delta\sigma_{zA}(=0.2q) = \frac{3}{2\pi} \cdot \frac{Q_A}{z_A{}^2} = \frac{3}{2\pi} \cdot \frac{q}{z_A{}^2}, \quad \Delta\sigma_{zB}(=0.2q) = \frac{3}{2\pi} \cdot \frac{Q_B}{z_B{}^2} = \frac{3}{2\pi} \cdot \frac{100q}{z_B{}^2}$$

よって,二つの式を等置することにより,$z_A/z_B = 1/10$ となる.図 4.19 は,上記二つの場合における $\Delta\sigma_z = 0.2q$ の圧力球根を示したもので,基礎幅 10 m の場合の圧力球根の深さは,上記の計算のように幅 1 m の場合の 10 倍に達することを表している.したがって,圧力球根の到達深さを考慮したうえで軟弱層の存在を確認するなど,詳細な地盤調査を実施しておく必要がある.なお,載荷重が小さい場合でも基礎が接近している場合,両者によって発生する地盤内応力の重ね合わせにより,大きな圧力球根が形成されることに注意が必要である.

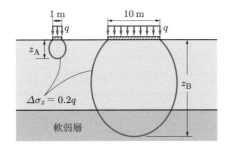

図 4.19　基礎の幅と圧力球根の到達深さ

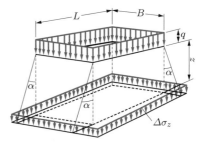

図 4.20　地盤内応力の近似解

図 4.18 の任意深さの水平断面上で，等応力線との交点の応力値を比較すると，地盤内のある深さの水平面上の鉛直応力増分の分布は，載荷面の中心線から水平方向に遠ざかるほど小さい値を示すことがわかる．実務では，地盤内の水平面上における応力増分が角度 α で分散（α：応力分散角）し，図 4.20 に示す $(B + 2z \tan \alpha) \times (L + 2z \tan \alpha)$ の範囲内で等分布するという仮定のもとに，地盤内応力増分を近似的に次式で算定する方法が採用されている．

$$\Delta \sigma_z = \frac{qBL}{(B + 2z \tan \alpha)(L + 2z \tan \alpha)} \tag{4.12}$$

ここで，応力分散角 α は，一般に $\alpha = 30 \sim 45°$ の値が用いられる．

≫≫ 4.4.2　構造物基礎の接地圧

　この節のはじめで説明したように，構造物基礎の接地圧は基礎版の剛性と地盤の性質によって変化する．ここでは，基礎版の剛性と地盤特性による接地圧の変化について述べ，剛性基礎版の下の接地圧の算定方法について説明する．

(1) 基礎版の剛性と地盤特性による接地圧の変化　　図 4.21 は，これまでの経験による一般的傾向を示したものである．

① 図 4.21(a) のように，たわみ性基礎の接地圧は，地盤の種類によらず，等分布となる．一方，地盤の変形は一様ではなく，荷重端部では地盤の種類によって変形

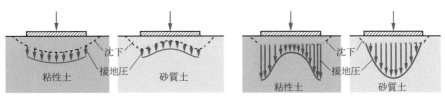

（a）たわみ性基礎　　　　　　　　（b）剛性基礎

図 4.21　基礎版の剛性と地盤特性による接地圧の変化

の様子が異なる.

② 図 4.21(b) のように,剛性基礎の場合,地盤の種類によらず,荷重面全般にわたって一様な沈下が生じるが,接地圧は図のように地盤の種類によって大きく異なる.粘着抵抗のない砂地盤では,荷重面端部で土粒子が自由に移動可能なため,抵抗を発揮できずに接地圧がゼロとなる一方で,基礎版中央に応力が集中する.

(2) 剛性基礎版の下の弾性地盤の接地圧　　ブーシネスクは,地盤を半無限に広がる弾性体としたときの剛性基礎版下の接地圧を以下のように求めた.

① 中心軸に線荷重 q' [kN/m] を受ける帯状基礎(幅 B)の中心軸から x の距離における接地圧

$$\sigma = \frac{2q'}{\pi B} \cdot \frac{1}{\sqrt{1 - (2x/B)^2}} \tag{4.13}$$

② 図心に集中荷重 Q を受ける長方形基礎(幅 B,奥行き L)の中心軸からの幅と奥行き方向の距離が x, y である点における接地圧

$$\sigma = \frac{4Q}{\pi^2 BL} \cdot \frac{1}{\sqrt{\{1 - (2x/B)^2\}\{1 - (2y/L)^2\}}} \tag{4.14}$$

③ 中心に集中荷重 Q を受ける円形基礎(半径 R)の中心から r の距離での接地圧

$$\sigma = \frac{Q}{2\pi R^2} \cdot \frac{1}{\sqrt{1 - (r/R)^2}} \tag{4.15}$$

▶4.5　浸透流と地盤内有効応力

　地盤内に浸透水の流れが生じると地盤内の間隙水圧が変化し,これによって有効応力が変化する.そこで,この節では,浸透流によって発生する過剰間隙水圧の算定法と,地盤内有効応力の変化に基づく構造物の安定計算について説明する.

▶▶4.5.1　浸透流による過剰間隙水圧

　図 4.22 に示すように,矢板で締め切られた地盤内の浸透流が左右の水位 H_1, H_2 で平衡状態にあるときの,地盤内の間隙水圧について考える.

(1) 上流側の点 B における間隙水圧　　一般に,任意点での圧力水頭を h_p,水の単位体積重量を γ_w とすると,間隙水圧 u [kN/m^2] は

$$u = h_p \cdot \gamma_w \tag{4.16}$$

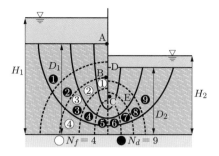

図 4.22 矢板で締め切られた地盤内の浸透流

で表される. 第 3 章で説明したように, 地下水の流れでは

$$h_\mathrm{t} = h_\mathrm{p} + h_\mathrm{e} \tag{4.17}$$

が成り立つ. ここで, h_t：全水頭, h_p：圧力水頭, h_e：位置水頭である.

式 (4.16), (4.17) から, 図 4.22 の点 B の間隙水圧 u_B は次式で与えられる.

$$\begin{aligned}
u_\mathrm{B} &= (h_\mathrm{p})_\mathrm{B} \cdot \gamma_\mathrm{w} = (h_\mathrm{t} - h_\mathrm{e})_\mathrm{B} \cdot \gamma_\mathrm{w} \\
&= \left[\left\{ H_1 - 2\left(\frac{\Delta H}{N_d}\right) \right\} - (D_1 - \mathrm{AB}) \right] \cdot \gamma_\mathrm{w} \\
&= (H_1 - D_1 + \mathrm{AB})\gamma_\mathrm{w} - 2\left(\frac{\Delta H}{N_d}\right)\gamma_\mathrm{w} \tag{4.18}
\end{aligned}$$

ここで, ΔH は上流と下流の水頭差, すなわち $\Delta H = H_1 - H_2$ である. また, N_d は等ポテンシャル線間の区画の数（図 4.22 では $N_d = 9$）であり, $\Delta H/N_d$ は等ポテンシャル線 1 本あたりの水頭低下量を表す. 式 (4.18) の右辺第 1 項は浸透流のないときに点 B にはたらく静水圧を表す. したがって, 式 (4.18) は浸透流によって, 点 B の水圧が $2(\Delta H/N_d)\gamma_\mathrm{w}$ だけ低下することを意味する.

(2) 下流側の点 C における間隙水圧　点 B の場合と同様に, 下流側の点 C における間隙水圧 u_C は以下のように表すことができる.

$$\begin{aligned}
u_\mathrm{C} &= (h_\mathrm{p})_\mathrm{C} \cdot \gamma_\mathrm{w} = (h_\mathrm{t} - h_\mathrm{e})_\mathrm{C} \cdot \gamma_\mathrm{w} \\
&= \left[\left\{ H_1 - (N_d - 2.5)\left(\frac{\Delta H}{N_d}\right) \right\} - (D_2 - \mathrm{CD}) \right] \cdot \gamma_\mathrm{w}
\end{aligned}$$

なお, 点 C は下流側地表面から数えて 2 本目と 3 本目の等ポテンシャル線の中間に位置することから, 点 C の全水頭は $\{H_1 - (N_d - 2.5)(\Delta H/N_d)\}$ で表される. $\Delta H = H_1 - H_2$ を考慮して上式を整理すると, 次式が得られる.

$$u_{\mathrm{C}} = (H_2 - D_2 + \mathrm{CD})\gamma_{\mathrm{w}} + 2.5\left(\frac{\Delta H}{N_d}\right)\gamma_{\mathrm{w}} \tag{4.19}$$

式 (4.19) において，右辺第 1 項は浸透流のないときに点 C にはたらく静水圧であり，浸透流によって点 C では静水圧よりも $2.5(\Delta H/N_d)\gamma_{\mathrm{w}}$ だけ高い水圧が発生することがわかる．これを**過剰間隙水圧**（excess porewater pressure）u_{e} とよび，一般に

$$u_{\mathrm{e}} = m \cdot \left(\frac{\Delta H}{N_d}\right) \cdot \gamma_{\mathrm{w}} \tag{4.20}$$

で表される．ここで，γ_{w}：水の単位体積重量 $[\mathrm{kN/m^3}]$ であり，m は下流側地表面から考えている点までの間にある等ポテンシャル線間の区画の数である．

例題 4.4　図 4.23 において $H_1 = 11\,[\mathrm{m}]$，$H_2 = 6\,[\mathrm{m}]$，透水係数 $k = 3 \times 10^{-5}\,[\mathrm{m/s}]$ とするとき，矢板の下を浸透する単位奥行き，1 日あたりの水量 $[\mathrm{m^3/(day \cdot m)}]$ を求めよ．また，点 A における過剰間隙水圧を計算せよ．

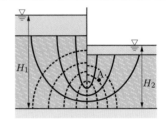

図 4.23　矢板下部の浸透流と流線網

解　図より $N_d = 9$，$N_f = 4$ であるから，式 (3.27) を用いて，流量はつぎのようになる．

$$Q = k\Delta H \frac{N_f}{N_d} = 3 \times 10^{-5} \times (11 - 6) \times \frac{4}{9} = 6.67 \times 10^{-5}\,[\mathrm{m^3/(s \cdot m)}]$$
$$= 5.8\,[\mathrm{m^3/(day \cdot m)}]$$

また，点 A にはたらく過剰間隙水圧 u_{e} は，式 (4.20) より，つぎのようになる．

$$u_{\mathrm{e}} = m \cdot \left(\frac{\Delta H}{N_d}\right) \cdot \gamma_{\mathrm{w}} = 2 \times \left(\frac{11 - 6}{9}\right) \times 9.80 = 10.9\,[\mathrm{kN/m^2}]$$

》》4.5.2　浸透力と浸透水圧

図 4.24 は面 $\mathrm{AA'}$ に設置された金網に支えられている長さ L の試料土について，面 $\mathrm{AA'}$ から面 $\mathrm{BB'}$ に向けて水頭差 ΔH で流れる定常状態の浸透流を示している．試料の断面積を A とすると，面 $\mathrm{AA'}$ および面 $\mathrm{BB'}$ に作用する水圧は，それぞれ $\gamma_{\mathrm{w}} H_1 A$，および $\gamma_{\mathrm{w}} H_2 A$ であり，容器と試料土との間の摩擦がないものとすると，

$$\gamma_{\mathrm{w}} H_1 A - \gamma_{\mathrm{w}} H_2 A = \gamma_{\mathrm{w}} A(H_1 - H_2) = \gamma_{\mathrm{w}} A(\Delta H + L) \tag{4.21}$$

の力が試料土全体に作用する．式 (4.21) からわかるように，水頭差 $\Delta H = 0$ の場合

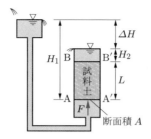

図 4.24 浸透流と浸透力

(すなわち浸透流がない場合) でも，試料土には $\gamma_{\mathrm{w}}AL$ の浮力が作用している．したがって，式 (4.21) から $\gamma_{\mathrm{w}}AL$ を差し引いた値が浸透流によってこの試料土に作用する力となる．これを**浸透力** (seepage force) とよび，次式で表す．

$$F = \gamma_{\mathrm{w}}A(\varDelta H + L) - \gamma_{\mathrm{w}}AL = \gamma_{\mathrm{w}}A\varDelta H$$

上式に動水勾配 $i = \dfrac{\varDelta H}{L}$ を適用すると，浸透力 F は次式で求められる．

$$F = \gamma_{\mathrm{w}}iAL \tag{4.22}$$

浸透力 F を体積 AL で割った値 j は，単位体積あたりの浸透力 $[\mathrm{kN/m^3}]$ で，次式で表される．

$$j = \frac{F}{AL} = i \cdot \gamma_{\mathrm{w}} \tag{4.23}$$

また，浸透力 F を浸透方向の断面積 A で割ったものは，浸透水圧 (seepage pressure) とよばれる．

$$\frac{F}{A} = i\gamma_{\mathrm{w}}L = \varDelta H \cdot \gamma_{\mathrm{w}} \tag{4.24}$$

例題 4.5 【例題 3.1】において土試料の間隙比 $e = 0.75$，土粒子密度 $\rho_{\mathrm{s}} = 2.70\,[\mathrm{Mg/m^3}]$ とするとき，点 A, B, C の有効応力を求めよ．

解 試料の飽和単位体積重量は式 (4.5) と式 (2.10) より

$$\gamma_{\mathrm{sat}} = \frac{(\rho_{\mathrm{s}}/\rho_{\mathrm{w}}) + e}{1 + e}\gamma_{\mathrm{w}} = \frac{(2.70/1.0) + 0.75}{1 + 0.75} \times 9.80 = 19.3\,[\mathrm{kN/m^3}]$$

点 A, B, C に作用する全応力は式 (4.4) より

$$\sigma_{\mathrm{A}} = (\gamma_{\mathrm{sat}} \times 0.4) + (\gamma_{\mathrm{w}} \times 0.2) = (19.3 \times 0.4) + (9.80 \times 0.2) = 9.68\,[\mathrm{kN/m^2}]$$

$$\sigma_{\mathrm{B}} = (\gamma_{\mathrm{sat}} \times 0.2) + (\gamma_{\mathrm{w}} \times 0.2) = (19.3 \times 0.2) + (9.80 \times 0.2) = 5.82\,[\mathrm{kN/m^2}]$$

$$\sigma_C = (\gamma_w \times 0.2) = (9.80 \times 0.2) = 1.96\,[\mathrm{kN/m^2}]$$

となる．【例題 3.1】において各点の圧力水頭が求められていて，

$$(h_p)_A = 90\,[\mathrm{cm}], \quad (h_p)_B = 55\,[\mathrm{cm}], \quad (h_p)_C = 20\,[\mathrm{cm}]$$

であるから，間隙水圧は式 (4.16) より，それぞれつぎのようになる．

$$u_A = (h_p)_A \cdot \gamma_w = 0.9 \times 9.80 = 8.82\,[\mathrm{kN/m^2}]$$
$$u_B = (h_p)_B \cdot \gamma_w = 5.39\,[\mathrm{kN/m^2}]$$
$$u_C = 1.96\,[\mathrm{kN/m^2}]$$

よって，各点の有効応力は式 (4.3) より，つぎのようになる．

$$\sigma'_A = \sigma_A - u_A = 9.68 - 8.82 = 0.86\,[\mathrm{kN/m^2}], \quad \sigma'_B = \sigma_B - u_B = 0.43\,[\mathrm{kN/m^2}], \quad \sigma'_C = 0$$

≫ 4.5.3　掘削底面の安定

　図 4.25 に示す矢板の下流側に，静水圧を超える過剰間隙水圧が発生することは 4.5.1 項で述べた通りである．この水圧による上向きの力（揚圧力）が水中での地盤の重量に等しくなると，地盤の有効応力はゼロとなり，砂地盤の場合，液体と同じような挙動をする（液状化）ようになる．この状態を**クイックサンド**（quick sand）という．クイックサンド状態に至ると，砂粒は沸騰した水のように局所的に噴出するようになることから，この現象を**ボイリング**（boiling）という．一般に，地盤は均質でないから，このような現象は局部に集中することが多く，その部分では砂粒子が流失することにより，透水性が増大する．その結果，動水勾配が増し，さらに大きな浸透力が作用するという悪循環を招き，上流側に向かってパイプ状の孔が形成される**パイピング**（piping）とよばれる現象を起こす．

　クイックサンド現象が発生すると，矢板の下流側（掘削側）の地盤の強度が減少して掘削底面が崩壊し，矢板による土留めの崩壊を招く．図 4.25 のような矢板の下流側

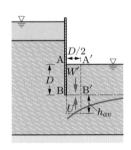

図 4.25　掘削底面の安定（クイックサンド）

にクイックサンド現象が生じるのは，矢板の根入れ深さ D [m] の $1/2$ の範囲であることが経験的に知られている．したがって，通常 $D/2$ の範囲の土塊 AA′BB′ に作用する力のつり合いを検討する．土塊の底面 BB′ に作用する下向きの力は，土の水中単位体積重量を γ' [kN/m^3] として

$$W' = \gamma' D \frac{D}{2} \tag{4.25}$$

で表される．一方，4.5.1 項に示した方法によって，面 BB′ にはたらく過剰間隙水圧を計算して圧力水頭で表すと，図 4.25 に示したような分布となる．そこで，$D/2$ の範囲の圧力水頭の平均値を h_{av} [m] とし，水の単位体積重量を γ_w [kN/m^3] とすると，次式により揚圧力 U が求められる．

$$U = \gamma_w h_{av} \frac{D}{2} \tag{4.26}$$

よって，クイックサンドに関する**安全率**（factor of safety）F_s は，式 (4.25), (4.26) を用いて次式で表される．

$$F_s = \frac{W'}{U} = \frac{\gamma' D (D/2)}{\gamma_w h_{av}(D/2)} = \frac{\gamma'/\gamma_w}{h_{av}/D} \tag{4.27}$$

ここで，h_{av}/D は動水勾配 i を表し，$F_s = 1$ のときの i を**限界動水勾配**（critical hydraulic gradient）i_c といい，以下のように表される．

$$i_c = \frac{h_{av}}{D} = \frac{\gamma'}{\gamma_w} \tag{4.28}$$

さらに，式 (4.28) に式 (4.5), (4.6)，および式 (2.10) を関係づけることにより，次式を得る．

$$i_c = \frac{\gamma'}{\gamma_w} = \frac{\gamma_{sat} - \gamma_w}{\gamma_w} = \frac{\gamma_{sat}}{\gamma_w} - 1 = \frac{\rho_{sat}}{\rho_w} - 1 = \frac{G_s - 1}{1 + e} \tag{4.29}$$

ここで，G_s は砂粒子の比重で，一般に 2.60〜2.75 の値をとり，間隙比 e は 0.5〜1.5 程度の値を示すことが多いから，この条件で限界動水勾配を計算すると，$i_c = 0.7$〜1.2 となる．したがって，おおまかな目安として限界動水勾配 $i_c \fallingdotseq 1.0$ 前後とみることができる．

図 4.26 は掘削底面下に粘土のような不透水層があり，その下に被圧した砂層（被圧帯水層）があるような地盤を掘削する場合を示している．掘削による土被り応力の減少により，被圧帯水層上面での水圧（揚圧力）が土被り応力を上回ると，掘削底面が

膨れ上がる．この現象を**盤膨れ**といい，これに対する安全率は以下のように表される．

$$F_s = \frac{\gamma_t D}{\gamma_w H} \tag{4.30}$$

ここで，H は被圧水頭，D は掘削面の粘土層の厚さ，γ_t は粘土層の湿潤単位体積重量である．

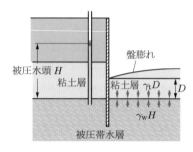

図 4.26　掘削底面の安定（盤膨れ）

　盤膨れが進行すると，不透水層が突き破られて，被圧帯水層から地下水と土砂が噴出して掘削底面の崩壊に至る．これは浸透流による地盤の破壊ではないが，掘削底面の安定を検討するうえで考慮しなければならない重要な事項である．

▶演習問題

4.1 砂と粘土が交互に堆積した土層がある．地表面から順に各層の層厚と単位体積重量はそれぞれ（$z_1 = 2\,[\mathrm{m}]$，$\gamma_{t1} = 17\,[\mathrm{kN/m^3}]$），（$z_2 = 3\,[\mathrm{m}]$，$\gamma_{sat1} = 18.5\,[\mathrm{kN/m^3}]$），（$z_3 = 2\,[\mathrm{m}]$，$\gamma_{sat2} = 19\,[\mathrm{kN/m^3}]$）であり，$z_1 = 2\,[\mathrm{m}]$ の位置に地下水面がある．深さ 5 m の点 A，深さ 7 m の点 B にはたらく鉛直有効応力を求めよ．

4.2 4 m 離れた地表面の 2 点 A，B に，それぞれ 100, 200 kN の荷重が作用している．点 A，B の直下 5 m の位置にはたらく鉛直応力増分を求めよ．

4.3 $6 \times 12\,\mathrm{m}$ の長方形の面に，$q = 100\,[\mathrm{kN/m^2}]$ の等分布荷重が作用している．長方形の中央点の直下 3 m の深さの点 A に発生する鉛直応力の増分を求めよ．また，長方形の偶角点から長辺方向に 3 m，短辺方向に 3 m 離れた点の直下 3 m の点 B に発生する鉛直応力増分を求めよ．

4.4 地表面に，直径 5 m の円形等分布荷重（$q = 200\,[\mathrm{kN/m^2}]$）が載荷されている．荷重面の中心点直下 2 m の点に発生する鉛直応力増分を求めよ．

4.5【例題 4.5】において，土試料の限界動水勾配を求めよ．また，クイックサンドが起こるときの水頭差を求めよ．

4.6 図 4.25 について，$h_{av} = 3\,[\mathrm{m}]$，$\gamma_{sat} = 19\,[\mathrm{kN/m^3}]$ とするとき，クイックサンドを起こさない限界の根入れ深さ D を求めよ．

第5章

土の圧縮性と圧密

古来，都市の多くは大きな河川の河口部に広がる沖積低地に発達しており，厚く堆積した粘土の層からなる軟弱な地盤の上に構築されていることが多い．そのような地盤は，ときには枯死した植物の分解が進まないまま堆積してできた，泥炭のような高有機質土の層を含んでいることもある．このような地盤の地域では，構造物などの載荷重だけでなく，地下水位の低下という目に見えない原因によっても，時間とともに徐々に地盤の圧縮が進行する．その結果，地盤の沈下に基づくさまざまな障害が発生している．かつて，日本の大都市周辺で，工業用水などのために過剰に地下水を汲み上げたことで，50年間で最大4mを超える地盤沈下を引き起こしたのがその典型例である．この章では，軟弱地盤の圧縮沈下現象のメカニズムと，その経時変化の計算法について考える．

▶5.1 土の圧縮性 ◀

荷重の大きさと地盤の沈下量との関係は，地盤を構成する土の圧縮性によって変わる．土の圧縮は内部の間隙の減少にともなって発生し，間隙が水で飽和した粘土のような透水性の低い土の圧縮は，間隙水の排出をともないながら時間の経過とともに徐々に進行する．圧縮変形が進行する過程は長時間にわたって継続する特徴があるので，通常の圧縮とは区別して**圧密**（consolidation）とよび，圧密現象の推移を**圧密過程**という．圧密過程も土の種類や状態によって異なる．この節では，飽和状態にある土の圧縮特性とその表現方法について述べる．

≫ 5.1.1 土の圧縮性の表現

飽和土が圧密されるとき，荷重の大きさに対応して生じる体積減少には，つぎの三つの要因が存在する．

① 土粒子の圧縮

② 間隙内の水の圧縮

③ 土粒子骨格の圧縮にともなう間隙水の排出

単位応力に対する土粒子，間隙水，土（土粒子骨格）の圧縮性を**体積圧縮係数**（coefficient of volume compressibility) m_s, m_w, m_v で表すと，それぞれの大きさは $m_\mathrm{s} = 10^{-8}\,[\mathrm{m^2/kN}]$, $m_\mathrm{w} = 5 \times 10^{-7}\,[\mathrm{m^2/kN}]$, $m_\mathrm{v} = 10^{-3}{\sim}10^{-5}\,[\mathrm{m^2/kN}]$ である．土の圧密を考えるときに，土粒子および間隙水は事実上圧縮しないものと考えてよい．したがって，土の圧密による体積減少は土の間隙の減少によるものであり，飽和土の場合，体積減少に等しい分だけの間隙水が排出される．粗い砂や礫のように透水性の高い土の場合，圧密は短時間で終了する．一方，粘土のような透水性の低い土では，間隙水の排出に長時間を要する．したがって，このような土の圧密現象を扱う場合，圧密荷重と圧密量の関係に加えて，圧密の時間的推移が問題となる．土の圧縮性と圧密の時間的推移を調べる試験（圧密試験）の詳細については 5.3 節で説明するが，以下に代表的な土の圧密試験から得られる特徴について述べる．

　図 5.1 に，3 種類の土の圧密応力 p に対する間隙比 e の変化を示す．図 5.1(a) では圧密応力 p を普通目盛で示しているが，図 (b) は圧密応力を $\log p$ で表現したもので，図のように e – $\log p$ 関係は明瞭な直線部分を示すことが多い．図から，砂試料に比べて細粒土ほど初期の間隙比が大きく，圧密応力が大きくなっても，その関係は保たれた状態で間隙比が減少していくことがわかる．また，同じ応力の変化 Δp に対する間隙比の変化 Δe は細粒土ほど大きい（すなわち圧縮性が大きい）ことがわかる．

　図 5.2 に，一定の荷重下での 3 種類の土（砂，シルト，粘土）の時間と圧縮率の関係を示す．砂では載荷直後に 80% 程度の圧縮が生じているが，粘土では砂に比べて圧縮の進行がきわめて遅いことがわかる．

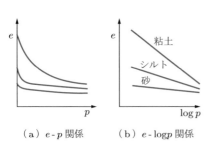

（a）e – p 関係　　（b）e – $\log p$ 関係

図 5.1　土の種類と圧縮性

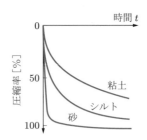

図 5.2　土の種類と圧縮率の変化過程

≫≫≫ 5.1.2　土の応力履歴と圧縮性

　現場から採取した乱れの少ない粘土試料についての e – $\log p$ 関係の一例を，図 5.3 に示す．図中の折れ曲がり点 D は，土が弾性的な挙動から塑性的な挙動を示す領域に移る点（降伏点）を表し，この点の応力を**圧密降伏応力**（consolidation yield stress）p_c（あるいは p_y）とよぶ．p_c を境にして，それよりも低い応力の領域を**過圧密領域**，

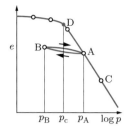

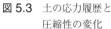

図 5.3 土の応力履歴と圧縮性の変化

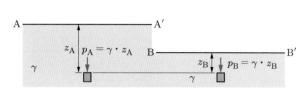

図 5.4 土要素の応力履歴

高い応力の領域を**正規圧密領域**とよぶ. p_c よりも高い応力の点, たとえば図中の点 A まで応力を載荷したのちに除荷したときの e – $\log p$ 関係は過圧密領域の e – $\log p$ 線に近似した線上を移動して点 B に至る. 点 B から再び載荷すると, ほぼ同じ線 AB 上をたどって点 A に到達し, 点 A を超える圧密応力に対しては, 再び正規圧密領域の e – $\log p$ 線上を下方 (点 C 方向) に移動する. すなわち, BAC の応力変化に対して点 A が新しい降伏点となり, BA 部分は点 A の応力に対応した新しい過圧密領域となる.

　上記のような挙動を, 実際の地盤が過去に受けた応力の履歴に対応させて考えてみよう. 図 5.4 は, ある粘土地盤内の任意深さの点にはたらく応力の変化を表している. p_A は地表面が過去に AA′ の位置にあったときの応力を表し, p_B は大規模な掘削や侵食などによって地表面が BB′ 面まで低下したのちの応力を表している. p_A は図 5.3 の点 A, p_B は点 B の応力に対応する. すなわち, この土要素は過去に現在の応力よりも大きな応力 p_A を経験したことになる. このような応力の履歴を受けた粘土を**過圧密粘土** (overconsolidated clay) とよび, p_A と p_B の比 p_A/p_B を**過圧密比** (overconsolidation ratio) OCR と定義して過圧密の程度を表す. また, p_A を**先行圧密応力** (pre-consolidation stress) とよぶ. 一方, 過去に上記のような地表面の変動がなければ, 土要素にはたらく応力は p_A で一定であり, 現在かかっている応力がこれまでに受けた最大の応力となる. このような状態にある粘土を, **正規圧密粘土** (normally consolidated clay) という. この場合, $p_A = p_B$ であるから, 正規圧密粘土では $OCR = 1$ となる.

　過圧密粘土と正規圧密粘土の間には, 圧縮性に大きな違いがある. たとえば, 図 5.3 の点 B にある過圧密粘土地盤に構造物などの荷重が載荷された場合, 地盤内に生じる応力が p_A 以下であれば (すなわち, 過圧密領域にあれば) 発生する沈下量も小さい. しかし, p_A を超えるような応力に対しては, 正規圧密粘土としての挙動を示し, 正規圧密線に沿う大きな間隙比の変化を生じる結果, 大きな沈下が発生することになる.

▶5.2　飽和粘土の圧密

⫸5.2.1　圧密現象のモデル

　地盤の圧密が時間とともに徐々に進行する過程を，テルツァギー（Terzaghi, K.）は図 5.5 に示すようなモデルを用いて説明した．すなわち，水で満たされた容器の中に，小さな排水孔の開いたピストンがバネで連結されているもので，排水孔の大きさが土の透水係数 k を表し，バネの硬さが土の体積圧縮係数 m_v を表す．このモデルに荷重（応力 p）が載荷された後の，容器からの排水量，バネの圧縮量（土の圧縮ひずみ ε に相当），バネに発生する応力（土の有効応力 σ' に相当）の時間変化を考えてみよう．

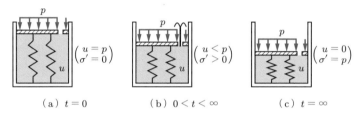

図 5.5　圧密現象のモデル

　排水孔が小さければ，荷重の載荷直後（図 5.5(a)）には排水されず，荷重は容器内に発生する水圧 u（土中に発生する過剰間隙水圧 u に相当）によって支えられる．その後，この水圧によって排水孔から容器内の水が徐々に排水されると，荷重の一部がバネによって支えられ，水圧 u はその分だけ減少するとともにバネが縮む（図 5.5(b)）．荷重の大きさにつり合うだけバネが縮むと，過剰水圧はゼロとなり排水孔からの排水が停止し，ピストンの沈下もおさまる．この時点で，圧密が完了したことになる（図 5.5(c)）．

　以上の圧密過程における間隙水圧 u，有効応力 σ'，圧縮ひずみ ε の時間変化を示したものが図 5.6 である．このモデルに作用する全応力 σ は，図 5.6(a) に示すように $\sigma = p$ で一定に保たれる．図 5.6(b) のように，$t = 0$ で圧密応力 p に等しい間隙水圧 u が発生するが，その後時間の経過とともに減少し，$t = \infty$ で $u = 0$ となる．有効応

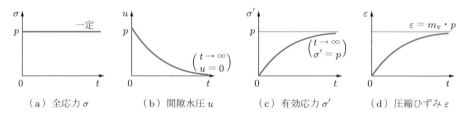

図 5.6　圧密過程における間隙水圧，有効応力，圧縮ひずみの時間変化

力 σ' は $\sigma' = \sigma - u$ で計算されるから,図 5.6(b) に示した u の変化に対応して,σ' は図 (c) のような変化を示す.この間,有効応力の増大にともなって,図 5.6(d) のように圧縮ひずみ ε が発生する.

》》5.2.2 圧密の基礎方程式

自然に堆積した粘土層や,広範囲に埋め立てられた地盤の自重による圧密,あるいは砂層に挟まれた比較的薄い粘土層からなる地盤表面に載荷された荷重による圧密の場合,側方への変形が抑えられるため,鉛直方向に比べて水平方向の変形は無視できるほど小さい.したがって,鉛直方向のみの 1 次元圧密と見なすことができる.テルツァギーは,1 次元圧密の条件が満たされる場合についての圧密過程を表す基礎方程式を導いた.方程式を導くにあたって設けられた仮定は,以下のようである[5.1].

① 土の間隙は水で完全に飽和している.

② 間隙水および土粒子は非圧縮性である.

③ ダルシーの法則が完全に成り立つ.

④ 土の透水係数 k は一定であり,圧密の時間遅れは土の透水性が小さいことによる.

⑤ 地盤中の水平断面上の応力は一様に分布し,土の圧縮と排水は鉛直方向のみに発生する.

⑥ 有効応力の増加による間隙比の減少（体積ひずみの増加）割合は一定である.

図 5.7(a) に示すように,砂層に挟まれた粘土層があって,この地盤の表面に広範囲にわたって荷重 p が載荷された場合の粘土層の圧密過程を考えてみよう.荷重の載荷直後の粘土層には,静水圧に加えて深さ方向に一様分布の過剰間隙水圧が発生する.この過剰間隙水圧のみを取り出して描いたのが,図中右側の水圧分布図である.一方,図 5.7(b) は,図 (a) の深さ z の粘土層中の土要素を拡大して描いたものである.要素の厚さを dz,断面積を A とする.時間 dt の間にこの要素の体積が dV だけ圧縮す

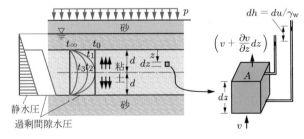

（a）載荷重 p による粘土層内の過剰間隙水圧　（b）土要素の拡大図

図 5.7 粘土層の圧密過程

るものとすれば，体積ひずみ $d\varepsilon_\mathrm{v} = dV/V$ であるから，dV は次式で与えられる．

$$dV = d\varepsilon_\mathrm{v} \cdot V = \frac{\partial \varepsilon_\mathrm{v}}{\partial t} dt \,(A \cdot dz) \tag{5.1}$$

一方，圧密中には土要素の中を浸透水が通過するとともに，式 (5.1) に相当する間隙水が排出される．要素の下面から時間 dt の間に流速 v で要素に入る水量 Q_in は

$$Q_\mathrm{in} = v \cdot A \cdot dt$$

であり，要素の上面から流出する水量 Q_out は

$$Q_\mathrm{out} = \left(v + \frac{\partial v}{\partial z} dz \right) A \cdot dt$$

である．Q_in と Q_out の差

$$Q_\mathrm{out} - Q_\mathrm{in} = \frac{\partial v}{\partial z} dz \cdot A \cdot dt \tag{5.2}$$

が要素の間隙から排出される水量であり，これが式 (5.1) の dV に等しいから，式 (5.1) と式 (5.2) を等置すると，次式が得られる．

$$\frac{\partial \varepsilon_\mathrm{v}}{\partial t} = \frac{\partial v}{\partial z} \tag{5.3}$$

ここで，体積圧縮係数の定義 $m_\mathrm{v} = d\varepsilon_\mathrm{v}/dp'$ より $d\varepsilon_\mathrm{v}$ は次式で表される．

$$d\varepsilon_\mathrm{v} = m_\mathrm{v} \cdot dp' \tag{5.4}$$

一方，ダルシーの法則より $v = k \cdot i$ であり，要素内の水の流れにおける動水勾配 i は，$i = \partial h/\partial z$ で与えられるから，流速 v は以下のように表される．

$$v = -k \frac{\partial h}{\partial z}$$

この場合，全水頭 h_t の変化は圧力水頭 h_p の変化と同じであり，過剰間隙水圧は $u = h_\mathrm{p} \cdot \gamma_\mathrm{w}$ で表される（γ_w：水の単位体積重量）から，上式は以下のように書き換えられる．

$$v = -k \frac{\partial h_\mathrm{p}}{\partial z} = -\frac{k}{\gamma_\mathrm{w}} \frac{\partial u}{\partial z} \tag{5.5}$$

式 (5.3) に，式 (5.4), (5.5) を代入すると，次式が得られる．

$$m_{\mathrm{v}}\frac{\partial p'}{\partial t} = -\frac{k}{\gamma_{\mathrm{w}}}\frac{\partial^2 u}{\partial z^2} \tag{5.6}$$

圧密応力（全応力）p と有効応力 p' の関係から，$p = p' + u$ であり，圧密応力 p は圧密中一定とすると，

$$dp' = -du$$

となる．よって，式 (5.6) は次式のように書き換えられる．

$$\frac{\partial u}{\partial t} = \frac{k}{m_{\mathrm{v}}\gamma_{\mathrm{w}}}\frac{\partial^2 u}{\partial z^2} = c_{\mathrm{v}}\frac{\partial^2 u}{\partial z^2} \tag{5.7}$$

式 (5.7) が，テルツァギーの **1 次元圧密方程式**である．この式は外力の変化によって生じた過剰間隙水圧の消散が，時間 t と地盤の深さ方向の位置を表す z の関数として表されることを意味する．すなわち，地盤内のある点の圧密の進行は，その点の相対的な位置と，経過時間によって異なり，各点で生じている圧縮変形の総和が地盤表面の沈下となって現れる．

式 (5.7) の右辺にある $c_{\mathrm{v}} \, (= k/(m_{\mathrm{v}} \cdot \gamma_{\mathrm{w}}))$ は**圧密係数** (coefficient of consolidation) とよばれ，圧密の進行速度を支配する係数で，$\mathrm{m^2/s}$ の単位で表される．テルツァギーは，前述のように透水係数 k，体積圧縮係数 m_{v} ともに一定と仮定した．実際には k，m_{v} ともに圧密の進行とともに減少するが，両者の減少割合に大きな差のない粘土では c_{v} は一定として扱う．しかし，泥炭地盤の圧密沈下 – 時間関係の推定にあたっては，c_{v} の値が図 5.8 の例に示すように圧密応力とともに大きく減少することを考慮する必要がある．

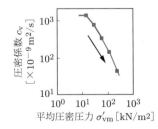

図 5.8 圧密応力による圧密係数の変化の例（泥炭地盤）

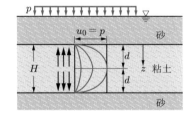

図 5.9 過剰間隙水圧の消散過程と圧密の進行

≫ 5.2.3 圧密方程式の解

式 (5.7) を現場の境界条件および載荷初期の過剰間隙水圧分布（初期条件）のもとで解くことにより，圧密の進行速度を推定することができる．例として，図 5.9 の場

合について考えてみよう.

(1) 境界条件　　上下の砂層は, 粘土層に比べて透水係数がきわめて大きいので, 排水層の役割を果たすと考えてよい. すなわち, **両面排水**の条件にあるから, 境界条件は,

$$z = 0 \text{ および } z = 2d \text{ で } u = 0$$

となる. ここで d は**排水距離**であり, 図 5.9 のように両面排水の場合は粘土層の厚さ H の 1/2 となる ($d = H/2$).

載荷初期 ($t = 0$) の過剰間隙水圧分布を $u_0(z)$ とし, 上記の境界条件で式 (5.7) を解くと, 次式が得られる.

$$u = \sum_{m=1}^{\infty} \left\{ \frac{1}{d} \int_0^{2d} u_0(z) \sin \frac{m\pi}{2d} z \, dz \right\} \sin \frac{m\pi}{2d} z \cdot \exp\left(-\frac{m^2 \pi^2 T_{\mathrm{v}}}{4} \right) \tag{5.8}$$

ここで, T_{v} は**時間係数** (time factor) とよばれ,

$$T_{\mathrm{v}} = \frac{c_{\mathrm{v}}}{d^2} t \tag{5.9}$$

で表される無次元数で, 圧密係数 c_{v} と排水距離 d が決まれば, T_{v} は圧密時間 t と 1 対 1 で対応する.

(2) 初期条件　　もし, 過剰間隙水圧 $u_0(z)$ が深さ方向に一様に分布する ($t = 0$ で z に無関係に一定値 $u_0 = p$) ような初期条件の場合, 式 (5.8) において $u_0(z) = p$ として積分を実行すると,

$$u = \frac{4p}{\pi} \sum_{n=0}^{\infty} \frac{1}{(2n+1)} \sin \frac{2n+1}{2d} \pi z \cdot \exp\left\{ -\frac{(2n+1)^2}{4} \pi^2 T_{\mathrm{v}} \right\} \tag{5.10}$$

を得る.

式 (5.10) は上記 (1), (2) の境界条件, 初期条件のもとでの粘土層内の任意深さ z, 任意時刻 t における過剰間隙水圧を与える (図 5.7(a), 図 5.9 参照).

▶▶▶ 5.2.4　圧密度

圧密の進行度合いは, 粘土層内の各点において発生した初期過剰間隙水圧 $u_0(z)$ の消散の度合いで表す. すなわち, 以下に示す**圧密度** (degree of consolidation) U_z を用いる.

$$U_z = \frac{u_0(z) - u(z)}{u_0(z)} = 1 - \frac{u(z)}{u_0(z)} \tag{5.11}$$

ここで, $u(z)$ は任意深さ, 任意時刻における過剰間隙水圧である. 式 (5.11) は粘土層

内の任意深さにおける圧密度を表すが，層全体としての平均圧密度は

$$U = 1 - \frac{\{1/(2d)\}\displaystyle\int_0^{2d} u(z)dz}{\{1/(2d)\}\displaystyle\int_0^{2d} u_0(z)dz} \tag{5.12}$$

で表される．初期過剰間隙水圧分布が $u_0(z) = u_0 = p$ で一定の場合，式 (5.10) によって $u(z)$ を算出して式 (5.12) に代入すると，**平均圧密度 U が次式で与えられる．**

$$U = 1 - \frac{8}{\pi^2} \sum_{n=0}^{\infty} \frac{1}{(2n+1)^2} \exp\left\{-\frac{(2n+1)^2}{4}\pi^2 T_v\right\} \tag{5.13}$$

式 (5.13) は，初期過剰間隙水圧が深さ方向に一様分布し，かつ両面排水の条件にある場合の平均圧密度 U と時間係数 T_v の関係であるが，ほかの初期条件，境界条件の組み合わせについても同様の関係を導くことができる．図 5.10 は各種の初期条件（初期過剰間隙水圧分布），境界条件（排水条件：両面排水または片面排水）に対する U – T_v 関係を表したもので，土の種類によらない一義的な関係である．この図を用いることによって，与えられた初期条件，境界条件の組み合わせから任意に指定された平均圧密度に対する時間係数を求めることができる．したがって，圧密試験から得られる c_v を用い，現地の条件から排水距離 d を定めれば，式 (5.9) の関係から，次式によって圧密時間 t を算出できる．

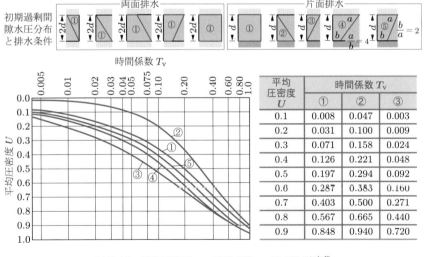

図 5.10 平均圧密度 U – 時間係数 T_v 関係[5.2]に加筆

$$t = \frac{d^2}{c_{\mathrm{v}}} T_{\mathrm{v}} \tag{5.14}$$

なお，図 5.10 で片面排水の場合の排水距離は粘土層の厚さ H に等しい（$d = H$）．

▶5.3　圧密試験

≫5.3.1　圧密試験方法

　粘土層の圧密沈下量および圧密沈下の経時変化の予測に必要な，体積圧縮係数 m_{v} や圧密係数 c_{v} などのパラメータを求めるために，**圧密試験**（consolidation test）[5.3, 5.4] が行われる．圧密試験には，両面排水条件で荷重を段階的に 24 時間ごとに載荷して，その間の圧密量と時間の関係を測定する方法（**段階載荷圧密試験：JIS A 1217**）と，片面排水条件のもとで，一定のひずみ速度で連続的に圧縮したときの圧密量，圧縮力，間隙水圧の関係を測定する方法（**定ひずみ速度圧密試験：JIS A 1227**）がある．ここでは，段階載荷圧密試験の概要について説明する．載荷には重錘レバー式または空気圧式の装置が用いられる．図 5.11 に重錘レバー式載荷装置を用いた段階載荷圧密試験装置の例を示す．現場から採取された乱れの少ない試料を標準寸法（直径 60 mm，厚さ 20 mm）の円盤状に成形して圧密リングに詰め，上下の多孔板で挟んで両面排水条件で圧密する．荷重は，最初に載荷した値から順に 2 倍ずつの荷重（荷重増分比 $\Delta p/p = 1$）で段階的に 24 時間ごとに載荷し，その間の圧密量と時間の関係を測定する．圧密応力 p を 5〜2000 [kN/m²] の範囲で 10, 20, 40 kN/m² のように増加させて，8 段階で載荷するのが標準とされている．

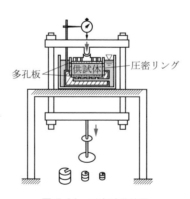

多孔板　供試体　圧密リング

図 5.11　圧密試験装置

≫ 5.3.2 圧密諸係数の決定

(1) 圧密係数の決定 圧密試験による各荷重段階での圧密量 ΔH と時間 t の関係から, 圧密係数 c_v を決定することができる. その方法として, $\sqrt{t}$ 法, 曲線定規法があるが, これらの詳細は文献 [5.4] にゆずるとして, ここでは $\sqrt{t}$ 法の概要を説明する.

図 5.12 は, ある荷重段階について縦軸に圧密量 ΔH を, 横軸に時間 t の平方根をとり, 測定値をプロットした例である. プロット点の初期部分は直線となることがわかっており (テルツァギーの圧密理論によれば, 平均圧密度 $U < 50\%$ の範囲で $U = (2/\sqrt{\pi})\sqrt{T_v}$ 関係が成立する), 測定値も直線を示す. また, 直線部 (OP) の 1.15 倍の勾配をもつ直線 OQ を引くと, OQ と圧密曲線との交点 R が圧密度 90% (U_{90}) に要する時間 t_{90} になる. 圧密試験における境界条件 (両面排水) および初期条件 (一様な過剰間隙水圧分布) のもとで, U_{90} に対する時間係数は図 5.10 から $T_{v90} = 0.848$ であるから, c_v は式 (5.9) より

$$c_v = \frac{T_{v90}}{t_{90}}d^2 = \frac{0.848}{t_{90}}d^2 \tag{5.15}$$

で求められる. ここで, d は排水距離であり, 前述のように圧密試験は両面排水条件で行われることから, $d = H_n/2$ (H_n : n 段階目の荷重載荷前の供試体の厚さ) で与えられる.

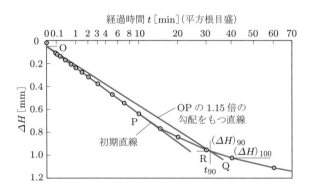

図 5.12 $\sqrt{t}$ 法による圧密試験結果の整理

(2) 体積圧縮係数, 圧縮指数の決定 各載荷重段階ごとに, 圧密応力 $p\,[\mathrm{kN/m^2}]$ と 24 時間後の沈下量から圧縮ひずみおよび間隙比を算定すると, 体積圧縮係数 m_v, 圧縮指数 C_c などが求められる.

① 体積圧縮係数 m_v : 各荷重段階で生じる圧縮ひずみ $\Delta \varepsilon\,[\%]$ を次式で算出する.

$$\Delta \varepsilon = \frac{\Delta H}{H} \times 100 \tag{5.16}$$

ここで，ΔH はその荷重段階での圧密量，$\overline{H}$ は平均供試体高さで，その段階の圧密終了時の供試体高さ H と，前段階の圧密終了時の供試体高さ H' を用いて次式で表される．

$$\overline{H} = \frac{H + H'}{2}$$

各荷重段階における体積圧縮係数 $m_{\mathrm{v}}\,[\mathrm{m}^2/\mathrm{kN}]$ を次式で求める．

$$m_{\mathrm{v}} = \frac{\Delta\varepsilon/100}{\Delta p} \tag{5.17}$$

ここで，Δp はその荷重段階での増加応力 $[\mathrm{kN/m^2}]$ である．

② 圧縮指数 C_{c}，圧密降伏応力 p_{c}：各載荷段階の圧密終了時の間隙比 e を，次式により求める．

$$e = \frac{H}{H_{\mathrm{s}}} - 1$$

ここで，H_{s} は供試体の実質高さ，すなわち，土粒子部分の高さ（$H_{\mathrm{s}} = m_{\mathrm{s}}/(\rho_{\mathrm{s}}\pi D^2/4)$）であり，$H$ はその段階の圧密終了時の供試体高さである．H_{s} の算定に用いる m_{s} は供試体の炉乾燥質量，D は直径，ρ_{s} は土粒子密度である．

縦軸に間隙比 e を普通目盛で，横軸に圧密応力 $p\,[\mathrm{kN/m^2}]$ を対数目盛でプロットし，測定点を滑らかに結ぶと，図 5.13(a) のような e – $\log p$ 曲線を得る．この曲線の正規圧密領域の直線上に 2 点 (e_0, p_0)，(e_1, p_1) をとると，**圧縮指数**（compression index）C_{c} は以下のように求められる．

$$C_{\mathrm{c}} = \frac{e_0 - e_1}{\log(p_1/p_0)} \tag{5.18}$$

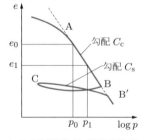

（a）圧縮指数 C_{c}，膨張指数 C_{s}

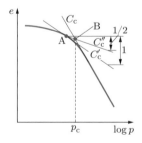

（b）圧密降伏応力 p_{c}

図 5.13　圧縮指数，膨張指数および圧密降伏応力の決定

なお，図 5.13(a) で点 A を超える圧密応力の領域で除荷，再載荷を行うと，一般に BCB′ のようなループを描く．除荷部分（膨張曲線）と再載荷部分（再圧縮曲線）の平均的な勾配を式 (5.18) と同じ方法で求め，**膨張指数**（swelling index）C_s とする．

図 5.13(a) において e – $\log p$ 曲線は点 A 付近で折れ曲がる．この折れ曲がり点に相当する応力は，5.1.2 項で述べたように圧密降伏応力とよばれる．e – $\log p$ 曲線から圧密降伏応力 p_c を求める方法はキャサグランドによって提案されたが，図 5.13(a) の間隙比 e のスケールのとり方によって p_c の値が変化することから，地盤工学会では以下の方法を推奨している．

まず，$C_c' = 0.1 + 0.25C_c$ の勾配をもつ直線と e – $\log p$ 曲線の接点 A を求める．つぎに，点 A を通って $C_c'' = C_c'/2$ の勾配をもつ直線と，e – $\log p$ 曲線の正規圧密領域の直線の延長との交点 B の横座標を圧密降伏応力 $p_c\,[\mathrm{kN/m^2}]$ とする（図 5.13(b)）．

▶5.4　圧密沈下量と圧密沈下の経時変化の予測

5.3 節までに圧密現象のモデルと圧密方程式の解を示し，さらに圧密試験の方法と試験から得られる諸係数の決定方法について解説した．この節では，地盤の圧密沈下量とその経時変化の予測方法について説明する．

圧密沈下量と沈下の経時変化の予測のためには，現場の調査ボーリング結果から，地層の構成と各層の土質と，地下水面の位置を知ったうえで，圧密の対象となる層から採取した乱れの少ない試料による圧密試験結果が必要である．そのうえで，載荷重によって地盤内に発生する応力分布を算定（第 4 章参照）し，これをもとに圧密沈下量と沈下の経時変化を予測する．

⫸5.4.1　圧密沈下量の算定

圧密沈下量の算定は以下の手順による．

① 初期応力の算定：圧密対象層の上にある土被りによって，圧密対象層に生じる有効応力 p_0 を算定する．

② 応力増分の算定：載荷重によって圧密対象層に発生する応力増分を，第 4 章で示した方法により算定する．広範囲にわたる盛土荷重のような場合には，地盤内に一様な応力増分が生じると考えてよいが，一般には深さ方向にも水平方向にも異なる応力増分を示す．

③ 沈下量の算定：初期応力 p_0 に対応する間隙比（初期間隙比）を e_0 とし，載荷重に

よって発生する地盤内応力増分を Δp とすると，圧密試験から得られた e – $\log p$ 曲線から $p_1 = p_0 + \Delta p$ に対応する間隙比 e_1 が求められる．この間隙比の変化から，Δe 法，m_{v} 法，C_{c} 法の 3 通りの方法で沈下量 S を求めることができる．

(1) Δe 法　　圧密による土の体積変化量 ΔV は間隙部分の体積変化量 ΔV_{v} に等しいため，間隙比の変化量 $\Delta e = e_0 - e_1$ は，間隙比の定義より，体積ひずみ $\Delta V / V_0$ と以下のように関係づけられる．

$$\Delta e = \frac{\Delta V_{\mathrm{v}}}{V_{\mathrm{s}}} = \frac{\Delta V}{V_{\mathrm{s}}} = \frac{V_0}{V_{\mathrm{s}}} \cdot \frac{\Delta V}{V_0}$$

ここで，V_{s}：土の固体部分の体積，V_0：土の初期体積である．したがって，体積ひずみ $\Delta V / V_0$ は次式で表される．

$$\frac{\Delta V}{V_0} = \frac{V_{\mathrm{s}}}{V_0} \cdot \Delta e = \frac{V_{\mathrm{s}}}{V_{\mathrm{s}}(1 + e_0)} \cdot \Delta e = \frac{\Delta e}{1 + e_0}$$

5.2.2 項で説明したように，1 次元の圧密が仮定できる場合は，体積ひずみ $\varepsilon_{\mathrm{v}}\,(= \Delta V / V_0)$ と圧縮ひずみ $\varepsilon(= \Delta H / H_0)$ は近似的に等しいため，ε は次式で表される．

$$\varepsilon = \frac{\Delta H}{H_0}\left(= \frac{\Delta V}{V_0}\right) = \frac{\Delta e}{1 + e_0} \tag{5.19}$$

したがって，最終圧密沈下量 S_{f} は次式で与えられる．

$$S_{\mathrm{f}}(= \Delta H) = \frac{\Delta e}{1 + e_0} H_0 \tag{5.20}$$

ここで，H_0：圧密層の初期厚さ [m] である．

以上から，e – $\log p$ 曲線を用いて $p_1(= p_0 + \Delta p)$ に対応する間隙比 $e_1(= e_0 - \Delta e)$ を求めれば，最終圧密沈下量 S_{f} を計算できる．

(2) m_{v} 法　　5.2.2 項で説明したように，体積圧縮係数 m_{v} [m^2/kN] は次式で定義される．

$$m_{\mathrm{v}} = \frac{\Delta V / V_0}{\Delta p}$$

ここで，Δp：地盤内応力増分 [kN/m^2] である．

上式と式 (5.19) を組み合わせることにより，次式を得る．

$$\varepsilon = \frac{\Delta H}{H_0}\left(= \frac{\Delta V}{V_0}\right) = m_{\mathrm{v}} \cdot \Delta p$$

したがって，m_v を用いると，最終圧密沈下量 S_f を次式で計算できる．

$$S_f(= \Delta H) = m_v \cdot \Delta p \cdot H_0 \tag{5.21}$$

(3) C_c 法　式 (5.20) と式 (5.18) を結びつけると，圧縮指数 C_c を用いた圧密沈下量算定式として，次式を得る．

$$S_f = \frac{C_c}{1 + e_0} H_0 \cdot \log \frac{p_1}{p_0} = \frac{C_c}{1 + e_0} H_0 \cdot \log \frac{p_0 + \Delta p}{p_0} \tag{5.22}$$

なお，応力の変化が圧密降伏応力 p_c を超えない，すなわち，$p_0 + \Delta p \leq p_c$ の範囲では，式 (5.22) において C_c の代わりに**膨張指数 C_s** を用いる必要がある．また，p_c をまたぐような応力変化に対して圧密沈下量を計算する場合には，p_c より低い領域に対して C_s を，p_c より高い領域に対して C_c を用いて，それぞれ沈下量を算出して加え合わせる．

　以上の算定式において，圧密応力 Δp の算定にあたっては，地盤内の応力分布が近似的に直線変化するものとして，土層の中央深さの応力で代表させることが多い．しかし，第 4 章で説明したように，実際の応力分布は直線的な変化を示さないので，圧密層厚が厚い場合の計算においては，対象土層を数層に分割して各層の中央点での応力増分を用いる必要がある．また，地盤内応力の水平方向の分布も一般には均等でないので，構造物下部地盤内の代表的な点で沈下量を計算し，水平方向の沈下量の分布を求めておく必要がある．

例題 5.1　図 5.14 に示すように，砂層に挟まれた厚さ 4 m の粘土層がある．この粘土層の中央深さにおける現在の応力が $100\,\mathrm{kN/m^2}$ で，間隙比が 1.18 である．圧密試験の結果，粘土の圧縮指数 $C_c = 0.75$，圧密係数 $c_v = 1.85 \times 10^{-7}\,\mathrm{[m^2/s]}$ が得られている．この地盤の表面に，広範囲にわたって施工された盛土荷重によって粘土層に加わる応力が $300\,\mathrm{kN/m^2}$ に増加した．以下の問いに答えよ．

(1) 間隙比の変化量 Δe を求めよ．

(2) この地盤の最終圧密沈下量 S_f を推定せよ．

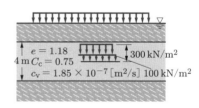

図 5.14　広範囲の盛土荷重による粘土層の圧密

解　(1) 式 (5.18) より，Δe はつぎのようになる．

$$\Delta e = e_0 - e_1 = C_c \log \frac{p_1}{p_0} = 0.75 \log \frac{300}{100} = 0.36$$

(2) 式 (5.22) より，S_f はつぎのようになる．

$$S_{\mathrm{f}} = \frac{C_{\mathrm{c}}}{1+e_0} H_0 \cdot \log \frac{p_1}{p_0} = \frac{0.75}{1+1.18} 4.0 \cdot \log \frac{300}{100} = 0.66 \,[\mathrm{m}]$$

》》5.4.2   圧密沈下の経時変化の予測

所定の圧密度まで圧密沈下が進むのに要する時間は，以下のようにして算定する．

① 現場の地層構成から，圧密対象土層の圧密に関する境界条件（すなわち，両面排水，片面排水のいずれに相当するかと，排水距離）を定める．

② 初期条件（すなわち，初期過剰間隙水圧の分布）を定める．この際，初期過剰間隙水圧の分布は，5.4.1 項における圧密沈下量の算定に際して採用した圧密応力の分布に等しい．

③ 境界条件と初期条件をもとに，式 (5.7) を解く．ただし，代表的な初期過剰間隙水圧分布 u_0 と境界条件の組み合わせに対しては，あらかじめ平均圧密度 U – 時間係数 T_{v} の関係を計算した図 5.10 を用いて，u_0 と排水に関する境界条件の組み合わせの中から現場の条件に近似しているものを選択し，所要の平均圧密度 U に対応する時間係数 T_{v} の値を求める．

④ ③で求めた T_{v} の値を式 (5.14) に代入し，圧密係数 c_{v} と排水距離 d の値を適用すると，所要の平均圧密度 U に達するのに要する時間 t を求めることができる．

式 (5.14) から，c_{v} と初期条件，境界条件が同じであれば，任意の圧密度に達するのに要する時間 t は排水距離 d の 2 乗に比例することがわかる．なお，圧密時間の算定にあたって，以下の点に注意しなければならない．

- 両面排水の場合，初期の過剰間隙水圧 u_0 の分布が直線分布であれば，u_0 の分布形によらず，U – T_{v} 関係は同じになる．
- 片面排水での u_0 の分布を不透水層で折り返したときの分布形と，両面排水での u_0 の分布形が同じ（たとえば，図 5.10 の長方形分布で両面排水と片面排水の場合）であれば，両者の U – T_{v} 関係は同じになる．
- 圧密速度は，理論上圧密応力 p に無関係である．

》》5.4.3   任意の圧密度における沈下量

圧密途中の任意時刻における沈下量 S_t はその時刻に対応する平均圧密度 U に比例すると考えてよいから，沈下量 S_t は以下のように計算できる．

$$S_t = U \cdot S_{\mathrm{f}} \tag{5.23}$$

ここで，S_{f} は最終圧密沈下量である．式 (5.23) の関係を用いると，任意の沈下量 S_t に達する時間を求めることもできる．すなわち，S_{f} と S_t との比から U を求め，図 5.10

の U – T_v 関係から得られる T_v を式 (5.14) に適用すればよい.

例題 5.2　【例題 5.1】の地盤の圧密沈下に関して，以下の問いに答えよ.
- (1) 最終沈下量の 90% の沈下を生じるのに要する日数を推定せよ. ただし，盛土荷重によって生じる地盤内応力は深さ方向に一様に分布すると仮定する.
- (2) 粘土層の下部が不透水性の岩盤であるとした場合，最終沈下量の 90% の沈下を生じるのに要する日数を求めよ.

解　(1) 式 (5.14) を用いるにあたり，両面排水の条件から $d = 4/2 = 2\,[\mathrm{m}]$ となる. また，初期過剰間隙水圧は深さ方向に一様分布するため，図 5.10 で圧密度 90% に対する時間係数は $T_\mathrm{v} = 0.848$ である.

よって，圧密時間はつぎのようになる.

$$t = \frac{d^2}{c_\mathrm{v}} T_\mathrm{v} = \frac{2^2}{1.85 \times 10^{-7}} \times 0.848\,[\mathrm{s}] = \frac{2^2 \times 0.848 \times 10^7}{1.85 \times 60 \times 60 \times 24} = 212\,[\mathrm{day}]$$

(2) 片面排水条件であるから，$d = 4\,[\mathrm{m}]$ となる. 初期過剰間隙水圧分布は深さ方向に一様であるので，U – T_v 関係は (1) の場合と同じである. したがって，圧密時間はつぎのようになる.

$$t = \frac{d^2}{c_\mathrm{v}} T_\mathrm{v} = \frac{4^2}{1.85 \times 10^{-7}} \times 0.848\,[\mathrm{s}] = \frac{4^2 \times 0.848 \times 10^7}{1.85 \times 60 \times 60 \times 24} = 848\,[\mathrm{day}]$$

例題 5.3　【例題 5.2】の地盤の表面に幅の狭い帯状荷重が載荷されて，粘土層に逆三角形状の初期過剰間隙水圧分布が発生した場合に関して，以下の問いに答えよ.
- (1) この地盤が最終沈下量の 90% の沈下を生じるのに要する日数を求めよ.
- (2) 粘土層の下部が不透水性の岩盤である場合，最終沈下量の 90% の沈下を生じるのに要する日数を求めよ.

解　(1) 両面排水条件なので，$d = 4/2 = 2\,[\mathrm{m}]$ である. 両面排水で直線分布の場合，U – T_v 関係は【例題 5.2(1)】の場合と同じで，$T_\mathrm{v} = 0.848$ である. したがって，圧密時間は【例題 5.2(1)】と変わらず，$t = 212\,[\mathrm{day}]$ となる.

(2) 片面排水条件なので，$d = 4\,[\mathrm{m}]$ である. 時間係数は，図 5.10 より $T_\mathrm{v} = 0.720$ である. したがって，圧密時間はつぎのようになる.

$$t = \frac{d^2}{c_\mathrm{v}} T_\mathrm{v} = \frac{4^2 \times 0.720}{1.85 \times 10^{-7}}\,[\mathrm{s}] = \frac{4^2 \times 0.720 \times 10^7}{1.85 \times 86400} = 720\,[\mathrm{day}]$$

》》5.4.4　漸増荷重による圧密

テルツァギーの圧密理論は一定応力下でのものであるが，実際の工事では載荷が瞬時に行われるのではなく，施工期間中に連続的にあるいは段階的に行われる. ここでは，図 5.15 のように，盛土の施工にともなって圧密荷重が漸増する場合について説明する.

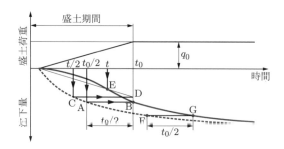

図 5.15　漸増荷重による圧密過程の近似図式解法

(1) 沈下量の計算　　最終圧密応力に対応する沈下量の計算は，全荷重が一度に載荷される場合と同じである．

(2) 圧密過程の計算　　施工期間が粘土地盤の圧密に比べて短い，すなわち，施工中の非排水条件が想定できる場合には，瞬時載荷ののちに圧密が進行したものとして解析する．荷重が一定速度で増加する定率漸増荷重の場合，これに対応する圧密理論も提案されているが，一般には図 5.15 のような近似図式解法が用いられる．

　たとえば，盛土が連続的に盛り立てられて，時刻 t_0 までに q_0 の目標荷重が載荷される場合を考える．荷重 q_0 が時刻 $t = 0$ で瞬時に載荷された場合の圧密沈下曲線は，図 5.15 の破線のようになる．時刻 t_0 では荷重 q_0 が $t_0/2$ 時間載荷されたのと同等の圧密沈下が生じ，t_0 以降は瞬時載荷の場合と同じ進行度合いで圧密が進むと仮定すると，漸増載荷の場合の圧密沈下曲線は以下のようにして求めることができる．

① 図 5.15 において，瞬時載荷の場合の沈下量を示す点 A から時間軸に平行に引いた線と時刻 t_0 からの垂線との交点 B を求めると，漸増載荷終了時刻 t_0 での沈下量になる．

② 漸増載荷途中（$t < t_0$）での沈下量は，荷重強度が t/t_0 の割合で小さいことを考慮して，以下のように求める．瞬時載荷による時間 $t/2$ での沈下量を示す点 C から，時間軸に平行な線を引いて t_0 からの垂線との交点 D を求め，時間軸の原点と点 D を結ぶ直線と時間 t からの垂線との交点 E を求める．

③ 時間 t_0 以降の圧密曲線は，瞬時載荷の圧密曲線 F から G のように，$t_0/2$ 時間だけ移動させることによって求める．

　荷重の載荷が段階的に行われる場合には，各荷重段階ごとに生じる圧密曲線を上記の方法で求めておいて，これを重ね合わせる．

≫5.4.5　多層粘土地盤の圧密

　自然の粘土地盤は，図 5.16 のように，深度方向に土質の異なる複数の層からなって

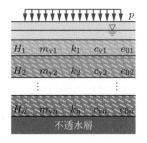

図 5.16　多層粘土地盤

いることが多い．このような地盤を，多層粘土地盤とよぶ．ここでは，多層粘土地盤
の圧密沈下量とその時間経過の予測方法について述べる．

(1) 沈下量の計算　　　粘土層を均質と見なすことのできるいくつかの層に分割したう
えで，各層ごとに沈下量の計算に必要なパラメータを設定し，5.4.1 項で述べた方法に
従って各層の沈下量を求め，それらを加え合わせればよい．

(2) 圧密過程の計算　　　多層粘土地盤では，各層の圧密中に隣り合う層との間で間隙
水の出入りがあるから，それぞれの層の圧密過程は互いに影響し合う．したがって，各
層の圧密過程を独立に扱うのではなく，全層を一体として時間 – 沈下関係を求める必
要がある．そのためには，つぎの二つの境界条件のもとで，層の数だけの圧密方程式
(5.7) を連立させて解く必要がある．

- 隣り合う 2 層の境界において流入，流出する間隙水の量は等しい
- 隣り合う 2 層の境界における有効応力は等しい

　多層粘土地盤の圧密沈下 – 時間経過を大まかに予測したい場合には，対象地盤全体
を一つの圧密係数 c_v で代表される単一の層として扱う略算法が用いられる．この場合
の圧密係数 c_v の設定方法として，以下のような方法がある．

① 層厚の重みをつけて各層の c_v を平均する．

② 各層の $1/c_v$ の平均から求める．

③ 体積圧縮係数 m_v と透水係数 k のそれぞれの平均から求める．

④ m_v と $1/k$ のそれぞれの平均から求める．

⑤ 厚さ H_i で圧密係数 c_{vi} をもつ複数の層を，次式のように任意に選んだ圧密係数
　c_{v0} をもつ厚さ H' の単一層に換算する（換算層厚法）．

$$H' = H_1\sqrt{\frac{c_{v0}}{c_{v1}}} + H_2\sqrt{\frac{c_{v0}}{c_{v2}}} + \cdots + H_i\sqrt{\frac{c_{v0}}{c_{vi}}} + \cdots \tag{5.24}$$

各層の圧密特性の違いが小さい場合には①が用いられることが多いが，圧密特性の違
いが大きい場合には⑤の方法が用いられる．

　なお，実施工においては施工中の地盤の沈下量を計測し，施工初期の沈下量 – 時間

関係の計測値から圧密係数を逆算し，その後の沈下量を予測することができる.

≫ 5.4.6　地下水位の低下による圧密

　地下水位が低下すると，粘土層内に過剰間隙水圧が発生し，これが消散して有効応力が増大する過程で粘土層の圧密が起こり，地盤沈下が生じる. 図 5.17 は，上部の不圧地下水の砂層と，下部の被圧地下水の砂層に挟まれた粘土層において，地下水の汲み上げにより砂層中の地下水位（水頭）が低下する三つの場合を想定したものである.

① 上部砂層の水頭のみが低下した（不圧地下水の低下）場合（図 5.17(a)）：上部砂層の水位のみが Δh だけ低下し，下部砂層の水頭は変わらない場合，点 B の水圧は変わらないので，粘土層内の水圧分布は初期の AB から最終的に A′B に変化する. したがって，最終的な水圧分布を基準にすると，ABA′ の部分が過剰間隙水圧に相当し，これが消散して有効応力に変化する過程で圧密沈下が起こる.

② 下部砂層の水頭のみが低下した（被圧地下水の低下）場合（図 5.17(b)）：下部砂層の水頭のみが Δh だけ低下し，上部砂層の水位は変わらない場合，点 A の水圧は変わらないので，粘土層内の水圧分布は初期の AB から最終的に AB′ に変化する. したがって，ABB′ の部分が過剰間隙水圧となる.

③ 上部砂層，下部砂層ともに水頭が低下した場合（図 5.17(c)）：不圧地下水，被圧地下水ともに Δh の水頭低下が生じた場合，粘土層内の水圧分布は AB から A′B′ に変化する. したがって，ABB′A′ が過剰間隙水圧となる.

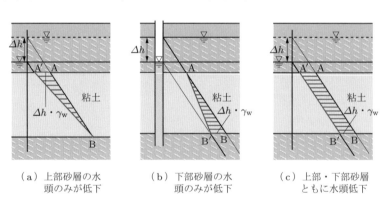

（a）上部砂層の水
　　頭のみが低下
（b）下部砂層の水
　　頭のみが低下
（c）上部・下部砂層
　　ともに水頭低下

図 5.17　地下水位の低下による圧密

（1）沈下量の計算　　沈下量の計算は基本的に 5.4.1 項で説明した方法によるが，土層の中央深さの応力増分を圧密応力 Δp とすればよいから，①，②の場合は $\Delta p = \gamma_{\mathrm{w}} \Delta h / 2$ とし，③の場合は $\Delta p = \gamma_{\mathrm{w}} \Delta h$ として計算する.

（2）圧密過程の計算　　圧密沈下の経時変化の計算は，5.4.2 項で説明した手順に従

う.この際,初期過剰間隙水圧の分布は,①～③に対して,それぞれ図 5.17(a)～(c)に示した通りである.境界条件として,③の場合は両面排水となるが,①,②については以下のように考える.

① 下部砂層の水圧不変とする.したがって,過剰間隙水圧の排水方向は上部砂層に向かう片面排水である.

② 上部砂層の水圧不変とする.したがって,過剰間隙水圧の排水方向は下部砂層に向かう片面排水である.

例題 5.4 図 5.17(a) において,厚さ 4.0 m の粘土層から採取した試料についての圧密試験結果により,圧密係数 $c_v = 1.85 \times 10^{-7}$ [m²/s] が得られた.この地盤に生じる最終沈下量の 1/2 の沈下を生じるのに要する日数を求めよ.

解 下部砂層の水圧が変わらず,過剰間隙水圧の排水方向が上部砂層に向かう片面排水の条件であることから,$d = 4.0$ [m] である.また,初期過剰間隙水圧 u_0 が逆三角形分布であることから,図 5.10 のケース③から圧密度 50% に対応する時間係数 $T_v = 0.092$ である.よって,圧密時間はつぎのようになる.

$$t = \frac{d^2}{c_v}T_v = \frac{4^2 \times 0.092}{1.85 \times 10^{-7}} \text{ [s]} = \frac{4^2 \times 0.092 \times 10^7}{1.85 \times 86400} = 92 \text{ [day]}$$

≫ 5.4.7 二次圧密

5.4.1～5.4.6 項では,土の圧縮特性がテルツァギーの仮定に従うものとして説明してきた.すなわち,土の圧縮特性が弾性的であるとすれば,過剰間隙水圧がゼロに近づくと圧密度が 100% に近づき,圧密は終了することになる.しかし,圧密試験結果から得られる実際の圧密曲線は,図 5.18 に示すように,過剰間隙水圧がほぼゼロになった後も沈下が継続する.圧密試験結果の圧密量 – 時間曲線のうち,圧密度 100% までの圧密理論に従う部分を一次圧密(primary consolidation)といい,それ以降の部分を二次圧密(secondary consolidation)という.二次圧密は,一定の有効応力の

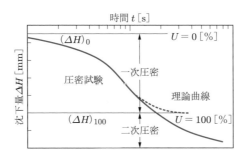

図 5.18 一次圧密と二次圧密

もとでの土骨格の変形にともなって，圧縮ひずみが徐々に増大する現象（クリープ：creep）によるものである．

　圧密試験のように，試料の厚さが薄い場合には，全体の圧密量に比べて二次圧密の割合が比較的大きく目立って発生する．しかし，層厚の大きい実際の粘土地盤の圧密では，二次圧密は長期にわたって生じる一次圧密の中に包含されて顕著に現れないことが多い

▶5.5　圧密促進工法◀

　5.4節までで述べてきたことは，圧密現象に関わるマイナス部分であるが，プラスの面もある．それは，圧密の結果として生じる地盤の密度増加である．これによって地盤の強さが増すことから，時間さえ許せば，最も確実な地盤改良の手段となる．そこで，地盤が破壊しない程度にゆっくりした速度で盛土をし，その荷重で圧密沈下を起こさせて地盤の強度を増加させたうえで，目的の構造物の基礎地盤とするプレローディング工法とよばれる地盤改良方法がある．

　粘土地盤や高有機質土地盤などの，いわゆる軟弱地盤の圧密が完了するまでにはきわめて長い時間を要する．そこで，圧密を早期に終わらせ，かつ地盤の強度を増加させるために，各種の圧密促進工法が考案され，実用化されている．

　この節では，代表的な圧密促進工法の例として，バーティカルドレーン工法について説明する．

　バーティカルドレーン（vertical drain）工法は，透水性の高い材料を用いて軟弱地盤中に人工の鉛直排水層を多数設け，圧密荷重によって発生した過剰間隙水圧の排水方向を水平方向に導いて排水距離を短縮し，圧密を促進する工法である．図5.19は，バーティカルドレーン工法の一種であるサンドドレーン（sand drain）工法の例を示したものである．この工法では，まず0.5〜1 m厚さ程度のサンドマット（sand mat）を軟弱粘土地盤上に敷設したうえで，鉛直の排水路として直径400 mm程度のサンド

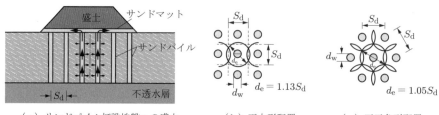

（a）サンドパイル打設地盤への盛土　　（b）正方形配置　　（c）正三角形配置

図5.19　サンドドレーン工法

パイル（sand pile）とよばれる砂の柱を $1.5 \sim 2\,\mathrm{m}$ 程度の間隔で打設する．この上に，所定の高さの盛土を施工する．この工法の原理は，盛土荷重によって粘土地盤内に生じた過剰間隙水圧の排水方向を，サンドパイルに向かう放射方向の流れに変えることによって，排水距離を短縮することにある．圧密に要する時間は排水距離の 2 乗に比例するから，圧密時間を大幅に短縮することができる．なお，サンドパイルに流入した粘土層からの排水は，サンドパイル内を鉛直に流れたのち，サンドマットを経由して外部に排出される．

サンドドレーン工法の場合の圧密時間は，水平方向（放射方向）の排水が主体となる．この場合の圧密速度は，バロン（Barron, R.A.）によって提案された次式[5.5] を用いて計算する．

$$U = 1 - \exp\left(-\frac{8T_{\mathrm{h}}}{F(n)}\right) \tag{5.25}$$

$$F(n) = \frac{n^2}{n^2-1}\ln(n) - \frac{3n^2-1}{4n^2} \tag{5.26}$$

ここで，T_{h} は放射方向排水の場合の時間係数，$n = d_{\mathrm{e}}/d_{\mathrm{w}}$ であり，d_{w} はサンドパイルの直径，d_{e} は**等価集水径**とよばれ，図 5.19 で 1 本のサンドパイルを囲む正方形または六角形の集水範囲を，その面積に等しい円に置き換えたときの円の直径である．サンドパイルの中心間隔を S_{d} とすると，等価集水径は図 5.19 を参照して，正方形配置の場合 $d_{\mathrm{e}} = 1.13S_{\mathrm{d}}$，三角形配置の場合 $d_{\mathrm{e}} = 1.05S_{\mathrm{d}}$ で求められる．したがって，平均圧密度 U – 時間係数 T_{h} の関係は n をパラメータとして，式 (5.25), (5.26) を用いて直接計算するか，計算結果を表示した図 5.20 を利用して求めることができる[5.6]．すなわち，指定された平均圧密度 U に対応する時間係数 T_{h} を U – T_{h} 関係から求めれば，その圧密度に達するのに要する時間 t は次式で表される．

$$t = \frac{d_{\mathrm{e}}{}^2}{c_{\mathrm{h}}}T_{\mathrm{h}} \tag{5.27}$$

ここで，c_{h} は水平方向の圧密係数であるが，乱れの少ない試料を用いて水平方向の圧密係数を求めるのは困難であることから，$c_{\mathrm{h}} \fallingdotseq c_{\mathrm{v}}$ として c_{v} で代用することが多い．

サンドドレーン工法ではバーティカルドレーンとしてサンドパイルを用いるが，ドレーン材として幅 $100\,\mathrm{mm}$，厚さ $3\,\mathrm{mm}$ 程度の厚紙を用いたペーパードレーン（paper drain）あるいはカードボードドレーン（card board drain）が開発され，さらに近年ではプラスチック樹脂などを用いたプラスチックボードドレーン（plastic board drain）による **PVD**（prefabricated vertical drain）**工法**が主流となっている．この場合のドレーンの直径の設定など詳細については，文献 [5.7] を参照するとよい．

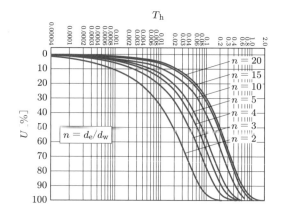

図 5.20　サンドドレーン工法に対する平均圧密度 – 時間係数関係[5.6]

例題 5.5　砂層に挟まれた厚さ $10\,\mathrm{m}$ の粘土層がある．この層から採取した試料について圧密試験をした結果，圧密係数 $c_\mathrm{v} = 4.00 \times 10^{-8}\,[\mathrm{m}^2/\mathrm{s}]$ が得られた．以下の問いに答えよ．

(1) 地盤の表面に広範囲にわたって載荷された盛土荷重によって，粘土層が最終沈下量の $1/2$ の沈下を生じるのに要する日数を推定せよ．ただし，盛土荷重によって生じる地盤内応力は，深さ方向に一様に分布すると仮定する．

(2) (1) において，直径 $450\,\mathrm{mm}$ のサンドパイルを中心間隔 $2.0\,\mathrm{m}$ で正方形配置で施工したとすると，圧密時間がどの程度短縮できるかを求めよ．なお，粘土の圧密係数は水平方向も鉛直方向も同じとする．

解　(1) 両面排水条件から，排水距離 $d = 10/2 = 5\,[\mathrm{m}]$ である．また，最終沈下量の $1/2$ という条件と初期過剰間隙水圧の一様分布の条件から，図 5.10 で圧密度 50% に対応する時間係数 $T_\mathrm{v} = 0.197$ である．よって，圧密時間は，つぎのようになる．

$$t = \frac{d^2}{c_\mathrm{v}}T_\mathrm{v} = \frac{5^2 \times 0.197}{4.00 \times 10^{-8}}\,[\mathrm{s}] = \frac{5^2 \times 0.197 \times 10^8}{4.00 \times 86400} = 1425\,[\mathrm{day}]$$

(2) 等価集水径は $d_\mathrm{e} = 1.13 S_\mathrm{d} = 1.13 \times 2.0 = 2.26\,[\mathrm{m}]$ で，$n = d_\mathrm{e}/d_\mathrm{w} = 2.26/0.45 = 5.02$ である．図 5.20 で $n = 5.02$，$U_\mathrm{h} = 50\%$ に対する $T_\mathrm{h} = 0.08$ なので，式 (5.27) より圧密時間はつぎのようになる．

$$t = \frac{d_\mathrm{e}^2}{c_\mathrm{h}}T_\mathrm{h} = \frac{(2.26)^2 \times 0.08}{4.00 \times 10^{-8}}\,[\mathrm{s}] = \frac{(2.26)^2 \times 0.08 \times 10^8}{4.00 \times 86400}\,[\mathrm{s}] = 118\,[\mathrm{day}]$$

したがって，サンドドレーン工法によって圧密時間は $118/1424 \fallingdotseq 1/12$ に短縮される．

▶演習問題◀

5.1 砂層に挟まれた厚さ 8 m の飽和粘土層がある．この層から採取した粘土試料に対する圧密試験結果から，粘土の現在の間隙比は 1.85 で，将来予定される圧密荷重によって圧密後の間隙比が 1.60 になると推定される．この粘土層の沈下量を求めよ．

5.2 図 5.21 に示す地盤上に 2 m 厚さで広く載荷された，単位体積重量 17.5 kN/m^3 の盛土荷重による粘土層の圧密沈下量を求めよ．

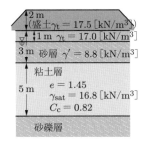

図 5.21 広範囲の盛土荷重による粘土層の圧密

5.3 砂層に挟まれた厚さ 6 m の飽和粘土層がある．地盤の表面に広範囲にわたって施工された盛土荷重によって粘土層の深さ方向に一様な応力増分が生じた．圧密係数 $c_v = 1.13 \times 10^{-7}$ [m^2/s] として，圧密度 50% に達するのに要する日数を求めよ．また，1 年後の圧密度を求めよ．

5.4 厚さ 4 m の飽和粘土層が砂層に挟まれている．この層から採取した 20 mm 厚さの試料についての圧密試験（両面排水）の結果，15 分で圧密度 90% に達した．深さ方向に一様に発生した応力増分によって，この粘土層が圧密度 90% に達するのに要する時間を求めよ．

5.5 演習問題 5.2 において粘土層の下部に 4 m 厚さの礫層があり，その下部は不透水性の岩盤からなっているとする．盛土の載荷前に上部砂層の水位が 1 m，礫層の水頭が 5 m 同時に急激に低下した場合を想定して，以下の問いに答えよ．

  (1) 水位低下直後の間隙水圧の分布を図示せよ．

  (2) 低下した後の水位（水頭）がそのまま維持されるものとして，間隙水圧分布の最終形を図示せよ．

  (3) 水位低下による圧密沈下量を求めよ．

  (4) 粘土層の圧密係数を $c_v = 9.26 \times 10^{-8}$ [m^2/s] として，水位低下によるこの地盤の最終沈下の 1/2 の沈下を生じるのに要する時間を推定せよ．

第6章

土の締固め

道路の盛土，河川堤防や宅地造成のための盛土，さらにはフィルダムなど，土でつくられる構造物（土構造物）の築造にあたっては土を締固めて力学的性質を改善する技術が必要となる．土の締固めの技術は，墳墓の築造にみられるように古代から経験的に発達し，伝承され，さまざまな土構造物の築造に利用されてきた．この章では，締固めの原理と試験方法，締固めた土の性質について述べたのち，現場における締固め施工への応用などについて解説する．

▶6.1　締固めの目的，機構とその試験方法

土にエネルギーを加えて密度を高め，力学的性質を改善し，安定性を高めることを土の締固め（soil compaction）という．土の締固め特性は，土質，含水比および締固めの過程で加えられる仕事量（締固めエネルギー）の大小によって異なる（詳細は 6.1～6.3 節参照）．したがって，土構造物を築造するにあたっては，事前に室内試験を行い，一定の方法で締固めたときの締固め特性を把握しておく必要がある．この節では，締固めの目的，機構と締固め試験の方法について説明する．

⋙6.1.1　締固めの目的，機構

土を締固めることの目的は，土の密度を高めることによって力学的な安定度を高めることにある．すなわち，密度が高まって間隙比が減少すると，強度が増加し，透水性，圧縮性が低下する．

プロクター（Proctor, R.R.）は，土の締固めの原理と締固め試験の方法およびフィルダムの施工への適用法を提案した．現在，世界各国で採用されている締固め試験方法は，プロクターの方法を基本にしたものである．わが国においても，JIS A 1210「突固めによる土の締固め試験方法」に規定された方法が用いられている．

一定のエネルギーで土の含水比を変えながら締固めを行うと，湿潤密度 ρ_t と含水比 w の組み合わせの測定値が得られる．第2章で示した関係

$$\rho_d = \frac{\rho_t}{1 + (w/100)} \tag{2.14 再}$$

を用いて乾燥密度 ρ_d を算出し，乾燥密度 ρ_d と含水比 w の関係をプロットして曲線でつなぐと，一般に図 6.1 に示すような**締固め曲線**（compaction curve）が得られる．曲線の頂点の乾燥密度を**最大乾燥密度**（maximum dry density）$\rho_{d\,max}$，これに対応する含水比を**最適含水比**（optimum moisture content）w_{opt} とよぶ．

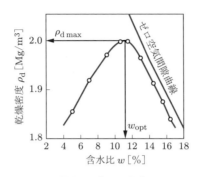

図 6.1　締固め曲線

締固め土の間隙中に占める空気の部分（空気間隙）の体積 V_a の全体積 V に対する割合を**空気間隙率** $v_a(= (V_a/V) \times 100\,[\%])$ とすると，ρ_d と w および v_a の関係は 2.2 節の諸式から次式のように導かれる．

$$\rho_d = \frac{\rho_w(1 - v_a/100)}{\rho_w/\rho_s + w/100} \tag{6.1}$$

ここで，ρ_w，ρ_s はそれぞれ水の密度および土粒子の密度である．式 (6.1) において，$v_a = 0$ としたときの ρ_d と w の関係が，図 6.1 におけるゼロ空気間隙曲線であり，空気間隙がゼロの状態（飽和度 $S_r = 100\,[\%]$）での各含水比における理論上の最大乾燥密度を表す．

式 (6.1) と同様にして，ρ_d と w および飽和度 S_r の関係を導くことができ，次式で表される．

$$\rho_d = \frac{\rho_w}{\rho_w/\rho_s + w/S_r} \tag{6.2}$$

締固め試験において，土の種類によっては自然状態の含水比から試験を開始した場合と，いったん乾燥させた場合で試験結果が大きく異なる場合もある（詳細は 6.3 節参照）が，通常はいったん乾燥させてから試験をはじめる．この際，水を加えて含水比を上げながら締固めを行うと，間隙水は土粒子相互の潤滑剤としてはたらき，密度が増加し，間隙水の表面張力によって粒子間に結合力が生じて強度が増大する．さらに水を加えて含水比を増大させると，土粒子間の潤滑もより一層よくなり，土粒子の移動が容易になる結果，土は最も密な状態に至る．この状態が最適含水比状態である．

さらに含水比が増大すると，土粒子間の間隙は飽和状態に近づくが，締固め力に反発する間隙水圧の発生により密度の増大が進まないどころか，逆に乾燥密度は低下する.

≫ 6.1.2　締固め試験方法

　突固めによる土の締固め試験では，図 6.2 に示すようにモールドとよばれる金属製容器の中に試料土を入れ，ランマーとよばれる規定質量のおもりを規定落下高さで自由落下させて繰り返し締固めを行う．JIS A 1210 として規定されている試験方法[6.1, 6.2]には，表 6.1 に示すように，用いるランマーやモールドの大きさなどにより A～E の 5 種類が，また試料の準備方法により a～c の 3 種類がある．試験の実施にあたっては，築造される構造物や土の種類，粒径などに応じて，表 6.1 のうちのいずれかの試験方法を選択する．たとえば，試験方法で A を，試料の準備方法で b を用いた場合，A－b 法とよぶ.

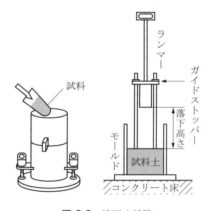

図 6.2　締固め試験

表 6.1　締固め方法の種類[6.2]

呼び名	ランマー質量 [kg]	ランマー落下高さ [mm]	モールド内径 [mm]	モールド容積 ×10³ [mm³]	突固め層数	各層の突固め回数	許容最大粒径 [mm]	準備する試料の必要量 [kg]		
								乾燥法繰返し法 a	乾燥法非繰返し法 b	湿潤法非繰返し法 c
A	2.5	300	100	1000	3	25	19	5	3 × 組数	3 × 組数
B	2.5	300	150	2209	3	55	37.5	15	6 × 組数	6 × 組数
C	4.5	450	100	1000	5	25	19	5	3 × 組数	3 × 組数
D	4.5	450	150	2209	5	55	19	8	—	—
E	4.5	450	150	2209	3	92	37.5	15	6 × 組数	6 × 組数

| 例題 6.1 | 体積 $1000 \times 10^3 \, \text{mm}^3$ のモールドを用い，JIS A 1210 による締固め試験によって，表 6.2 のような結果を得た．以下の問いに答えよ．ただし，土粒子の密度は $2.640 \, \text{Mg/m}^3$ とする． |

(1) 締固め曲線とゼロ空気間隙曲線を描き，最適含水比および最大乾燥密度を求めよ．

(2) 飽和度 90% の線および空気間隙率 10% の線を図中に描け．

表 6.2 締固め試験の結果

含水比 [%]	6.75	7.82	9.86	12.76	14.85	16.87	17.40
土の質量 [g]	1849	1904	2007	2117	2079	2028	2008

解 　与えられた条件をもとに，湿潤密度 ρ_t と含水比から乾燥密度 ρ_d を求め，式 (6.1)，(6.2) から $v_\text{a} = 0$[%] のときの乾燥密度 $\rho_{\text{d}(v_\text{a}=0)}$，$S_\text{r} = 90$[%] のときの乾燥密度 $\rho_{\text{d}(S_\text{r}=90)}$，および $v_\text{a} = 10$[%] のときの乾燥密度 $\rho_{\text{d}(v_\text{a}=10)}$ を計算すると，表 6.3 のようになる．

この結果を図示すると，図 6.3 のようになる．これより，最適含水比 $w_\text{opt} = 12.4$[%]，最大乾燥密度 $\rho_{\text{d max}} = 1.885$ [Mg/m^3] である．

表 6.3 締固め試験の計算結果

含水比 [%]	6.75	7.82	9.86	12.76	14.85	16.87	17.40
ρ_t [Mg/m^3]	1.849	1.904	2.007	2.117	2.079	2.028	2.008
ρ_d [Mg/m^3]	1.732	1.766	1.827	1.877	1.810	1.735	1.710
$\rho_{\text{d}(v_\text{a}=0)}$ [Mg/m^3]	2.241	2.188	2.095	1.975	1.896	1.826	1.809
$\rho_{\text{d}(S_\text{r}=90)}$ [Mg/m^3]	2.204	2.147	2.048	1.921	1.839	1.766	1.748
$\rho_{\text{d}(v_\text{a}=10)}$ [Mg/m^3]	2.017	1.969	1.885	1.777	1.707	1.644	1.628

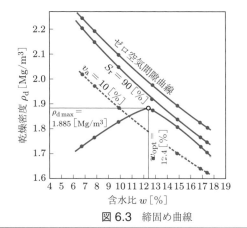

図 6.3 締固め曲線

　締固め曲線は締固めエネルギーの影響を大きく受け，図 6.4 に示すように，エネルギーが大きいほど左上方に位置し，$\rho_{d\,max}$ は大きく，w_{opt} は低くなる．試料の突固め方法は 2.5 kg または 4.5 kg ランマーを用いる方法で大別され，さらにモールドの容積と突固め層数から試料の許容最大粒径が規定されている．締固めエネルギー E_c [kJ/m^3] は，次式で定義される．

$$E_c = \frac{W_R \cdot H \cdot N_L \cdot N_B}{V} \tag{6.3}$$

ここで，W_R：ランマーの重量 [kN]，H：ランマーの落下高さ [m]，N_L：締固め層数，N_B：層あたりの突固め回数，V：モールドの容積 [m^3] である．この定義によれば，表 6.1 の A，B 法では $E_c \fallingdotseq 550$ [kJ/m^3]，C～E 法では $E_c \fallingdotseq 2500$ [kJ/m^3] となる．これらは，試験結果の利用目的によって選択される．たとえば，道路土工においては，路体や路床の締固めでは A，B 法が，高い安定性を得るために十分な締固めが要求される路盤の締固めでは C～E 法が採用される．

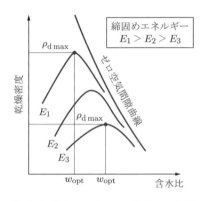

図 6.4　締固めエネルギーと締固め曲線

　試料の準備方法には，乾燥法と湿潤法がある．多くの土では両方法とも同じ試験結果を得るので，通常は含水比調整の容易な**乾燥法**（試料をいったん乾燥させてから徐々に含水比を増やして締固める方法）が用いられる．しかし，火山灰質粘性土や凝灰質細砂などは，試料の準備方法によって結果が異なるため，自然含水比を中心として空気乾燥，または加水して含水比を調整する**湿潤法**が採用される．

　また，通常の試験では，繰り返し，同じ試料を用いて含水比を調整しながら突固める**繰返し法**が用いられるが，まさ土や凝灰質砂のように，締固めによって土粒子が破砕されやすい試料土の場合には，各含水比ごとに新しい試料を使用する**非繰返し法**が選択される．

例題 6.2　土の締固めエネルギーに関する以下の問いに答えよ.

(1) 内径 100 mm, 体積 1000×10^3 mm^3 のモールドを用いて, 質量 2.5 kg ランマーによって落下高さ 300 mm として 3 層 25 回で締固めるときの締固めエネルギーを求めよ.

(2) 質量 4.5 kg ランマーを用い, 落下高さ 450 mm として, (1) と同じ締固めエネルギーになるように 5 層で締固めるには各層何回の突固め回数にすればよいかを求めよ.

解　(1) 式 (6.3) を用いると, つぎのようになる.

$$E_c = \frac{W_R \cdot H \cdot N_L \cdot N_B}{V}$$
$$= \frac{2.5 \times 9.80 \times 0.3 \times 3 \times 25}{10^3 \times 10^{-6}} = \frac{551.25 \, [\text{kg·(m/s}^2)\text{·m}]}{10^{-3} \, [\text{m}^3]}$$
$$= 551.25 \, [\text{kN·m/m}^3] \fallingdotseq 551 \, [\text{kJ/m}^3]$$

(2) $551.25 = 4.5 \times 9.80 \times 0.45 \times 5 \times N_B$ より, $N_B = 5.56$ となる. よって, 突固め回数は各層 6 回とすればよい.

▶6.2　締固めた土の性質◀

① 強度：一般に, 締固めた土の強度は, 乾燥密度が高いほど大きく, 図 6.5(b) に示すように, 最適含水比 w_{opt} よりわずかに乾燥側で最大となる. しかし, この状態では, 試料は不飽和状態にあるため, 締固めた土を水浸させると吸水して飽和状態に近づき, それまで作用していた間隙内に水分を保持する力（サクション）が消失することにより, 強度が大きく低下する.

② 圧縮性：締固め土の圧縮性は, 図 6.5(c) に示すように, 乾燥密度が高いほど低く, w_{opt} よりわずかに乾燥側で最小値を示すが, 水浸後の圧縮性は強度の場合と同じ理由で増大し, w_{opt} 付近で最小となる.

③ 透水係数：締固め土の透水係数は, 図 6.5(d) に示すように, 乾燥密度が高いほど小さく, w_{opt} よりわずかに湿潤側で最小値を示す.

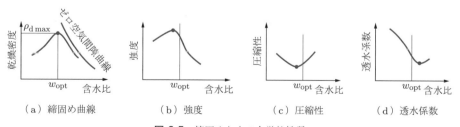

図 6.5　締固めた土の力学的性質

　以上で述べたような締固め土の特性を考慮し，実施工においては，最適含水比または わずかに湿潤側を目標に施工される．

▶6.3　土の種類と締固め特性◀

　締固め特性は，土の種類によって大きく異なる．図 6.6 は，土の粒径加積曲線と締固め曲線との関係を示したものである．一般に，両者の間には，以下のような傾向がある．

- 粒径幅の広い粗粒土ほど，締固め曲線は鋭いピークを示し，左上方に位置する．その結果，$\rho_{d\,max}$ が大きく，w_{opt} は低い．
- 細粒分の多い土ほど，締固め曲線はなだらかな形状となり，右下方に位置する．その結果，$\rho_{d\,max}$ が小さく，w_{opt} は高い．

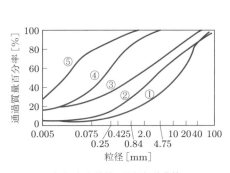

（a）各土試料の粒径加積曲線

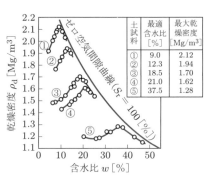

土試料	最適含水比 [%]	最大乾燥密度 [Mg/m³]
①	9.0	2.12
②	12.3	1.94
③	18.5	1.70
④	21.0	1.62
⑤	37.5	1.28

（b）各土試料の締固め曲線

図 6.6　土の種類と締固め曲線[6.2]

　以上は一般的な傾向であるが，高含水比の火山灰質粘性土や粒子破砕を生じやすい土などは一般的な傾向からかけ離れた締固め特性を示すので，これらの土の締固めでは，とくに注意する必要がある．なお，図 6.4 に示したように，一般にエネルギーが大きいほど密度が増加するが，含水比の高い状態の粘性土を大きな締固めエネルギーで繰り返し締固めると，締固めの進行とともに強度が低下する**オーバーコンパクション**（over compaction：過転圧）とよばれる状態が現れる．

⏵⏵⏵6.3.1　高含水比火山灰質粘性土の締固め

　関東ロームなどの自然含水比の高い火山灰質粘性土においては，締固め方法，締固めエネルギーが同じでも，締固め開始前の試料の乾燥処理の程度によって，図 6.7 のよ

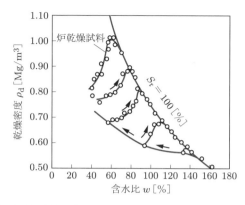

図 6.7　実験開始時の乾燥状態が締固め曲線に及ぼす影響（関東ロームの例）[6.3]

うに締固め曲線が大きく異なる．すなわち，締固め開始時の含水比が低いほど $\rho_{d\,max}$ が大きく，w_{opt} は低くなる．このような土に対して，6.1.2 項で説明した**乾燥法**による締固め試験結果に基づいて現場の密度および施工時の含水比（施工含水比）を規定すると，現実に不可能な施工を要求することになる．したがって，試料の準備方法として**湿潤法**を適用しなければならない．

≫≫ 6.3.2　粒子破砕を生じやすい土の締固め

図 6.8 は，突固めによる締固め試験中に土粒子の破砕を生じやすい砂質土に対し，繰返し法と非繰返し法による試験結果を比較したものである．すなわち，前者では加水して含水比を上げながら同じ試料を繰り返して用い，後者では含水比の異なる組数だけ同一試料を用意し，それぞれについて締固めを行ったものである．図のように，試料

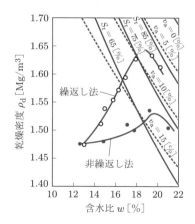

図 6.8　破砕しやすい土についての異なる試験方法による締固め試験結果の比較[6.1]

の準備方法の違いによって $\rho_{\mathrm{d\,max}}$ に大きな違いがみられる．繰返し法の $\rho_{\mathrm{d\,max}}$ が大きいのは，粒子破砕によって細粒分が増大した結果，締固まりやすい粒度分布に変化したためである．このように，繰返し法では，本来の地盤と違って，過大な $\rho_{\mathrm{d\,max}}$ を与えるおそれがあるため，このような試料に対しては非繰返し法を適用すべきである．

▶6.4　締固め施工への利用 ◀

一般に，現場における締固め曲線を得ることは容易でないから，通常の締固め施工においては，室内締固め試験から得られる $\rho_{\mathrm{d\,max}}$ や w_{opt} をもとに目標とする密度や施工含水比などの管理基準を定め，これを確保するように締固め機械や施工法の選定が行われる．さらに，締固め施工を管理するために，所定の締固めが行われているかどうかの評価を行う．ここでは，それらの評価方法を説明する．

≫6.4.1　密度による施工管理

盛土の締固めの程度は，その土の室内締固め試験による $\rho_{\mathrm{d\,max}}$ と現場で測定された乾燥密度 ρ_{d} との比，すなわち次式の締固め度 $D_{\mathrm{c}}\,[\%]$ で確認する．

$$D_{\mathrm{c}} = \frac{\rho_{\mathrm{d}}}{\rho_{\mathrm{d\,max}}} \times 100 \tag{6.4}$$

図 6.9 のように，締固め度の規定値は，$D_{\mathrm{c}} \geq 90\,[\%]$ とするのが一般的である．一般に，この方式は**密度管理**（あるいは **D 値管理**）とよばれ，盛土の締固め管理の標準的な方法となっている．

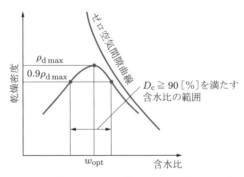

図 6.9　締固め度による施工含水比の範囲の決定

| 例題 6.3 | 【例題 6.1】で締固め試験を行った土を用いる現場の工事において，締固め度 95% 以上で締固めるように規定されたとする．この仕様を満足するための施工含水比の範囲を求めよ． |

解 式 (6.4) より，

$$\rho_{\mathrm{d}} = \frac{D_{\mathrm{c}} \times \rho_{\mathrm{d\,max}}}{100} = \frac{95 \times 1.885}{100} = 1.791\,[\mathrm{Mg/m^3}]$$

となる．【例題 6.1】の締固め曲線（図 6.3）から $\rho_{\mathrm{d}} \geqq 1.791\,[\mathrm{Mg/m^3}]$ を与える含水比の範囲は，$8.4 \leqq w \leqq 15.5[\%]$ である．

≫≫ 6.4.2　空気間隙率または飽和度による管理

6.3.1 項で説明したように，関東ロームなどの火山灰質粘性土の自然含水比は最適含水比よりも著しく高く，施工含水比の調整が困難なため，自然含水比で施工せざるを得ない．この場合には，空気間隙率 $2 \leqq v_{\mathrm{a}} \leqq 10[\%]$，または飽和度 $85 \leqq S_{\mathrm{r}} \leqq 95[\%]$ のように規定し，自然含水比で施工する．表 6.4 は，締固め管理方法と規定値の例で，表中の特別規定値 D_{s} とは，大径礫や破砕性の材料のように室内締固め試験の適用が困難な材料の場合に，試験盛土によって最大乾燥密度を決定し，これを基準密度として締固め度を規定するものである．また，表の＊2 のトラフィカビリティーとは，建設機械の走行，作業上満足すべき力学特性である．空気間隙率 v_{a} で管理する場合には，式 (6.1) より描いた図 6.10 の空気間隙率一定曲線を利用する．すなわち，これらの曲線は，v_{a} が図中のそれぞれの値で（$v_{\mathrm{a}} = 5, 10[\%]$ など）一定のときの ρ_{d} と w の関係を表す．一方，飽和度 S_{r} で管理する場合には，式 (6.2) による飽和度一定曲線（図 6.10）を用いる．

　空気間隙率または飽和度を用いて上記のように規定することの意義は，この状態で

表 6.4　締固め管理方法と規定値の例[6.4]

区　分	仕上り厚さ	管理基準値					施工含水比
		土砂区分	締固め度 $D_{\mathrm{c}}[\%]$	特別規定値 $D_{\mathrm{s}}[\%]$	空気間隙率 $v_{\mathrm{a}}[\%]$	飽和度 $S_{\mathrm{r}}[\%]$	
土砂	300 mm 以下	粘性土	―＊1		10 以下	85 以上	＊2
		砂質土	90 以上 (A, B 法)	―	―	―	
		40 mm 以上の粒径が主体	―	90 以上			
岩塊	試験施工により決定	試験施工により決定					

＊1　粘性土材料で締固め度管理が可能な場合は，この表の砂質土の基準を適用してもよい．

＊2　締固め度管理の場合は，図 6.9 中に矢印で示す範囲．空気間隙率，飽和度管理の場合は，自然含水比またはトラフィカビリティーが確保できる含水比である．

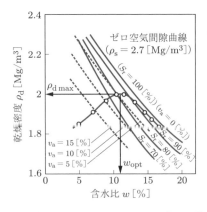

図 6.10　空気間隙率または飽和度による締固め管理[6.2]

締固められた土は，施工後に湿潤状態あるいは水浸状態におかれても空気間隙率が小さく水の浸入する余地が少ないため，力学的に安定した構造物が築造可能という点にある．なお，各機関における管理項目と規定値の比較には，文献 [6.1] が参考になる．

》6.4.3　締固め施工と密度・含水比測定

　現場における土の締固めは，振動ローラ，タンピングローラ，タイヤローラなど，図 6.11 に示す各種締固め機械を用いて施工されるが，それらは土質と盛土の構成部分に応じて，一般に表 6.5 のように使い分けられる．現場での締固めでは，含水比のほ

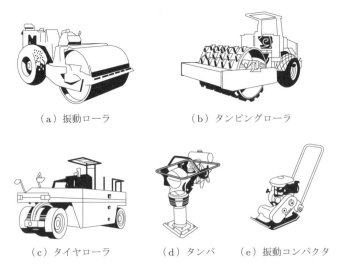

（a）振動ローラ　　　　　　　　　（b）タンピングローラ

（c）タイヤローラ　　　（d）タンパ　　（e）振動コンパクタ

図 6.11　各種の締固め機械

表 6.5 　土質と盛土の構成部分に応じた締固め機械の使い分け[6.4]

盛土の構成部分	土質区分	ロードローラ	タイヤローラ	振動ローラ	自走式タンピングローラ	被けん引式タンピングローラ	ブルドーザ 普通型	ブルドーザ 湿地型	振動コンパクタ	タンパ	備考
盛土 路体	岩塊などで掘削締固めによっても容易に細粒化しない岩			◎					*	*大	硬岩
	風化した岩, 泥岩, シルト岩などで部分的に細粒化してよく締固まる岩など		○大	◎	○	○			*	*大	軟岩
	単粒度の砂, 細粒分の欠けた切込砂利, 砂丘の砂など			○					*	*	砂 礫まじり砂
	細粒分を適度に含んだ粒度のよい締固めが容易な土, まさ, 山砂利など		◎大	○	○				*	*	砂質土 礫まじり砂質土
	細粒分は多いが鋭敏性の低い土, 低含水比の関東ローム, 砕きやすい泥岩, シルト岩など		○大		◎	◎				*	粘性土 礫まじり粘性土
	含水比調整が困難でトラフィカビリティーが容易に得られない土, シルト質の土など						●				水分を過剰に含んだ砂質土
	関東ロームなど, 高含水比で鋭敏性の高い土						●	●			鋭敏な粘性土
路床	粒度分布のよいもの	○	◎大	◎					*	*	粒調材料
	単粒度の砂および粒度の悪い礫まじり砂, 切込砂利など	○	○大	◎					*	*	砂 礫まじり砂
裏込め			○	◎小					*	*	ドロップハンマーを用いることもある
のり面	砂質土			◎小					◎	*	
	粘性土			○小			○		○	*	
	鋭敏な粘土, 粘性土							●		*	

◎：有効なもの，○：使用できるもの，●：トラフィカビリティーの関係で，ほかの機械が使用できないのでやむを得ず使用するもの，大：大型のもの，小：小型のもの
* 施工現場の規模の関係で，ほかの機械が使用できない場所でのみ使用するもの

かに，締固め機械の種類，重量，走行速度，まき出し厚（1 層あたりの厚さ），転圧回数（締固め回数）などが重要な指標となる．重要な土構造物の施工にあたっては，施工機械と条件を変えて事前に現地試験（転圧試験）を行う．

　締固め施工を管理するためには，現場の土の含水比と，締固め後の土の密度を迅速に把握する必要がある．含水比測定の基本は 2.2.4 項で述べた JIS A 1203 によるが，短時間で現在の含水比を知り，現場の施工含水比に反映させる際には，電子レンジを用いる方法（JGS 0122）がよく利用される．

　現場における密度の測定方法（**現場密度試験**）[6.5, 6.6] としては，対象地点の地盤表面の土を掘り出してその質量をはかるとともに，掘った孔の体積を測定して密度を求める方法と，放射性同位元素（RI）を用いる **RI 法**がある．前者の場合，密度が既知の材料を試験孔に充填し，充填に要した材料の質量と密度から試験孔の体積を算定する．充填する材料として水を用いる水置換法や，粒径のそろった砂を用いる JIS A 1214「砂置換法による土の密度試験方法」がある．

　RI 法は，γ 線が土中を透過するときに土の密度に応じて透過量が変化すること，また中性子線が水素原子に衝突するとエネルギーを失って熱中性子線に変化する性質を利用して，土の密度と含水比を測定する方法である．

》》》6.4.4　締固めた土の強度特性評価

　締固めた土の強度特性を評価し，道路の路床，路盤としての適性を判定するために，CBR（California bearing ratio：路床土支持力比）試験[6.1, 6.2] が行われる．

　CBR は締固めた供試体の表面に，直径 50 mm のピストンを 2.5 mm または 5 mm 貫入させたときの荷重強さを，標準荷重強さ（貫入量 2.5 mm で 6.9 MN/m²，貫入量 5 mm で 10.3 MN/m²）に対する百分率で表したもので，次式で表される．

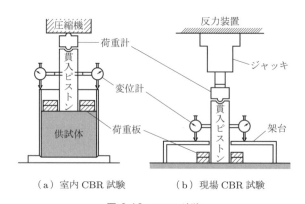

（a）室内 CBR 試験　　　　（b）現場 CBR 試験

図 6.12　CBR 試験

$$CBR = \frac{荷重強さ}{標準荷重強さ} \times 100 \, [\%]$$

図 6.12(a) の室内で締固めた供試体に対して貫入抵抗を調べる試験を室内 CBR 試験，図 (b) の現場で行う試験を現場 CBR 試験[6.5] とよぶ．CBR 試験は，路床土を対象とした試験結果を，アスファルト舗装の厚さの決定に用いたり（**設計 CBR**），路盤や盛土に用いる材料の適否の判定に利用したり（**修正 CBR**）する．

▶演習問題◀

6.1 ある盛土材料について突固め試験を行い，表 6.6 のような結果を得た．締固め曲線とゼロ空気間隙曲線を描き，最適含水比と最大乾燥密度を求めよ．ただし，この土の土粒子密度は $2.670 \, \mathrm{Mg/m^3}$ とする．

表 6.6　突固め試験の結果

含水比 [%]	12.8	15.1	18.2	21.4	24.6	26.7	29.0
乾燥密度 [Mg/m³]	1.38	1.41	1.48	1.56	1.55	1.51	1.46

6.2 演習問題 6.1 の材料を用い，締固め試験と同じ締固めエネルギーで盛土の締固め施工を行う．$D_c \geqq 95[\%]$ で締固めるための含水比の範囲を求めよ．

6.3 表 6.1 について，A〜E の各方法における締固めエネルギーを計算せよ．

第7章

土のせん断特性

土の斜面が崩れずに形を保っていたり，水平な地盤の表面に建物の荷重が載ったときに，ある範囲の荷重までは大きな沈下が生じたり建物が傾いたりしないのは，地盤が変形に対して抵抗するからで，これをせん断抵抗とよんでいる．一般に，物体にゆがみによる変形（せん断変形）を与えるような力が加わったとき，力の大きさが小さいうちはわずかな変形しか生じないが，ある限界の大きさを超える力が加わると，変形が急激に大きくなり，物体は破壊に至る．この章では，外力の作用によって地盤が破壊に至る場合の，土の変形とせん断強さについて説明する．

▶ 7.1 土の変形とせん断強さ ◀

図 7.1 に示すように，盛土や切土による斜面の崩壊に対する安定計算や，擁壁背後の斜面からの圧力（土圧）の算定，基礎地盤上の構造物を安定的に支持する問題など，いずれにおいても，図中に示すすべり面を境にして，土塊がずれて動くのを防ぐことが基本的課題となる．

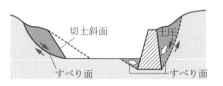

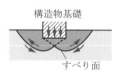

図 7.1 土のせん断強さと地盤の安定問題

これは土の自重や外力によって地盤内に**せん断応力**（物体にせん断変形を発生させる応力：shear stress）が発生し，その大きさに応じて土にせん断変形が生じるとともに，すべりに抵抗しようとする力が土中に生じる．この力は**せん断抵抗**（shear resistance）とよばれる．せん断抵抗の大きさには限度がある．すなわち，この場合の**土の強さ**はせん断抵抗の最大値であり，これを**せん断強さ**（shear strength）とよぶ．一般に，材料の強さといえば，せん断のほかに**引張り**，**圧縮**，**曲げ**に対する強さが想定されるが，土の塊を手にして引張ったり，曲げたりした際の抵抗から明らかなように，引張りや曲げに対する強さは圧縮強さやせん断強さに比べてかなり小さい．粘土地盤の斜面が

崩壊する際に斜面の上部に発生する引張り亀裂を除いて, 地盤の破壊はせん断破壊になるから, 地盤の強さはせん断強さで評価される. したがって, 土のせん断強さの推定は重要な課題である.

▶7.2 地盤内応力の表示方法

地盤内の任意深さにある土の要素の応力状態を示したのが図 7.2 で, 図 (a) は地盤の表面が傾斜している場合, 図 (b) は水平地盤で地震力などが作用していない場合である. 図 7.2(a) の場合, 要素の各面上には, 面に垂直に作用する垂直応力（normal stress）σ, 平行に作用する**せん断応力**（shear stress）τ がはたらいている.

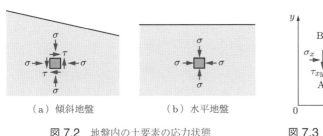

(a) 傾斜地盤	(b) 水平地盤

図 7.2 地盤内の土要素の応力状態 **図 7.3** 要素内の任意の面
上に作用する応力

地盤内の一点のまわりの応力状態を表すには, 本来 3 次元座標で微小六面体の各面にはたらく応力を考える必要がある. しかし, 盛土・切土斜面の安定, 擁壁にはたらく土圧の評価などの地盤工学上の問題は, 奥行き方向に長い構造物を対象とすることが多く, その変形は奥行き方向に直交する平面内で起こる. したがって, 奥行き方向にはたらく応力やひずみをとくに考慮せずに, 2 次元問題として解析することができる. このような背景から, ここでは図 7.3 に示す 2 次元の微小な長方形要素（辺長: dx, dy）の境界面に応力がはたらくときに, 要素内の任意の面上にはたらく応力を求める方法について考える. 図中のせん断応力 τ の添え字は, 最初の添え字が応力のはたらく面に直交する軸の方向を, 2 番目の添え字が応力のはたらく方向を示す. たとえば, τ_{xy} は x 軸に垂直な面に作用する y 軸方向のせん断応力を表す. 垂直応力 σ については, 応力のはたらく面に直交する軸の方向と応力のはたらく方向が一致するので, 添え字は一つだけで表す. たとえば, σ_x は x 軸に垂直な面に作用する x 軸方向の垂直応力を表す. なお, 紙面に垂直な方向（z 軸方向）の辺長は単位奥行き（$dz = 1$）とする.

この要素の面 AB から, 反時計回りに任意の傾斜角 θ をなす面 BC にはたらく垂直

応力 σ とせん断応力 τ を求めてみよう．要素が地盤内で静止状態にあるためには，力のモーメントおよび外力のつり合い条件

$$\sum M = 0, \quad \sum F_x = \sum F_y = 0$$

を満たす必要がある．そこで，これらの条件から，面 BC 上の σ, τ と x, y 面上の σ_x, $\sigma_y, \tau_{ry}, \tau_{yr}$ の関係を導くことを考える．

≫ 7.2.1　モーメントのつり合い

図 7.3 の三角形要素 ABC の境界にはたらく力の，モーメントのつり合いを考える．回転モーメントの軸となる点をどこに選んでもよいが，斜面上の中点 m を選べば，計算は簡単になる．すなわち，$\sigma_x, \sigma_y, \sigma, \tau$ による力の作用線は点 m を通るから，モーメント計算には τ_{xy} と τ_{yx} のみを考えればよい．図から，AB, AC はそれぞれ，

$$\mathrm{AB} = ds \cdot \cos\theta, \quad \mathrm{AC} = ds \cdot \sin\theta$$

であり，τ_{xy} および τ_{yx} に対するモーメントの腕の長さ l_1, l_2 は，それぞれ以下のように表される．

$$l_1 = \frac{1}{2}\mathrm{AC} = \frac{1}{2}ds \cdot \sin\theta, \quad l_2 = \frac{1}{2}\mathrm{AB} = \frac{1}{2}ds \cdot \cos\theta$$

モーメントのつり合い条件 $\left(\sum M = 0\right)$ から，

$$\tau_{xy} \cdot ds \cdot \cos\theta \cdot l_1 - \tau_{yx} \cdot ds \cdot \sin\theta \cdot l_2 = 0$$

が成り立つので，これに l_1, l_2 を代入すると，次式の関係が得られる．

$$\tau_{xy} = \tau_{yx} \tag{7.1}$$

式 (7.1) と図 7.3 から，直交する二つの面にはたらくせん断応力 τ_{xy}, τ_{yx} は，大きさが等しく互いに向き合っていることがわかる．

≫ 7.2.2　力のつり合い

x, y 方向それぞれについて，力のつり合いを考える．なお，以下の計算においては τ_{yx} を τ_{xy} に置き換えて考える．

まず，x 方向のつり合い $\left(\sum F_x = 0\right)$ から，次式を得る．

$$-\sigma ds \cdot \cos\theta - \tau ds \cdot \sin\theta + \sigma_x \cdot ds\cos\theta - \tau_{xy} \cdot ds\sin\theta = 0$$

つぎに，y 方向のつり合い $\left(\sum F_y = 0\right)$ から，

$$-\sigma ds \cdot \sin\theta + \tau ds \cdot \cos\theta + \sigma_y \cdot ds\sin\theta - \tau_{xy} \cdot ds\cos\theta = 0$$

が得られるので，この連立方程式を解くと，次式を得る．

$$\sigma = \frac{\sigma_x + \sigma_y}{2} + \frac{\sigma_x - \sigma_y}{2}\cos 2\theta - \tau_{xy}\sin 2\theta \tag{7.2}$$

$$\tau = \frac{\sigma_x - \sigma_y}{2}\sin 2\theta + \tau_{xy}\cos 2\theta \tag{7.3}$$

式 (7.2), (7.3) が，任意の面上の応力 σ, τ を求める一般式である．

▶7.3　モールの応力円

⋙7.3.1　モールの応力円による任意面の応力状態の表示

式 (7.2) を変形すると，次式が得られる．

$$\sigma - \frac{\sigma_x + \sigma_y}{2} = \frac{\sigma_x - \sigma_y}{2}\cos 2\theta - \tau_{xy}\sin 2\theta$$

上式と式 (7.3) の両辺を，それぞれ 2 乗して加え合わせると，次式を得る．

$$\left(\sigma - \frac{\sigma_x + \sigma_y}{2}\right)^2 + \tau^2 = \left(\frac{\sigma_x - \sigma_y}{2}\right)^2 + \tau_{xy}{}^2 \tag{7.4}$$

式 (7.4) は図 7.4(a) に示すように，中心および半径が，それぞれ

$$\left(\frac{\sigma_x + \sigma_y}{2}, 0\right), \quad \left\{\left(\frac{\sigma_x - \sigma_y}{2}\right)^2 + \tau_{xy}{}^2\right\}^{1/2}$$

の円を表す．すなわち，地盤内の任意点において，図 7.3 のような応力状態にある場

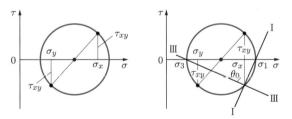

（a）任意面の応力状態の表示　　（b）主応力と主応力面の方向

図 7.4　モールの応力円

合に，この点を通る任意の面上の応力 (σ, τ) は上記の円上の点の座標で表現できる．図 7.4(a) の円はモール（Mohr, O.）によって応力計算の図解法として提唱されたことから，**モールの応力円**とよばれる．

なお，モールの応力円を描くにあたっては，以下の規約に従う．

① 垂直応力 σ は圧縮を正とする：地盤材料は圧縮に比べて引張り抵抗がきわめて小さいことから，垂直応力としては圧縮応力が問題の対象となる．

② せん断応力 τ は要素に反時計回りの回転モーメントを与える場合を正とする：通常はせん断応力に正負を付けることなく，絶対値のみを考えることが多い．しかし，図 7.4(a) のように，σ–τ 座標にモールの応力円を描く場合，応力点を円周上の位置 (σ, τ) にプロットすることになるので，τ にも便宜上正負を設ける．

③ 面の方向を表す角 θ は，反時計回りを正とする．

≫ 7.3.2　主応力

式 (7.2), (7.3) から，任意の面上にはたらく垂直応力 σ，せん断応力 τ はその面の方向を表す角 θ の関数となっており，θ の変化によって大きさが変化することがわかる．この変化の様子は，モールの応力円（図 7.4(a)）上の各点の座標で表される．図 7.4(a) のモールの応力円から，垂直応力 σ が最大値 σ_1 あるいは最小値 σ_3 を示す場合があって，σ_1, σ_3 に対応するせん断応力 τ はゼロとなる．このように，ある面にはたらくせん断応力がゼロの場合の，その面にはたらく垂直応力を**主応力**（principal stress）といい，σ_1 を**最大主応力**，σ_3 を**最小主応力**とよぶ．また，σ_1, σ_3 のはたらく面を**最大主応力面**，**最小主応力面**とよぶ．

そこで，主応力面の方向を表す θ と主応力の大きさを求めるために，式 (7.3), (7.4) において $\tau = 0$ とすると，次式が得られる．

$$\tan 2\theta = \frac{-2\tau_{xy}}{\sigma_x - \sigma_y} \tag{7.5}$$

$$\sigma = \sigma_1, \sigma_3 = \frac{\sigma_x + \sigma_y}{2} \pm \frac{1}{2}\sqrt{(\sigma_x - \sigma_y)^2 + 4\tau_{xy}{}^2} \tag{7.6}$$

式 (7.5) を満足する一つの角を θ_0 とすると，

$$2\theta = \tan^{-1}\left(\frac{-2\tau_{xy}}{\sigma_x - \sigma_y}\right) = 2\theta_0,\ 2\theta_0 + \pi$$

よって，

$$\theta = \theta_0,\ \theta_0 + \frac{\pi}{2} \tag{7.7}$$

の関係が得られる．したがって，主応力面は2面存在し，それらは互いに直交 $(\theta_0, \theta_0 + \pi/2)$ することがわかる．式 (7.5), (7.6) の関係，すなわちモール円の両端と σ 軸 $(\tau = 0)$ との交点 σ_1, σ_3 $(\sigma_1 > \sigma_3)$ と，式 (7.7) を満たす角 θ_0 および主応力面の方向を図 7.4(a) に描き加えたものが図 (b) であり，I–I, III–III が主応力面の方向を表している．

⟫⟫⟫ 7.3.3　主応力表示のモールの応力円

図 7.3 で，$\tau_{xy} = 0$ である場合，すなわち x, y 面が主応力面である場合，σ_x, σ_y は主応力となる．そこで，式 (7.2), (7.3) で $\tau_{xy} = 0$, $\sigma_x = \sigma_1$, $\sigma_y = \sigma_3$ と書き換えると，

$$\sigma = \frac{\sigma_1 + \sigma_3}{2} + \frac{\sigma_1 - \sigma_3}{2} \cos 2\theta \tag{7.8}$$

$$\tau = \frac{\sigma_1 - \sigma_3}{2} \sin 2\theta \tag{7.9}$$

が得られる．式 (7.8), (7.9) について，式 (7.2), (7.3) と同様の整理をすると，

$$\left(\sigma - \frac{\sigma_1 + \sigma_3}{2} \right)^2 + \tau^2 = \left(\frac{\sigma_1 - \sigma_3}{2} \right)^2 \tag{7.10}$$

となり，図 7.5(a) のような $((\sigma_1 + \sigma_3)/2, 0)$ を中心とし，$(\sigma_1 - \sigma_3)/2$ を半径とするモールの応力円で表される．あらかじめ (σ_1, σ_3) がわかっていれば，σ 軸上に $\mathrm{OA} = \sigma_1$, $\mathrm{OB} = \sigma_3$ をとり，$\mathrm{AB}(= \sigma_1 - \sigma_3)$ を直径とする円を描けばよい．図 7.5(b) に示すように，最大主応力面と θ をなす面に作用する垂直応力 σ とせん断応力 τ の大きさは，円の中心を点 C として $\angle \mathrm{DCA} = 2\theta$ となる点 D の座標 (σ, τ) によって与えられる．

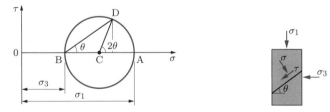

（a）主応力による任意面の応力状態の表現　　（b）最大主応力面と θ をなす面上の応力

図 7.5　主応力が既知の場合のモールの応力円

⟫⟫⟫ 7.3.4　用極法

任意の面上に作用する σ と τ を求める図式解法として，モールの応力円の極（pole）を用いる方法がある．極は「ある面に作用する応力の大きさとその面の方向がわかっ

ているとき，モールの円上にプロットされたこの応力を表す点から，応力の作用面に平行に引いた直線とモールの応力円との交点」で定義される．極を用いると，ある面に作用する応力の大きさと方向が既知の場合に，ほかの任意の面上の応力の大きさと作用方向を求めることができる．これを**用極法**（pole method）とよぶ．

　図 7.6(a) に示す任意の面 aa′ とこれに直交する面 bb′ にはたらく応力が既知の場合を例に，用極法について説明する．図 7.6(b) の $\sigma - \tau$ 座標に，(σ_a, τ_a), (σ_b, τ_b) をプロットする．7.3.1 項で説明した規約から，図 7.6(b) の点 A のように τ_a を正の側にプロットする．点 A，B を通る（AB を直径とする）円を描くと，これがモールの応力円となり，横軸を切る点はそれぞれ最大主応力 σ_1，最小主応力 σ_3 を表す．つぎに，点 $A(\sigma_a, \tau_a)$ を通って図 7.6(a) の面 aa′ に平行な線を引き，モールの応力円との交点を求めると，これが極 P となる．また，極 P を通って，最大・最小主応力を表す点 $(\sigma_1, 0)$, $(\sigma_3, 0)$ を通る直線は，それぞれ最大・最小主応力面の方向を表し，図 7.6(a) の I–I, III–III は図 7.6(b) の I–I, III–III の方向に平行に引いたものである．なお，図 7.6(a) の aa′ または bb′ に対して任意の角をなす面の応力の大きさは，図 (b) で極 P から aa′ または bb′ に平行な線に対してその角をなす直線を引いてモールの応力円との交点で与えられる．

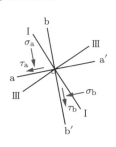
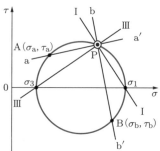

（a）任意面上の応力状態　　　（b）極と最大・最小主応力面

図 7.6　用極法

例題 7.1　図 7.7 のように，最大主応力 $\sigma_1 = 200\,[\mathrm{kN/m^2}]$，最小主応力 $\sigma_3 = 80\,[\mathrm{kN/m^2}]$ が作用している土の要素がある．最大主応力面と 60° をなす面に作用する垂直応力 σ と，せん断応力 τ を解析的方法と用極法によって求めよ．

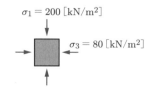

図 7.7　土の要素にはたらく応力

解　(1) 解析的方法：式 (7.8), (7.9) において $\theta = 60°$ とすると，σ と τ はそれぞれつぎのようになる.

$$\sigma = \frac{\sigma_1 + \sigma_3}{2} + \frac{\sigma_1 - \sigma_3}{2}\cos 2\theta = \frac{200 + 80}{2} + \frac{200 - 80}{2}\cos(2 \times 60°) = 110\,[\text{kN/m}^2]$$

$$\tau = \frac{\sigma_1 - \sigma_3}{2}\sin 2\theta = \frac{200 - 80}{2}\sin(2 \times 60°) = 52\,[\text{kN/m}^2]$$

(2) 用極法：まず，$\sigma_1 = 200\,[\text{kN/m}^2]$ と $\sigma_3 = 80\,[\text{kN/m}^2]$ でモールの応力円を描く（図 7.8）．σ_1 の座標点から，図 7.7 で σ_1 が作用している面（最大主応力面）に平行な線を引いてモールの応力円との交点を求めると，σ_3 の座標点が極 P となる．したがって，極 P を通って最大主応力面と反時計回りに $\theta = 60°$ をなす直線を引いてモールの応力円との交点を求めればよい（図 7.8）.

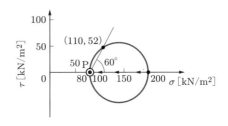

図 7.8　用極法

▶7.4　土の破壊規準

　土がせん断破壊に至るときの条件を表す式を**破壊規準**（failure criterion）とよび，この条件式を求めるためにせん断試験が行われる．せん断試験には，せん断応力載荷型と主応力載荷型の二つの試験方法がある．この節では，二つのタイプの試験方法による試験結果から土の破壊規準の導き方を示す．それぞれの試験の詳細については，7.5 節で述べる.

≫7.4.1　せん断応力載荷型のせん断試験結果
　図 7.9 はせん断応力載荷型試験の一種である直接せん断試験と，その試験結果を示

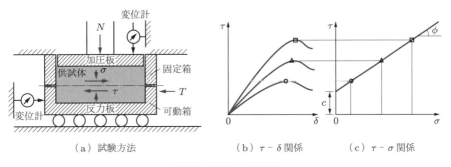

（a）試験方法　　　　　（b）τ-δ 関係　　　　（c）τ-σ 関係

図 7.9　直接せん断試験

したものである．この試験は上下二つに分かれる箱に土の供試体をセットし，あらかじめ設定したせん断面に，直接的に垂直応力 σ とせん断応力 τ を加える試験であることから，直接せん断試験とよばれる．図 7.9(b), (c) は，垂直応力 σ を3種類に変えて行った試験結果の例で，それぞれ σ の値を一定に保った状態でせん断応力を測定する．せん断応力 τ とせん断変位 δ の関係から得られる τ の最大値を示したものが図 7.9(b) で，これに対応する σ に対してプロットしたものが図 (c) である．なお，垂直応力 $\sigma\,[\mathrm{kN/m^2}]$ とせん断応力 $\tau\,[\mathrm{kN/m^2}]$ は次式で計算される．

$$\sigma = \frac{N}{A}, \quad \tau = \frac{T}{A}$$

ここで，N：垂直力 [kN]，T：せん断力 [kN]，A：供試体の断面積 $[\mathrm{m^2}]$ である．

図 7.9(c) からわかるように，破壊時の破壊面にはたらく垂直応力 σ_f とせん断応力 τ_f の関係は，以下に示す直線式で表される．

$$\tau_f = c + \sigma_f \tan\phi \tag{7.11}$$

式 (7.11) は，18世紀後半フランスの築城技術者であったクーロン（Coulomb, C.A.）によって見出されたもので，**クーロンの破壊規準**とよばれる．

≫≫ 7.4.2 　主応力載荷型のせん断試験結果

図 7.10 は，主応力載荷型試験の一種である三軸圧縮試験の概要を示したものである．三軸セルとよばれる圧力室にセットされた供試体に，流体圧（水圧または空気圧で載荷され，セル圧とよばれる）$\sigma_3\,[\mathrm{kN/m^2}]$ を加えた状態で，ピストンによる軸力 $P\,[\mathrm{kN}]$ を載荷する．軸力 P を供試体断面積 $A\,[\mathrm{m^2}]$ で割った値 $P/A = (\sigma_1 - \sigma_3)$ に，供試体の水平面に作用している σ_3 を加えると，

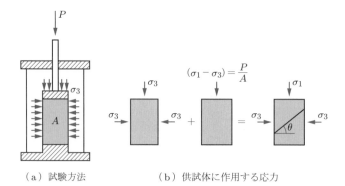

（a）試験方法　　　　　（b）供試体に作用する応力

図 7.10　三軸圧縮試験

$$(\sigma_1 - \sigma_3) + \sigma_3 = \sigma_1$$

となる。すなわち、供試体の水平面および側面に主応力 σ_1, σ_3 を加えて圧縮することから、三軸圧縮試験とよばれる。この試験では、図 7.10(b) に示すように供試体は水平面と θ の角度をなすせん断面に沿って破壊する。すなわち、主応力を載荷して圧縮することにより、間接的にせん断応力を発生させてせん断することから、間接型せん断試験ともよばれる。

　三軸圧縮試験の結果は、図 7.11 のように整理される。図 7.11(a) に、セル圧 σ_3 を 3 種類に変えて実施した試験における供試体の圧縮ひずみ ε に対する主応力差 $(\sigma_1 - \sigma_3)$ の関係を示す。これらの結果から得られる主応力差の最大値 $(\sigma_1 - \sigma_3)_f$ をもとに、

$$\sigma_{1f} = (\sigma_1 - \sigma_3)_f + \sigma_3$$

として、各セル圧 σ_3 に対する σ_{1f} をプロットしてモールの応力円を描くと、図 7.11(b) のようになる。これらの応力円に接するように描いた包絡線はモールの包絡線とよばれ、応力円がこの包絡線に接する状態に到達すると、その接点の応力を受ける面で土はせん断破壊する。一般に、モールの包絡線は直線とは限らず、単に破壊時のせん断応力 τ_f がせん断面上の垂直応力 σ の関数 $f(\sigma)$ で表されるものとして、

$$\tau_f = f(\sigma) \tag{7.12}$$

のように表記される。式 (7.12) はモールの破壊規準とよばれる。

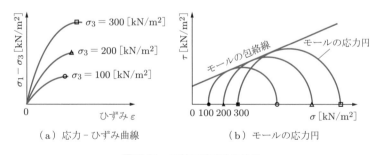

（a）応力 - ひずみ曲線　　　　（b）モールの応力円

図 7.11　三軸圧縮試験の結果

≫≫ 7.4.3　モール・クーロンの破壊規準

　直接せん断試験、あるいは三軸圧縮試験の結果から、クーロンの破壊規準またはモールの破壊規準のせん断応力 τ_f の値を超えると、土は破壊に至ることがわかる。式 (7.11) で示されるクーロンの破壊規準は、本来、全応力によって表記されたものであるが、

第4章で述べたように，土の変形に対する抵抗は有効応力に支配されることから，式 (7.11) を有効応力によって書き換え，あわせて破壊面上で発揮される最大のせん断抵抗 τ_f を**せん断強さ**（shear strength）$s\,[\mathrm{kN/m^2}]$ とすると，次式が得られる．

$$s(=\tau_f) = c' + \sigma' \tan\phi' = c' + (\sigma - u)\tan\phi' \tag{7.13}$$

式 (7.13) は，モールの破壊規準（式 (7.12)）の $f(\sigma)$ が直線式で表される場合に相当することから，**モール・クーロンの破壊規準**（Mohr-Coulomb's failure criterion）とよばれる．ここで，c'：**粘着力切片**（cohesion intercept）$[\mathrm{kN/m^2}]$（以後，簡単のために粘着力とよぶ），σ'：**有効垂直応力** $[\mathrm{kN/m^2}]$，ϕ'：**有効せん断抵抗角**（effective angle of shear resistance）$[°]$，u：間隙水圧 $[\mathrm{kN/m^2}]$ である．

例題 7.2	ある土について直接せん断試験を行って，表 7.1 のような結果を得た．この土の粘着力およびせん断抵抗角を求めよ．

表 7.1　直接せん断試験の結果

垂直応力 $\sigma\,[\mathrm{kN/m^2}]$	100	200	300	400
せん断強さ $s\,[\mathrm{kN/m^2}]$	65	113	161	206

解　図 7.12 のように，σ と s の関係をプロットすると，粘着力 $c = 18\,[\mathrm{kN/m^2}]$，せん断抵抗角 $\phi = 25.3°$ が得られる．

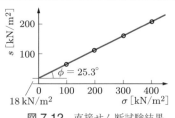

図 7.12　直接せん断試験結果

▶7.5　土のせん断強さの評価方法

土のせん断強さ s は，式 (7.13) に示すように，粘着力とせん断抵抗角に支配される．これらの値は同じ土でも多くの要因の影響を受け，とくに排水条件によって大きく変化する（詳細は 7.5.1～7.5.3 項参照）ことから，本書では粘着力とせん断抵抗角を**強度パラメータ**とよぶことにする．

土の強度パラメータを求めるためのせん断試験は，実験室で行う室内試験と，現場で行う原位置試験の二つに分けられる．**室内せん断試験**は，7.4 節で説明したように，せん断応力載荷型と主応力載荷型に分けられ，それぞれのタイプに属する試験として表 7.2 に示す試験方法の基準が定められている．一方，**原位置試験**としては，ベーンせん断試験などがある．

この節では，まずせん断試験結果に及ぼす影響要因として最も重要な排水条件につ

表 7.2　せん断試験の種類[7.1]

種　類			試験の原理	応力の載荷方法
せん断応力載荷型	側方拘束型	一面せん断試験 単純せん断試験 リングせん断試験		特定のせん断面または供試体の境界面に垂直力とせん断力を直接載荷（主応力方向変化）
	側方拘束非変位型	ねじりせん断試験 繰返しねじりせん断試験 室内ベーンせん断試験		
主応力載荷型	軸対称型	一軸圧縮試験 三軸圧縮試験 三軸伸張試験 繰返し三軸試験		供試体の境界面に主応力を載荷し，結果として生じるせん断面上の垂直応力，せん断応力を算定（主応力方向固定）
	三主応力型	平面ひずみ試験 三主応力制御試験		

いて説明する．つぎに，代表的な室内せん断試験として，せん断応力載荷型に属する一面せん断試験および主応力載荷型に属する三軸圧縮試験と一軸圧縮試験について，また原位置試験としてベーンせん断試験の概要について説明する（なお，個々の試験の詳細については，文献 [7.1], [7.2] を参照するとよい）．

≫≫7.5.1　排水条件

　土の強度パラメータは，土の種類によって異なるだけでなく，密度，含水状態，応力履歴などの土の状態によって変化し，さらにせん断時の排水条件やせん断速度によって大きな影響を受ける．土の種類が同じであれば，せん断強さに及ぼす影響要因の中で最も大きなものは密度である．したがって，土のせん断強さを調べる際に，事前に圧密を行うかどうか，またせん断中に密度の変化を許すかどうかは試験結果に大きな影響を与える．土が飽和状態にある場合には，乾燥状態に比べて体積変化が自由に行われず，とくに粘性土の場合には透水性の低さから，一般に体積変化にかなりの時間を要する．砂質土の場合でも，地震時のような急激な外力の作用下では，非排水の条件が成立することになり，過剰間隙水圧の上昇の結果生じる液状化現象はその典型例である．

　現場の排水条件は，部分排水の条件も含めれば無数の条件が存在することになるが，そのような条件を規定することは実用的でないので，せん断前（圧密過程）とせん断中

の排水の条件（体積変化条件）を組み合わせて標準的な排水条件を設けている．表 7.3 は，三軸圧縮試験と一面せん断試験について標準的な排水条件（体積変化条件）とそれらに対応する現場条件を示したものである．三軸圧縮試験では供試体からの間隙水の出入りを制御することで供試体の密度変化を制御する．一方，一面せん断試験では供試体の体積の変化を制御する．三軸圧縮試験の排水条件は非圧密非排水（unconsolidated undrained）UU，圧密非排水（consolidated undrained）CU，圧密排水（consolidated drained）CD の三つの条件であり，一面せん断試験の場合は圧密定体積（consolidated constant volume）CV および圧密定圧（consolidated constant pressure）CP の二つの条件である．これらの試験による強度パラメータの値は一般に異なるので，添え字を付けることによって，どの排水条件の試験による c, ϕ であるかを明確にする．

表 7.3　せん断試験における標準的な排水条件（体積変化条件）と対応する現場条件

試験条件の名称		外力の載荷過程		強度パラメータ	現場条件
		圧密過程	せん断過程		
三軸圧縮試験	非圧密非排水（UU）試験	非排水	非排水	c_u, ϕ_u	粘土地盤の短期安定問題（急速施工）
	圧密非排水（CU）試験	排水	非排水	s_u/p	原地盤を圧密させてから，急速施工
	圧密非排水（$\overline{\text{CU}}$）試験	排水	非排水	c', ϕ'	
	圧密排水（CD）試験	排水	排水	c_d, ϕ_d	砂地盤などの透水性のよい地盤の施工，地盤の長期安定問題
一面せん断試験	圧密定体積（CV）試験	排水	定体積（非排水）	$(c_{cu}, \phi_{cu}), s_u/p,$ (c', ϕ')	原地盤を圧密させてから，急速施工
	圧密定圧（CP）試験	排水	定圧（排水）	c_d, ϕ_d	砂地盤などの透水性のよい地盤の施工，地盤の長期安定問題

① **非圧密非排水試験（UU 試験）**：せん断前もせん断中も，供試体の体積変化を許さない条件のもとでの試験で，試験結果は粘土地盤に急速な盛土を行った場合などの安定性や地盤の短期的な支持力の検討など（**短期安定問題**）に用いられる．この試験から得られる強度パラメータは c_u, ϕ_u と表記される．

② **圧密非排水試験（CU, $\overline{\text{CU}}$ 試験）**：せん断前に，供試体に圧密応力を作用させて圧密を行ったのち（圧密過程），せん断過程では供試体の体積変化を許さない（非排水）条件下で行う試験である．試験結果は，圧密によって期待される土の強度増加の推定や，圧密後の地盤に盛土を急速に施工したときの地盤の安定性の検討などに用いられる．この試験から得られる強度パラメータは，圧密応力 p による

非排水せん断強さ（undrained shear strength）s_u の増加率 s_u/p と，有効応力表示の強度パラメータ c', ϕ' である．なお，c', ϕ' を求めるためには，せん断中に間隙水圧を測定し（$\overline{CU}$ 試験），試験結果を有効応力で表示する．CU 試験の目的は s_u/p を求めることであり，せん断中の間隙水圧の測定は行われない（CU, $\overline{CU}$ 試験の詳細は 7.5.3 項参照）．

③ **圧密排水試験（CD 試験）**：圧密後の供試体について，せん断中に供試体内に間隙水圧を発生させないように，体積変化を許しながら十分に遅い速度で（排水条件）載荷する試験である．試験結果は，砂質地盤などの透水性のよい地盤の静的な安定や，支持力の検討，粘性土地盤の**長期安定問題**の検討に用いられる．この試験から得られる強度パラメータは，c_d, ϕ_d と表記される．

④ **圧密定体積試験（CV 試験）**：圧密後の供試体について，せん断過程で供試体の体積が変化しないように垂直応力を制御しながら行う試験である（試験の詳細は 7.5.2 項参照）．試験結果は，圧密による強度増加の推定や圧密後の地盤に盛土を急速施工したときの地盤の安定性の検討などに用いられる．この試験から得られる強度パラメータは後述 7.5.2 項（1）に示すように c_{cu}, ϕ_{cu} と**強度増加率**（rate of strength increase）s_u/p および有効応力表示の強度パラメータ c', ϕ' である．

⑤ **圧密定圧試験（CP 試験）**：圧密後の供試体について，せん断面上の垂直応力を一定に保ちながら供試体内に間隙水圧を発生させないような速度で載荷する試験（試験の詳細は 7.5.2 項（2）参照）である．試験から得られる強度パラメータは c_d, ϕ_d であり，結果の利用は CD 試験と同様である．

≫ 7.5.2 直接せん断試験

　直接せん断試験（一面せん断試験）は，せん断応力載荷型試験の代表的な試験として，地盤工学会基準に定められている[7.1, 7.3]．わが国では，せん断試験の発展過程において三つに分かれるせん断箱に供試体を入れて二面でせん断する試験がかつて存在したこともあり，一面でのせん断であることを表すために，一面せん断試験の呼び名が使われている．本書においても，以後，一面せん断試験とよぶ．

　図 7.9(a) に，一面せん断試験の概要を示した．固定部分と可動部分の二つに分かれたせん断箱に，通常直径 60 mm，高さ 20 mm の円板状の供試体を納め，これに加圧板を介して垂直力を載荷した状態で，可動箱を水平方向に移動させてせん断力を加える．せん断中は垂直力，せん断力に加えて，垂直変位およびせん断変位を測定する．一面せん断試験は，試料が少なく短時間で圧密が終了する，試験方法が簡便であり排水条件でのせん断が容易である，実地盤で想定される 1 次元圧密および平面ひずみ条件を満足する，などの利点がある．この試験は最も古く（1930 年代）から行われてきたが，

当時は 7.5.1 項で述べた排水条件（体積変化条件）の制御が必ずしも容易でなかったことなどから，三軸試験のほうが多用されるようになった．その後，試験機の構造の改良および試験方法上の問題点の改善が進み，1997 年に試験方法の基準が制定された．

表 7.3 に示した**圧密定体積試験**および**圧密定圧試験**の排水条件は，それぞれ圧密非排水（$\overline{CU}$）条件および圧密排水（CD）条件に対応する．以下に，それらの試験の方法と得られる結果について説明する．

(1) 圧密定体積（CV）一面せん断試験　図 7.13(a) に示すように，圧密定体積（CV）一面せん断試験は，せん断中に垂直変位 ΔH が生じないように（定体積条件）垂直応力 σ を制御することによって，供試体の体積を一定に保ちながら毎分 0.2 mm のせん断速度を標準としてせん断する試験である．この試験で得られる最大せん断応力を，**定体積せん断強さ**という．この試験で，制御，測定される垂直応力（全応力）は，供試体の体積変化（この試験ではゼロ）を支配する有効応力に等しいため，飽和土では $\overline{CU}$ 試験と等価である．

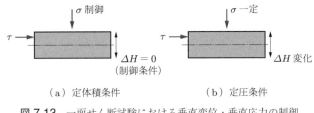

（a）定体積条件　　　　　　（b）定圧条件

図 7.13　一面せん断試験における垂直変位・垂直応力の制御

3～4 個の供試体に対して異なる圧密応力のもとで行った圧密定体積試験の結果から，以下の手順で強度パラメータを求めることができる．図 7.14 は，飽和正規圧密粘土について，圧密応力を $\sigma_{c1}, \sigma_{c2}, \sigma_{c3}$ に変えて実施した試験結果の**応力経路図**（試験中の σ と τ の変化を表した図：stress path）を描いたものである．

① せん断応力の最大値，すなわち定体積せん断強さ τ_f を圧密応力 σ_c の上にプロットし，(σ_c, τ_f) の点を通る直線から強度パラメータ c_{cu}, ϕ_{cu} を得る．$\tan \phi_{cu}$ は圧密応力 $p (= \sigma_c)$ に対する非排水強度 $s_u (= \tau_f)$ の増加率を表すから，

$$\frac{s_u}{p} = \tan \phi_{cu}$$

が得られる．

② 各応力経路の τ_f の点を通る直線から，有効応力による強度パラメータ c', ϕ' を得る．

強度増加率 s_u/p および有効応力表示の強度パラメータ c', ϕ' の利用に関しては，CU 三軸試験あるいは $\overline{CU}$ 三軸試験の場合と同じであるので次項 7.5.3 項で述べる．

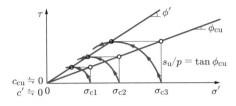

図 7.14 飽和正規圧密粘土の CV 一面
せん断試験における応力経路図

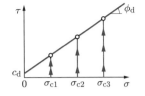

図 7.15 CP 一面せん断試験の結果

(2) 圧密定圧（CP）一面せん断試験 図 7.13(b) に示すように，圧密定圧（CP）一面せん断試験ではせん断面上の垂直応力 σ を一定に保ちつつ（定圧条件），排水条件を満足するような速度（標準的に砂で毎分 0.2 mm，粘土で毎分 0.02 mm）でせん断し，垂直変位 ΔH の変化を測定する．土のような粒状材料にせん断力が加わると，体積の変化を起こす（詳細は 7.6 節参照）．定圧試験中に体積変化が生じると，供試体とせん断箱との間に摩擦が生じるため，載荷している垂直応力がそのまません断面上の垂直応力とはならない．そこで，摩擦の影響がない状態でせん断面上の垂直応力を一定に保つためには，加圧板と反対側（図 7.9(a) の反力板側）で垂直応力の測定を行い，所定の垂直応力を常に一定に保つように制御する必要がある．

3〜4 個の供試体に対する圧密定圧試験の結果から，図 7.15 のように各垂直応力の試験におけるせん断強さの最大値，すなわち**定圧せん断強さ** τ_f を圧密応力 σ_c の上にプロットすると，(σ_c, τ_f) の点を通る直線から CP 試験の強度パラメータ c_d, ϕ_d が得られる．強度パラメータ c_d, ϕ_d は砂地盤のような透水性のよい地盤での施工や，粘土地盤にきわめてゆっくりした速度で載荷が行われる場合などの長期安定問題の解析に用いられる．

≫ 7.5.3 三軸圧縮試験

7.4.2 項で試験の概要を説明したが，ここでは，図 7.16 に典型的な三軸圧縮試験装置[7.1, 7.3] の例を示し，その構造や，試験の方法，得られる結果について述べる．三軸試験装置の主要部は三軸セルとよばれる圧力円筒と，載荷枠および載荷ピストンからなる軸方向載荷装置で構成される．ゴムスリーブで覆われた円柱状の供試体（直径 35〜100 mm で高さは直径の 1.5〜2.5 倍を標準）を，三軸セルのペデスタル上に設置し，等方的な流体圧（通常は水圧）を加えたうえで，ピストンによる軸方向力を作用させて供試体を軸方向に圧縮する．供試体の間隙水の出入りは加圧板（キャップ）中に組込まれた多孔板を通じて行われ，供試体の体積変化は飽和土の場合，排水量をビューレットや電子天秤などで測定する．間隙水圧は，ペデスタルに組込まれた多孔板を介

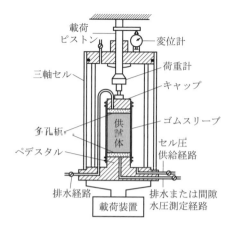

図 7.16　三軸圧縮試験装置の概要

して底盤側の排水経路に設けた電気式の間隙水圧計で測定する．なお，排水・非排水の制御は，底盤に設けられたバルブの開閉によって行う．

　三軸圧縮試験は，一面せん断試験と比べて供試体に作用する主応力が明確であり，排水条件の制御と間隙水圧の測定が比較的容易であることなどの特長を有している．最近では，各種計測機器の精度向上とコンピュータ制御システムの発展により，自動制御・記録が容易に行われるようになり，土の変形・強度特性を調べるための試験方法として最も普及している．

　一般に，三軸圧縮試験では，側方向応力（セル圧）σ_3 を一定に保った状態で主応力差 $(\sigma_1 - \sigma_3)$ を増加させるが，$(\sigma_1 - \sigma_3)$ を減少させるような試験（三軸伸張試験）も可能である．このほかに，圧密過程やせん断過程で供試体に加える応力の組み合わせをさまざまに変化させることが可能であり，また地震動や交通荷重など，繰返し荷重の作用下での土の変形・強度特性を求めるための繰返し三軸試験なども行うことができる．これらの各種三軸試験の詳細については文献 [7.1, 7.3] にゆずるとして，ここでは標準的な排水条件として定められている，3 種類の排水条件（UU，CU（$\overline{\text{CU}}$），CD）のもとでの三軸圧縮試験方法と，得られる試験結果について説明する．

(1) 非圧密非排水（UU）三軸圧縮試験　UU 三軸圧縮試験は，主として飽和粘土を対象とするもので，直径 35〜100 mm（高さは直径の 2 倍以上）を標準寸法とする円柱供試体に所定のセル圧を加え，非排水条件のまま毎分 1% のひずみ速度を標準として供試体を圧縮する．飽和粘土についての UU 三軸圧縮試験結果を示したのが図 7.17 で，セル圧 σ_3 を変えて試験を行っても，破壊時のモールの応力円の大きさは変わらず，応力円に対する包絡線から $\phi_u = 0$ を得る．このような結果は，飽和砂や高有機質土においても認められており，その理由は以下のとおりである．

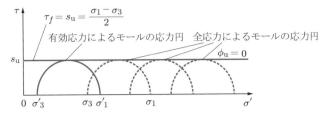

図 7.17　飽和粘土の UU 三軸圧縮試験結果

　非排水条件で加えられたセル圧 σ_3 の変化は，等量の間隙水圧 u の変化を生じる結果，有効応力 σ_3' に変化がなく（図中の複数の全応力によるモールの応力円に対して有効応力によるモールの応力円はただ一つ），土の密度や骨組み構造にも変化がないので，強度は変わらない．

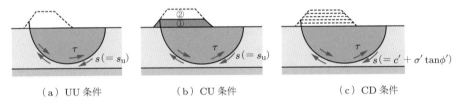

（a）UU 条件　　　　（b）CU 条件　　　　（c）CD 条件

図 7.18　飽和粘土地盤上への盛土の施工条件とせん断試験における排水条件との対応

　図 7.18 は，飽和粘土地盤に盛土を急速施工した場合（図 (a)），盛土を 2 段階に分けて第 1 段階の盛土による圧密終了後に第 2 段階の盛土を急速施工する場合（図 (b)），盛土を多層に分けて各段階で過剰間隙水圧が残留しないように緩速施工する場合（図 (c)）を，示したものである．

　図 7.18(a) の場合，盛土施工後時間とともに圧密が進行して強度が増大するため，施工直後に安定であれば，以後時間の経過にともなって安定度が増す．したがって，盛土直後の状態（非圧密非排水条件）で，図中のすべり面に沿うすべり破壊についての安定度を検討すればよい．そこで，UU 三軸圧縮試験の結果から $\phi_u = 0$ とし，せん断強さ $s = s_u$ を用いた安定解析が行われる．これを，**$\phi_u = 0$ 解析法**とよぶ．

| 例題 7.3 | 正規圧密状態の粘土地盤から採取した試料についてUU三軸圧縮試験を行って，表7.4のような結果を得た．モールの応力円を描き，この土のUU条件での強度パラメータを求めよ． |

表 7.4 UU 三軸圧縮試験の結果

供試体	①	②	③
セル圧 σ_3 [kN/m²]	100	200	300
主応力差の最大値 $\sigma_1 - \sigma_3$ [kN/m²]	126	125	126

解 各供試体の最大主応力を $\sigma_1 = \sigma_3 + (\sigma_1 - \sigma_3)$ として計算するとそれぞれ，
① 226 kN/m²，② 325 kN/m²，③ 426 kN/m² となる．したがって，モールの応力円は図7.19 のようになり，強度パラメータとして $\phi_u = 0$，$s_u = (\sigma_1 - \sigma_3)/2 = 63$ [kN/m²] が得られる．

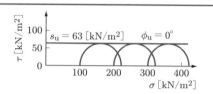

図 7.19 UU 三軸圧縮試験結果

(2) 圧密非排水 (CU, $\overline{\text{CU}}$) 三軸圧縮試験

CU($\overline{\text{CU}}$) 三軸圧縮試験は，主として飽和した粘性土を対象とし，直径 35～100 mm（高さは直径の2倍以上）を標準寸法とする円柱供試体に所定のセル圧を加えて圧密し，非排水条件で毎分1%のひずみ速度を標準として供試体を圧縮する．せん断過程で間隙水圧を測定し，試験結果から有効応力表示の強度パラメータ c', ϕ' を求めることを目的とする場合（この場合，$\overline{\text{CU}}$ 三軸圧縮試験と表記する）のひずみ速度は，シルト分の多い土で毎分 0.1% 程度，粘土分の多い土で毎分 0.05% 程度に設定される．

飽和状態の正規圧密粘土に対する $\overline{\text{CU}}$ 三軸圧縮試験の結果を示したものが，図 7.20 である．図 7.20(a) は，圧密応力 p と非排水せん断開始前の間隙比 e の関係を示している．図 7.20(b) は，試験結果から得られた破壊時のモールの応力円と包絡線である．図中の全応力の円（破線），有効応力表示の応力円（実線）ともに $\overline{\text{CU}}$ 三軸圧縮試験結果であるが，全応力の円は CU 三軸圧縮試験結果に対応する．破壊時の間隙水圧を u_f とするとき，有効応力 $\sigma'_{1f}, \sigma'_{3f}$ はそれぞれ

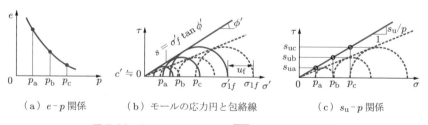

(a) e-p 関係 (b) モールの応力円と包絡線 (c) s_u-p 関係

図 7.20 飽和正規圧密粘土の $\overline{\text{CU}}$ 三軸圧縮試験結果

$$\sigma'_{1f} = \sigma_{1f} - u_f, \quad \sigma'_{3f} = \sigma_{3f} - u_f \tag{7.14}$$

で計算されるから，有効応力と全応力のモールの応力円の大きさは同じで，間隙水圧の大きさ分だけ σ 軸上で移動した関係にある．有効応力表示のモールの応力円に対する包絡線から，強度パラメータ c', ϕ' が求められる．一般に，正規圧密粘土では $c' \fallingdotseq 0$ となる．

強度パラメータ c', ϕ' を用いて行う安定解析を**有効応力解析**とよび，この場合には有効応力 σ' を定める必要から，現場における間隙水圧の推定が不可欠である．

CU($\overline{\text{CU}}$) 三軸圧縮試験のもう一つの目的は，圧密応力 p に対する非排水せん断強度 s_u の比，すなわち**強度増加率** s_u/p を求めることにある．図 7.20(c) は，破壊時のモールの応力円の半径を $s_u = (\sigma_1 - \sigma_3)/2$ として，圧密応力 p $(= \sigma_3)$ の真上にプロットしたものである．s_u と p の関係は，図に示すように原点を通る直線で表される．強度増加率 s_u/p は土の種類や応力履歴によって異なるが，正規圧密粘土では $0.2\sim0.45$ の値をとる．一般に，有機物含有量の多い土では，圧密による強度の増加が著しく，泥炭の s_u/p は $0.4\sim0.7$ と粘性土の強度増加率よりも大きい．

強度増加率 s_u/p は，プレローディング工法などの圧密による地盤改良工事において重要な強度パラメータである．図 7.18(b) のように，第 1 段階の盛土（圧密応力 p）による圧密終了後に，第 2 段階の盛土を急速載荷した場合には，s_u/p を用いて圧密後の非排水せん断強さ s_u を推定し，s_u を用いて（$\phi_u = 0$ として）安定計算を行う．

例題 7.4	正規圧密状態の粘土地盤から採取した試料について，$\overline{\text{CU}}$ 三軸圧縮試験を行って，表7.5 のような結果を得た．以下の問いに答えよ．

(1) モールの応力円を描き，この土の $\overline{\text{CU}}$ 条件での強度パラメータを求めよ．
(2) 圧密による強度増加率 s_u/p を求めよ．

表7.5 $\overline{\text{CU}}$ 三軸圧縮試験の結果

供試体	①	②	③
圧密応力 σ_3 [kN/m²]	100	200	300
主応力差の最大値 $\sigma_1 - \sigma_3$ [kN/m²]	68	139	212
主応力差最大時の間隙水圧 u [kN/m²]	49	98	151

解 (1) まず，【例題 7.3】と同様に，各供試体の全応力による最大主応力 σ_1，最小主応力 σ_3 を計算する（表 7.6 参照）と，全応力表示によるモールの応力円が描ける（図 7.21(a)）．全応力による σ_1, σ_3 から間隙水圧を引くことにより，各供試体の有効応力による最大主応力 σ'_1，最小主応力 σ'_3 が計算され，有効応力によるモールの応力円を描くことができる（図 7.21(a)）．

有効応力によるモールの応力円に対する包絡線から $c' = 0$, $\phi' = 25.0°$ を得る．

(2) 各圧密応力に対応する主応力差の最大値の $1/2 (s_u = (\sigma_1 - \sigma_3)/2)$ をプロットし（図 7.21(b)），図中の直線の勾配から $s_u/p = 0.35$ を得る．

表 7.6 $\overline{\text{CU}}$ 三軸圧縮試験の計算結果

供試体		①	②	③
全応力	最小主応力 σ_3 [kN/m²]	100	200	300
	最大主応力 σ_1 [kN/m²]	168	339	512
有効応力	最小主応力 σ_3' [kN/m²]	51	102	149
	最大主応力 σ_1' [kN/m²]	119	241	361
非排水せん断強さ s_u [kN/m²]		34	69.5	106

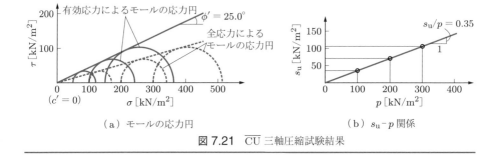

(a) モールの応力円　　　　　　（b) s_u-p 関係

図 7.21 $\overline{\text{CU}}$ 三軸圧縮試験結果

(3) 圧密排水（CD）三軸圧縮試験　　圧密排水（CD）三軸圧縮試験は，主として飽和した土を対象とし，圧密後の供試体について，せん断中に発生する間隙水圧が事実上ゼロとみなせるように十分遅い速度で行う試験である．破壊時の全応力によるモールの応力円が，そのまま有効応力によるモールの応力円となるから，正規圧密粘土のCD 三軸圧縮試験の結果は図 7.22 のように表される．

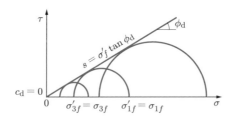

図 7.22　正規圧密粘土の CD 三軸圧縮試験結果

　CD 三軸圧縮試験の結果は，砂質地盤の安定問題や図 7.18(c) のように粘土地盤にきわめてゆっくりした速度で載荷が行われる場合の安定解析に用いられる．なお，粘土について CD 三軸圧縮試験によって c_d, ϕ_d を求めるには非常に長時間を要することと，$\overline{\text{CU}}$ 三軸圧縮試験から得られる c', ϕ' が CD 三軸圧縮試験の c_d, ϕ_d に近似するこ

とがわかっているので，粘土地盤の長期安定問題の場合には，$\overline{\mathrm{CU}}$ 三軸圧縮試験によ
る c', ϕ' を次式に適用して得られるせん断強さ s を用いて解析する．

$$s = c' + \sigma' \tan \phi'$$

(4) 異なる排水条件による強度パラメータ相互の関係　さて，ここで異なる排水条
件の試験から得られた強度パラメータ相互の関係について，飽和正規圧密土の三軸圧
縮試験結果を例として考えてみよう．図 7.17 によれば，モールの応力円に対する包絡
線が σ 軸に平行で $\phi_{\mathrm{u}} = 0$ となることから，土の強度は粘着力のみで表されることにな
る．一方，図 7.20(b) あるいは図 7.22 をみると，正規圧密土の強度はせん断抵抗角の
みで表されることになる．しかし，これらは見かけ上のものであって，図 7.17 のモー
ルの包絡線は間隙比の同じ供試体についての試験結果に対するものであり，図 7.20(b)
あるいは図 7.22 に示した，それぞれのモールの応力円に対応する供試体の間隙比は異
なっていることに注意が必要である．CU($\overline{\mathrm{CU}}$) 三軸圧縮試験の結果は，異なる間隙比
をもった試料に対する UU 三軸圧縮試験結果のモールの応力円を，それぞれの間隙比
に対応する圧密応力に対してプロットしたものと同じである．

　土の強度が有効応力に支配されるものとすれば，ほかの要因が一定の状態，すなわ
ち，間隙比が一定の状態での，有効応力とせん断強さの関係を表す定数が真の意味で
の強度定数である．この考えのもとに，次式で表されるボルスレフ（Hvorslev, M.J.）
の破壊規準[7.4] が提案されている．

$$s = c_{\mathrm{e}} + \sigma' \tan \phi_{\mathrm{e}} \tag{7.15}$$

ここで，c_{e}, ϕ_{e} はそれぞれ**有効粘着力**および**有効摩擦角**とよばれ，破壊時の間隙比が
同じ条件のもとでの有効垂直応力とせん断抵抗との関係から求められる．しかし，c_{e},
ϕ_{e} を決定するための実験が複雑であることから，実務に用いられることはなく，設計
にあたっては，ここまでで説明してきた現場の排水条件に対応した試験による強度パ
ラメータが用いられている．

≫ 7.5.4　一軸圧縮試験

　一軸圧縮試験[7.1, 7.3] は，円柱状（直径 35 mm または 50 mm で高さは直径の 1.8〜2.5
倍を標準）の供試体を側方からの圧力（拘束圧）がゼロ（$\sigma_3 = 0$）の状態で毎分 1% の
ひずみ速度を標準として軸方向に圧縮し，圧縮応力 σ と圧縮ひずみ ε の関係を求める
試験である．図 7.23(a) は，一軸圧縮試験による応力 – ひずみ曲線を示したものであ
る．圧縮応力の最大値を $q_{\mathrm{u}}\,[\mathrm{kN/m^2}]$ で表し，**一軸圧縮強さ**（unconfined compression
strength）とよぶ．また，q_{u} の 1/2 の応力の点と原点を結んだ直線の勾配を**変形係数**

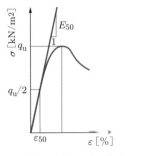
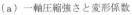
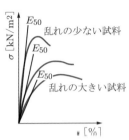

（a）一軸圧縮強さと変形係数 　（b）試料の乱れによる応力 –
　　　　　　　　　　　　　　　　　　　　ひずみ曲線の変化

図 7.23 一軸圧縮試験結果

（modulus of deformation）E_{50} [MN/m²] として次式で算定し，土の変形特性を表す
指数として用いる．

$$E_{50} = \frac{q_{\mathrm{u}}/2}{\varepsilon_{50}/100} = \frac{q_{\mathrm{u}}/2}{\varepsilon_{50}} \times \frac{1}{10} \tag{7.16}$$

ここで，ε_{50}：圧縮応力が一軸圧縮強さ q_{u} の $1/2$ のときの圧縮ひずみ [%] である．

　一般に，室内せん断試験に用いる供試体は，試料の採取から試験に至るまでの間に原
位置で受けていた応力の解放や機械的な乱れを受ける．原位置における試料の採取の段
階から供試体が試験機にセットされるまでの間の有効応力の変化の概念図が，図 7.24
である．試料の採取に先立つ掘削によって土被り応力が減少し，サンプリングチュー
ブの押し込み，引き上げ，その後の運搬時の振動などによって有効応力はさらに減少
する．そして，サンプリングチューブからの抜き出しや成形の際に，さらに乱れを受
ける可能性がある．

　一軸圧縮試験は拘束圧ゼロの状態で実施されるので，乱れの影響を受けやすく，そ
れが図 7.23(b) のように応力 – ひずみ曲線の形状や一軸圧縮強さに現れる．したがっ
て，試料の乱れの判断に変形係数が利用されている．一方，図 7.25 は，通常の一軸圧
縮試験後に，同じ試料を含水比を変えずに十分に練り返したのちに行った試験結果を
示したものである．両者の一軸圧縮強さの比は，**鋭敏比**（sensitivity ratio）S_{t} として
次式で算定され，掘削工事などの際の建設機械による，地盤のこね返しに対する鋭敏
性の判断資料になる．

$$S_{\mathrm{t}} = \frac{q_{\mathrm{u}}}{q_{\mathrm{ur}}} \tag{7.17}$$

ここで，q_{u}：乱れの少ない試料の一軸圧縮強さ [kN/m²]，q_{ur}：練り返した試料の一軸

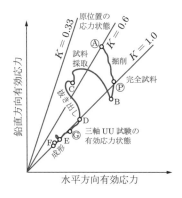

図7.24 試料の有効応力の変化[7.5]

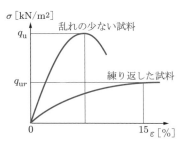

図7.25 乱れの少ない試料と練り返した試料による一軸圧縮試験結果

圧縮強さ [kN/m²] であり，応力 – ひずみ曲線にピークが現れない場合は，図7.25のように $\varepsilon = 15\%$ における値を用いる．多くの粘土の S_t は 2～4 程度であるが，$S_t = 4$～8 の粘土を鋭敏粘土とよび，S_t が 8 を超えるような粘土を超鋭敏粘土という．カナダや北欧諸国でみられるクイッククレイ（quick clay）とよばれる粘土は，100 以上のきわめて高い鋭敏比を示す．

　一軸圧縮試験では，圧密を行わずに毎分1%という比較的速い速度で圧縮するため，飽和粘土の一軸圧縮試験は拘束圧ゼロ（$\sigma_3 = 0$）の UU 試験とみなすことができる．したがって，飽和粘土の一軸圧縮試験と UU 三軸圧縮試験結果のモールの応力円を一緒に描くと，試料の乱れなどの影響が少なければ，図7.26のようになり，一軸圧縮強さ q_u と UU 三軸圧縮試験による非排水せん断強さ s_u との間に，つぎの関係が成り立つ．

$$s_u = \frac{q_u}{2} \tag{7.18}$$

これより，7.5.3項で説明した $\phi_u = 0$ 解析法に用いる非排水せん断強さ s_u の値とし

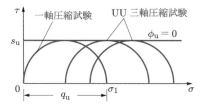

図7.26 飽和粘土に対する一軸圧縮試験と UU 三軸圧縮試験結果のモールの応力円（試料の乱れの影響が少ない場合）

て $q_\mathrm{u}/2$ が用いられることがある.

例題 7.5　ある飽和粘土についての一軸圧縮試験の結果，一軸圧縮強さ $250\,\mathrm{kN/m^2}$ が得られ，この試料を練り返した後の一軸圧縮強さは $15\,\mathrm{kN/m^2}$ であった．この粘土の非排水せん断強さと，鋭敏比を求めよ．

解　非排水せん断強さ s_u は式 (7.18) から，つぎのようになる.

$$s_\mathrm{u} = \frac{q_\mathrm{u}}{2} = \frac{250}{2} = 125\,[\mathrm{kN/m^2}]$$

鋭敏比は式 (7.17) から，つぎのようになる.

$$S_\mathrm{t} = \frac{q_\mathrm{u}}{q_\mathrm{ur}} = \frac{250}{15} = 17$$

⟫⟫ 7.5.5　ベーンせん断試験

　ベーンせん断試験（vane shear test）[7.2, 7.6] は，図 7.27 に示すように，十字型の鋼製の羽（ベーン）をつけたロッドを地中に押し込み，ベーンの回転開始から 2～4 分で最大トルクに到達する一定の回転速度で回転させ，羽の回転によって形成される円筒形のせん断面に沿うせん断抵抗を求める試験で，ボーリング孔の孔底から地中に押し込むボアホール式と，地表から押し込む押し込み式がある．対象は軟弱な粘性土地盤であり，とくに室内試験の適用が困難な高含水状態の超軟弱地盤では，原位置ベーンせん断試験を実施することが多い．

　図 7.28 は，地中に押し込まれたベーンブレードを表し，ベーンブレードの側面およ

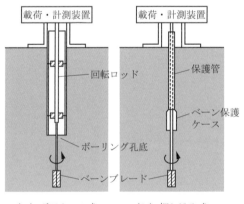

（a）ボアホール式　　（b）押し込み式

図 7.27　ベーンせん断試験機概要

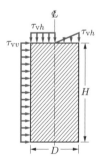

図 7.28　ベーンブレードに作用する
せん断応力の分布

び上下端面に作用すると想定されるせん断応力の分布を示したものである．このうち，上下端面のせん断応力の分布については，一様分布（図中左半部）を仮定した場合と，ベーンブレードの中心軸からの距離に比例してせん断応力が増大すると仮定（三角形分布）した場合を示している．回転ロッドに加えられた測定最大トルク M [kN·m] は，円筒形の側面に作用するせん断力による抵抗モーメント M_s と，上下端面に作用するせん断力による抵抗モーメント M_e との和に等しいので，次式が成り立つ．

$$M = M_s + M_e = \frac{\pi D^2 H \tau_{vv}}{2} + \frac{\pi D^3 \alpha \tau_{vh}}{6} \tag{7.19}$$

ここで，D：ベーンブレードの幅 [m]，H：ベーンブレードの高さ [m]，τ_{vv} および τ_{vh}：直径 D の円筒形の周面および上下端面に作用するせん断応力の最大値，α：ベーンの上下端面にはたらくせん断応力の分布形によって決まる値（図 7.28 で一様分布の場合 $\alpha = 1$，三角形分布の場合 $\alpha = 3/4$）である．

なお，ベーンブレードの幅 D と高さ H の比は $H/D = 2$ が標準で，ベーンブレードの幅 D が 50 mm または 75 mm のものが，実務で標準的に用いられている．

式 (7.19) で円筒形の上下端面のせん断応力の分布が一様（$\alpha = 1$）で，かつ $\tau_{vv} = \tau_{vh} = \tau_v$ であると仮定すると，ベーンせん断強さ τ_v [kN/m^2] を次式で求めることができる．

$$\tau_v = \frac{M}{\pi D^2 (H/2 + D/6)} \tag{7.20}$$

ベーンせん断試験は，非排水条件のもとでのせん断強さを原位置において直接的に求めるものであり，τ_v は非排水せん断強さ s_u に相当する．

▶7.6 砂質土のせん断特性

≫7.6.1 砂質土のせん断挙動

砂質土は粘性土に比べて透水性が高いことから，地震時の液状化の問題（詳細は 7.6.3 項参照）などを除けば，砂質土の安定問題は圧密排水（CD）あるいは圧密定圧（CP）条件で考えてよい．図 7.29 は，初期密度の異なる砂についての，CP 一面せん断試験から得られるせん断応力 τ とせん断（水平）変位 δ の関係（図 (a)），および体積変化 ΔV とせん断変位の関係（図 (b)）を示したものである．試験結果から，密に詰まった砂では小さなせん断変位で大きなせん断抵抗を発揮し，明瞭なピークを示したのちに応力が低下して一定値に近づく（残留状態）こと，またせん断中に体積膨張が起こ

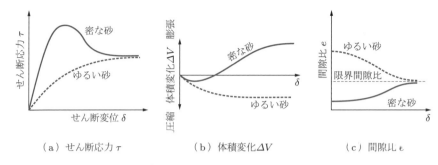

（a）せん断応力 τ　　　（b）体積変化 ΔV　　　（c）間隙比 e

図 7.29　初期密度の異なる砂の CP 一面せん断試験結果

ることがわかる．一方，ゆるい砂の場合，明瞭なピークを示すことなく，応力がゆるやかに増加して残留状態に近づく．せん断中の体積変化は，密な砂の場合と逆で，圧縮が起こる．同様の関係が，CD 三軸圧縮試験による主応力差 – 軸ひずみ関係や体積ひずみ – 軸ひずみ関係においてもみられる．

　上で述べたような，せん断変形にともなう体積の変化は**ダイレイタンシー**（dilatancy）とよばれ，土のような粒状材料のせん断の際に現れる特徴的な現象である．ダイレイタンシーの語源が**膨張**を意味する dilate であることから，体積膨張を正のダイレイタンシー，体積圧縮を負のダイレイタンシーという．図 7.29(c) はせん断中の間隙比の変化を示したもので，ゆるい砂は圧縮して間隙比が減少し，密な砂は膨張して間隙比が増加し，両者とも最終的にある一定の間隙比に収束する傾向を示す．この間隙比を，**限界間隙比**（critical void ratio）e_{cri} とよぶ．なお，限界間隙比は拘束圧に依存するので，同じ土でも拘束圧が大きくなると，その値が減少する．

　図 7.30 は，ダイレイタンシーの説明を簡単にするために，直径の等しい球形粒子の集まりで砂をモデル化したもので，初期状態として図 7.30(a) は最もゆるい状態，図 (b) は密な状態を表している．ゆるい状態の砂にせん断力が加えられると，個々の砂粒子が隣接する粒子間の間隙に移動して，最初の間隙の大きさは図 7.30(b) のように縮小する．したがって，砂全体としての体積が減少し，密な状態に移行する（図 7.30(a) →図 (b)）．一方，密な状態の砂にせん断力が加わると，砂粒子は隣接する砂粒子の上

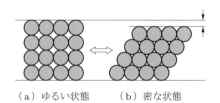

（a）ゆるい状態　　　（b）密な状態

図 7.30　せん断変形にともなう体積変化（ダイレイタンシー）

に乗り上げながらせん断抵抗を発揮する。その結果，粒子間の間隙は大きくなり，砂全体としての体積が増加する（図 7.30(b) →図 (a)）。

》》7.6.2 砂質土の強度特性

初期密度の等しい供試体について，垂直応力 σ の値を変化させて実験を行うと，土の最大せん断抵抗と垂直応力との間には，一般に図 7.9(c) のような関係がみられ，砂でも不飽和状態の場合は毛管張力による見かけの粘着力が発生する。しかし，乾燥状態あるいは飽和度 100% の砂質土の場合には，見かけの粘着力は消失し，$c' = 0$ となる。したがって，せん断強さ s は

$$s = \sigma' \tan\phi' = (\sigma - u)\tan\phi' \tag{7.21}$$

で表される。式 (7.21) から，一定の有効垂直応力 σ' のもとでは，せん断強さ s はせん断抵抗角 ϕ' の大きさに依存することがわかる。

(1) せん断抵抗角の大きさ　図 7.29(a) に示したように，同じ砂でも σ' 一定のもとでのせん断強さが密度によって異なるため，ϕ' は初期密度の影響を強く受ける（図 7.31 で $\phi_1' > \phi_2'$）。また，砂のせん断抵抗角は砂粒子の形状や粒度分布，粒子表面の粗さなどによっても変化する。砂質土の ϕ' の代表的な例を表 7.7 に示す。なお，きわめて高い圧力が作用する場合や，土粒子の構成鉱物の硬さによっては，高圧の範囲で，粒子

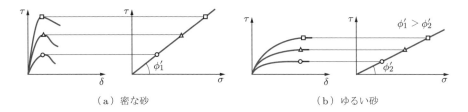

（a）密な砂　　　　　　　　　　　（b）ゆるい砂

図 7.31　砂のせん断抵抗角に及ぼす密度の影響

表 7.7　砂およびシルトのせん断抵抗角 ϕ' の代表値[7.7]

土の種類	せん断抵抗角 ϕ' [°]	
	ゆるい状態	密な状態
丸い粒形で一様な粒径の砂	27.5	34
角張った粒形で粒径幅の広い砂	33	45
砂混じりの礫	35	50
シルト質砂	27～33	30～34
無機質シルト	27～30	30～35

の接触点にかかる応力の増大による**粒子破砕**が起こることがある．その結果，強度が低下して，式 (7.21) で表される破壊規準線が垂直応力の高い領域で曲線をなすようになり，ϕ' の値が小さくなる．粒径が大きくなればなるほど，同じ拘束圧でも細粒土に比べて粒子接触点での応力が大きくなるから，粒子破砕の生じる頻度が高くなる．

(2) せん断強さと排水条件　図 7.32 は，ゆるい状態（図 (a)）と密な状態（図 (b)）の，飽和した砂（飽和砂）試料について，圧密定圧（CP）および圧密定体積（CV）条件の一面せん断試験を行った結果を描いたもので，せん断開始（● 印）からせん断終了（○ 印）までの有効垂直応力とせん断応力の変化，すなわち**応力経路**を表している．

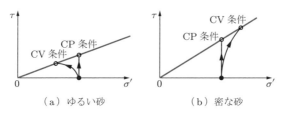

（a）ゆるい砂　　　　　　　（b）密な砂

図 7.32　密度の異なる砂の CP および CV 条件の一面せん断試験における有効応力経路

CP 条件では，体積変化を許しつつ間隙水圧が発生しないような速度で載荷されるので，図から密度の大小に関わらず有効垂直応力が一定に保たれた状態でせん断応力が増大し，破壊規準線に到達することがわかる．一方，CV 条件では，砂試料のダイレイタンシー傾向の違いによって異なる応力経路を描く．すなわち，ゆるい砂は体積圧縮傾向を示すが，体積の変化を許さない（CV 条件）ように制御する結果，有効垂直応力が減少し（図 7.32(a)），破壊規準線に到達した点（○ 印）のせん断応力は CP 条件のせん断応力よりも小さくなる．一方，密な砂は体積膨張傾向を示すが，体積膨張を許さない（CV 条件）ように制御する結果，有効垂直応力が増大（図 (b)）して強度が増大する．

⟫⟫⟫ 7.6.3　砂地盤の液状化

図 7.33 のように，ゆるい状態で堆積した飽和砂地盤に，地震力のような繰返しのせん断応力が作用すると，せん断変形の発生にともない，砂は体積圧縮を起こそうとする．地震のように急速な繰返し応力の載荷のもとでは，間隙水が排出するのに十分な時間がなく，体積圧縮が困難となるため，間隙水圧 u が上昇し，繰返し載荷によって累積していくことになる．したがって，式 (7.21) における有効応力 σ' が次第に減少し，最終的にゼロに近づいて，砂地盤のせん断抵抗がほとんど発揮されなくなる．このように，「土がそのせん断抵抗を失って，あたかも液体のようにふるまう現象」を**液状化**

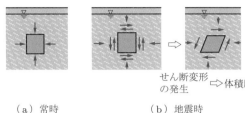

せん断変形
の発生　⇨体積圧縮

（a）常時　　　　　（b）地震時

図 7.33 ゆるく堆積した砂地盤の地震時の挙動

（liquefaction）といい，そのメカニズムは，粒状体に特有のダイレイタンシー（ゆるい砂がせん断を受けると体積圧縮傾向を示す）と，有効応力の原理（土のせん断抵抗は有効応力の大きさに支配される）によって説明される．

| 例題 7.6 | 図 7.34 に示すように，地下水位が地表面と一致していて，ゆるく堆積した砂地盤がある．以下の問いに答えよ．ただし，飽和状態の単位体積重量 $\gamma_{\mathrm{sat}} = 18\,[\mathrm{kN/m^3}]$ とする． |

(1) この地盤の深さ 2.5 m の水平面上にはたらく鉛直有効応力を求めよ．

(2) この地盤が液状化した場合を想定して，深さ 2.5 m の点において発生した過剰間隙水圧 u_{e} の値を推定せよ．

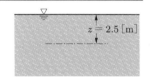

図 7.34 地下水位が地表面と一致した砂地盤

解　(1) 2.5 m 深さの水平面上にはたらく鉛直全応力は $\sigma = \gamma_{\mathrm{sat}} \cdot z = 18 \times 2.5 = 45\,[\mathrm{kN/m^2}]$，間隙水圧は $u = \gamma_{\mathrm{w}} \cdot z = 9.80 \times 2.5 = 24.5\,[\mathrm{kN/m^2}]$ である．よって，鉛直有効応力はつぎのようになる．

$$\sigma' = \sigma - u = 45 - 24.5 = 20.5\,[\mathrm{kN/m^2}]$$

(2) 液状化の発生条件から $\sigma' = 0$ で，その時点の 2.5 m 深さにおける間隙水圧は $u = \sigma - \sigma' = 45 - 0 = 45\,[\mathrm{kN/m^2}]$ となる．よって，過剰間隙水圧 u_{e} はつぎのようになる．

$$u_{\mathrm{e}} = 45 - 24.5 = 20.5\,[\mathrm{kN/m^2}]$$

液状化発生時の地中の様子を直接観察することはできないが，マンホールなどの地中埋設物の浮上，間隙水とともに砂粒子が噴出する**噴砂**現象の発生，傾斜地盤や海岸構造物付近での地盤の**流動化**などから，液状化の発生が認識できる．液状化発生の支配要因，液状化の可能性判定，液状化防止対策などの詳細については，文献 [7.8] などに詳しいが，ここではその概要を説明する．

(1) 液状化発生の支配要因

① 粒径，粒度分布：細粒分の含有率が少なく，粒径のそろった細砂やシルト質の砂
　などが液状化しやすい（粗砂や礫でも，粘土層に挟まれて非排水条件が保たれる
　ような場合には液状化が起こりうる）．

② 初期有効応力：有効土被り応力や構造物による荷重などによって，対象地盤に作
　用する応力が大きいほど液状化しにくい．

③ 密度：ゆるい状態の砂ほど負のダイレイタンシー傾向（体積圧縮傾向）が強く，液
　状化しやすい．

④ 地下水位：土の間隙が水で飽和していることが液状化発生の条件であり，河道だ
　けでなく，旧河川敷や埋立地，扇状地や三角州などの地下水位が浅い位置にある
　ところは，液状化しやすい．

⑤ 地震の強さと継続時間：地震のマグニチュードが大きいほど，また継続時間が長
　いほど液状化しやすい．

(2) 液状化の可能性判定

（1）の液状化発生要因のうち，①〜④の要因に関わるお
おまかな情報は通常の地盤調査結果から得られるが，対象となる地盤の地震時におけ
る液状化の可能性を判定するためには，地盤を構成する土の液状化に対する強さ（**液
状化強度**あるいは**液状化抵抗**）を調べる必要がある．図 7.35 は主応力差の片振幅 σ_d
一定のもとでの砂の繰返し非排水三軸試験[7.1] の一例である．図から，繰返し載荷回

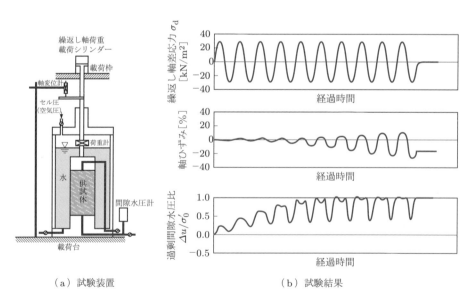

（a）試験装置　　　　　　　　（b）試験結果

図 7.35　砂の繰返し非排水三軸試験

数の増加とともに過剰間隙水圧比 $\Delta u/\sigma_0'$ (σ_0'：有効拘束圧力) が増大して 1.0 に漸近し，軸ひずみ振幅が急速に増大して液状化に至ることがわかる．このような試験結果から液状化強度 τ_l を求め (τ_l の決定方法の詳細は文献 [7.1] 参照)，これを検討の対象とする深さにおける鉛直有効応力 σ_v' で割って液状化強度比 τ_l/σ_v' を得る．つぎに，検討地点の地盤内の各深さにおいて，地震時に予測される繰返しせん断応力 τ_d の値を鉛直有効応力 σ_v' で割って繰返しせん断応力比 τ_d/σ_v' を求める．検討地点の各深さにおける液状化発生に関する安全率 F_l を，

$$F_l = \frac{\tau_l/\sigma_v'}{\tau_d/\sigma_v'} \tag{7.22}$$

によって求め，この値が 1 を下回るかどうかで液状化発生の危険度を判断する．

(3) 液状化防止対策　　液状化の発生を未然に防ぐために，(1)で示した各種液状化発生の支配要因を減少あるいは緩和させることが有効である．そこで，振動や衝撃を与えて地盤を締固めたり (サンドコンパクションパイル工法，バイブロフローテーション工法，動圧密工法など)，過剰間隙水圧が消散しやすいように砕石などからなる鉛直の柱を砂地盤中に設置したり (グラベルドレーン工法) といった，さまざまな液状化対策工法が開発されている．

▶7.7　粘性土のせん断特性

≫7.7.1　粘性土のせん断挙動

　図 7.36 は，飽和した正規圧密粘土についての，CD 三軸圧縮試験から得られる主応力差 $(\sigma_1 - \sigma_3)$ と軸ひずみ ε の関係 (図 (a))，および体積ひずみ $\Delta V/V$ と軸ひずみの関係 (図 (b)) を示したものである．同じ試料についての $\overline{\text{CU}}$ 三軸圧縮試験結果を示したのが図 7.37 で，図 7.36(b) の体積ひずみ – 軸ひずみ関係に代わって，間隙水圧 Δu と軸ひずみ ε の関係を表している．正規圧密粘土はゆるい砂の挙動と類似のダ

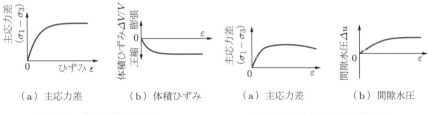

（a）主応力差　　　（b）体積ひずみ　　　　（a）主応力差　　　（b）間隙水圧

図 7.36 飽和正規圧密粘土の　　　　**図 7.37** 飽和正規圧密粘土の
　　　　CD 三軸圧縮試験結果　　　　　　　　　$\overline{\text{CU}}$ 三軸圧縮試験結果

イレイタンシーを示し，排水条件では体積圧縮が，非排水条件では正の間隙水圧が発生する．

強く過圧密された飽和粘土についての，CD および $\overline{\mathrm{CU}}$ 三軸圧縮試験結果を描いたのが図 7.38 および図 7.39 である．正規圧密粘土に比べてより小さなひずみで応力の最大値を迎えることと，CD 試験ではせん断初期で若干の体積圧縮を示したのちに膨張に転じ，これに対応して $\overline{\mathrm{CU}}$ 試験では負の間隙水圧が発生することが特徴である．

（a）主応力差　（b）体積ひずみ

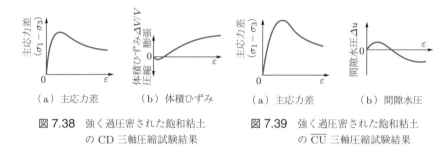

図 7.38　強く過圧密された飽和粘土の CD 三軸圧縮試験結果

（a）主応力差　（b）間隙水圧

図 7.39　強く過圧密された飽和粘土の $\overline{\mathrm{CU}}$ 三軸圧縮試験結果

ここで，せん断強度に及ぼす応力履歴と排水条件の影響を考えてみよう．正規圧密粘土ではせん断中に体積圧縮傾向を示すため，排水条件では密度が増加する．一方，非排水条件では，正の間隙水圧の発生により，有効応力が減少する．密度の増加は強度を増大させる要因，有効応力の減少は強度の減少につながるため，CD 試験による強度が $\overline{\mathrm{CU}}$ 試験よりも大きく測定される．なお，7.5.3 項で述べたように，CD 試験と $\overline{\mathrm{CU}}$ 試験結果の ϕ' はほとんど等しいとみなしてよい．

強く過圧密された粘土では，せん断中に体積膨張傾向を示すため，排水条件では密度の減少が起こり，非排水条件では負の間隙水圧の発生によって有効応力が増大する．密度の減少は強度を減少させる要因，有効応力の増加は強度増大の要因となるため，正規圧密粘土の場合と逆に，$\overline{\mathrm{CU}}$ 試験による強度が CD 試験よりも大きく測定される．なお，せん断中のダイレイタンシー特性は過圧密の程度に応じて変化する．たとえば，図 7.40 は $\overline{\mathrm{CU}}$ 試験の破壊時の**間隙圧係数** A_f と過圧密比 OCR の関係の例を示したもので，A_f は以下のように定義される[7.9]．

$$A_f = \frac{\Delta u_f}{(\Delta\sigma_1 - \Delta\sigma_3)_f} \tag{7.23}$$

ここで，$(\Delta\sigma_1 - \Delta\sigma_3)_f$ はせん断破壊時に発揮された主応力差の（せん断開始時からの）増分であり，Δu_f は発生間隙水圧の増分である．A_f は，せん断中に発生する体積変化が抑制されている（非排水条件）ことの裏返しとしての間隙水圧の発生特性を表すもので，図のように過圧密比とともに減少し，およそ $OCR \fallingdotseq 4$ 前後で負になる

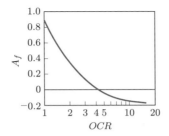

図 7.40 過圧密粘土の $\overline{\mathrm{CU}}$ 試験による OCR と間隙圧係数 A_f の関係

ことが実験結果からわかっている.

≫7.7.2　粘性土の強度特性

　粘性土のせん断強さは，7.5.1 項で述べた排水条件に加えて，圧密時の応力履歴や圧密時間，せん断時に作用する応力系や変形条件，せん断速度などの影響によって変化する.

(1) 圧密応力履歴の影響　　地盤内の土の要素は過圧密状態にあることが多く，また一般に地盤内の応力状態は異方的であり，とくに自然堆積地盤や宅地造成盛土のように広範囲に広がった荷重によって圧密を受ける地盤内の土要素は水平方向に変位を許されない，いわゆる K_0 圧密状態にある.

　過圧密状態の粘性土のせん断強さは，過圧密比 OCR と非排水せん断強さ s_u の関係から推定する. 図 7.41(a) は過圧密状態の粘土の s_u/p と OCR の関係の例を示したもので，図中にはラッド（Ladd, C.C.）らの実験結果もあわせて表示している. この場合の p は図 7.41(b) に示すように，膨張後せん断前の有効応力である. 正規圧密状態（$OCR = 1$）での s_u/p は土の種類によって大きく異なるが，s_u/p と OCR の関係は土の種類によらず両対数グラフ上で直線関係にあり，次式で表すことができる[7.10].

$$\left(\frac{s_\mathrm{u}}{p}\right)_\mathrm{OC} = \left(\frac{s_\mathrm{u}}{p}\right)_\mathrm{NC} \cdot OCR^{\varLambda} \tag{7.24}$$

ここで，添え字 OC, NC はそれぞれ過圧密，正規圧密を表す. また，指数 $\varLambda$ と圧縮指数 C_c，膨張指数 C_s の間に

$$\varLambda \fallingdotseq 1 - \frac{C_\mathrm{s}}{C_\mathrm{c}}$$

の近似関係が成り立ち，多くの粘土で $0.75 \sim 0.85$ の値をとる. 図 7.41(a) には圧密時の応力条件として，等方圧密の場合と K_0 圧密の場合についての実験結果を示してい

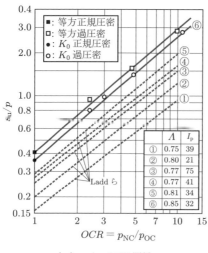

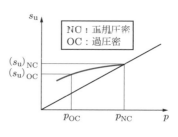

（a）s_u/p-OCR 関係　　　　（b）過圧密粘土の非排水せん断強さ

図 7.41　過圧密粘土の s_u/p と OCR の関係

るが，K_0 圧密の s_u/p は等方圧密の場合よりも 10〜15% 小さい．わが国の粘土についての K_0 圧密時の $(s_\mathrm{u}/p)_\mathrm{NC}$ の値は 0.3〜0.4 の範囲にあるので，これを式 (7.24) に適用すれば，過圧密粘土の原位置での非排水せん断強度を推定することができる[7.11]．

なお，図 7.42 に示すように，過圧密比が大きくなると（図では σ_nd を境にして），ダイレイタンシーが負から正に転じ，せん断中に密度が減少する結果，排水試験のほうが非排水試験よりも強度が小さくなるので，現場の応力条件に合わせて試験条件を選択する必要がある[7.1]．

(2) 圧密時間の影響　粘土のせん断強さが圧密時間の影響を受けることは古くから指摘されており，せん断強さが増大するのはつぎのように説明される．図 7.43 に示

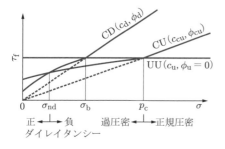

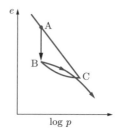

図 7.42　3 種類の排水条件に対応する飽和粘土の一面せん断試験の τ-σ 関係[7.1]

図 7.43　有効応力一定下での長期圧密による間隙比の変化

すように，点 A で p 一定の条件で長時間経過すると，間隙比が減少して点 B に至る．この状態の粘土は，点 C から除荷によって過圧密状態に至った粘土と類似の挙動を示し，点 A の供試体よりも大きなせん断強さを示す．なお，点 B から圧密応力を増大させると，ほぼ BC に沿って移動し，点 C の応力を超えた辺りで折れ曲がって AC の延長線上に漸近する．したがって，見かけ上点 C が先行圧密応力であるかのように挙動するので，このような粘土を**疑似過圧密粘土**とよぶ．

(3) せん断時の応力・変形条件の影響　図 7.44 は，軟弱地盤上に盛土を行った場合に想定される，すべり面上の土要素に作用する応力系を考えたものである．点 A，B，C のいずれの点においても，図面に直角方向の変形が拘束されるから，平面ひずみ条件となり，点 A では盛土荷重によって発生する応力増分の鉛直方向成分が卓越するので，圧縮条件となる．一方，点 C では応力増分の水平方向成分が卓越するので伸張条件に，また点 B ではほぼ水平方向にせん断変形が生じる単純せん断条件となる．これらの条件を室内試験で再現した結果の一例を，三軸圧縮，伸張試験の結果も含めて示したのが表 7.8 で，平面ひずみ条件の伸張強度は圧縮強度の 60% 弱となっている．同一の粘土について，圧密時およびせん断時の応力系をさまざまに変えて行った実験例はあまり多くないが，たとえば表 7.9 のような結果が得られており[7.13]，表 7.8 のデータとほぼ一致した傾向を示している（なお，表 7.9 には，参考のために有効せん断抵抗角 ϕ' と間隙圧係数 A_f の値も示している）．図 7.45 は日本各地の沖積地盤から採取された粘土について，三軸圧縮条件に対する三軸伸張条件の非排水せん断強さの比 (s_{uE}/s_{uC}) と塑性指数 I_p の関係を示したものである．s_{uE} は s_{uC} の 60〜80% で

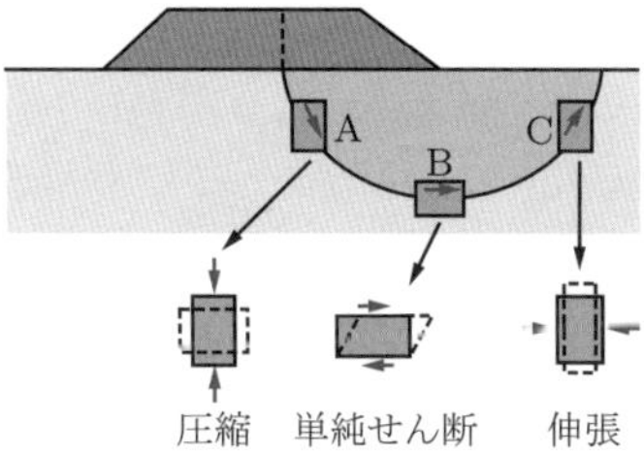

表 7.8　粘土のせん断強さに及ぼす応力・変形条件の影響[7.12]

試験の種類	現場の状態	せん断ひずみ[%]	s_u/p
平面ひずみ（主働）	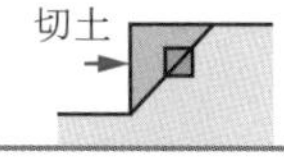 切土	0.8	0.34
三軸圧縮	 円形基礎	0.5	0.33
単純せん断	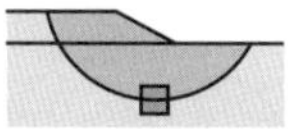	6	0.20
平面ひずみ（受動）	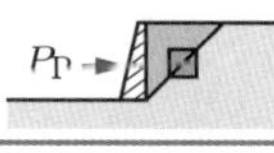 P_T	9	0.19
三軸伸張	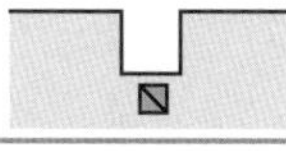	15	0.16

図 7.44　すべり面上の土要素に作用する応力系

圧縮　単純せん断　伸張

＊圧密条件はすべて K_0 圧密

表 7.9　粘土のせん断強さに及ぼす圧密時およびせん断時の応力系の影響

試験条件	等方圧密 三軸圧縮	等方圧密 三軸伸張	K_0 圧密 三軸圧縮	K_0 圧密 三軸伸張	K_0 圧密平面 ひずみ（圧縮）	K_0 圧密平面 ひずみ（伸張）
s_u/p	0.383	0.382	0.309	0.192	0.350	0.261
$\phi'[°]$	30.6	44.2	28.1	30.2	33.4	51.0
A_f	0.84	1.12	1.24	0.93	1.06	0.89

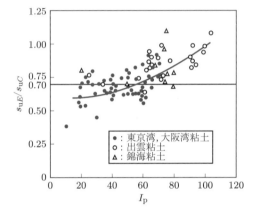

図 7.45　三軸圧縮と三軸伸張条件での非排水せん断強さの比と塑性指数の関係[7.1]

あり，I_p の低い土ほどその差が大きい傾向にある．このように，せん断モードの違い
によって非排水せん断強度が異なるから，安定解析の際には，それぞれのせん断モー
ドに対応した強度を用いるか，または平均化した強度をすべり面全体の代表値として
用いる必要がある．

(4) せん断速度の影響　　せん断時の荷重増加速度あるいはひずみ速度を変化させる
と，せん断強さが変化する．このような現象は，**ひずみ速度効果**とよばれる．粘土で
は，ひずみ速度が 10 倍になると約 10% の強度増加が生じる．

　一定荷重が長時間持続して載荷される場合には，これまで述べてきたような定ひず
み速度の試験による荷重よりも小さな荷重で，ひずみが徐々に大きくなって最終的に
破壊に至ることがある．これを**クリープ破壊**（creep failure）とよび，地すべりの破
壊予測との関係で重要である．

(5) 飽和度の影響　　飽和度は，土のせん断強さに大きな影響を及ぼす．不飽和の土
について UU 試験を行うと，拘束圧が大きくなるにつれてモールの包絡線の傾きが小
さくなり，図 7.46 に示すように，最終的に σ 軸にほとんど平行になる．これは，供試
体内の空気が圧縮されることによって次第に飽和度が高まり，さらに拘束圧が大きく

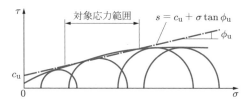

図 7.46 土のせん断強さに及ぼす飽和度の影響

なると、間隙内の空気が水に溶解する結果、完全飽和に近い状態に至り、飽和土に対する UU 試験の結果のように $\phi_u = 0$ となるためである。包絡線に曲線式をあてはめて、これを安定解析に用いることは、計算を複雑にするだけで実用的でないから、図 7.46 に一点鎖線で示すように、現場で問題となる応力範囲にあわせて次式で近似して破壊規準線とする。

$$s = c_u(\sigma_c) + \sigma \tan \phi_u(\sigma_c)$$

ここで、$c_u(\sigma_c)$, $\phi_u(\sigma_c)$ は、c_u, ϕ_u が拘束圧 σ_c の関数であることを表す。なお、不飽和土のせん断特性に関する研究成果については文献 [7.14] などを参照するとよい。

≫ 7.7.3 残留強度

排水（CD）条件あるいは定圧（CP）条件のせん断試験において、せん断抵抗がピーク値を超えてからもさらにせん断を続けると、図 7.47 に示すようにせん断抵抗が次第に低下し、やがてほぼ定常状態に達する。このときのせん断抵抗を**残留強度**（residual strength）とよび、ピーク強度（peak strength）τ_p から残留強度 τ_r への低下は、とくに過圧密粘土において著しい。残留強度は過去に地すべりを起こした過圧密粘土斜面や、現在進行中の地すべりの安定解析（詳細は 9.4 節参照）に必要な強度として重要であるが、これを求めるには非常に大きなせん断変位を与える必要がある。図 7.48 は、大きなせん断変位を与えることができ、粘土の残留強度を求めるために用いられるリ

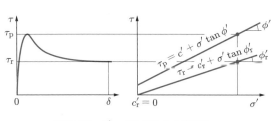

図 7.47 ピーク強度から大変位に
ともなう残留強度への低下

図 7.48 リングせん断
試験の原理

ングせん断試験機内の供試体部分のみを示したものである．**リングせん断試験**（ring shear test）では，上下二つに分かれる円環状の部分（リング：内径 60〜100 mm，外径 100〜200 mm）に供試体を納め，所定の垂直応力を載荷した状態で，片側のリングを固定して片側を回転させることによって，大きなせん断変位を与えることができる．

▶7.8　小ひずみレベルでの土の変形特性◀

　土のせん断挙動に関する 7.1〜7.7 節の記述は，ひずみの大きさ（ひずみレベル）が土の破壊に至るほどに大きな領域での応力 – ひずみ挙動が中心であった．この節では，地震や交通振動，波浪などに対する地盤 – 構造物系の応答に関する数値解析に必要となる，小さなひずみレベルでの土の変形特性の概要を述べる．

　液状化を対象とする場合を除けば，地盤の振動や繰返し荷重に対する変形を扱う場合のひずみレベルは通常 0.1% 以下で，大きい場合でも 1.0% 以下である．1990 年代以降の計測技術の発展によって，0.001% 以下のひずみとそれに対応する応力の測定が可能となり，0.001% 以下のひずみレベルでは，土の変形特性がひずみレベルにほとんど依存せず，弾性的な挙動を示すことがわかってきた．

　図 7.49(a) は原位置で繰返しせん断応力を受ける土の挙動を把握するために行われる**繰返しねじりせん断試験**[7.1] とよばれる試験の概要である．この試験は，中空の供試体に拘束圧と軸力を加えた状態から，図に示すように，供試体の水平面に繰返しねじり力を与えるもので，試験の結果，繰返し荷重を受ける土の応力 – ひずみ曲線は，砂質土，粘性土を問わず，図 7.49(b) のようになる．図 7.49(b) のせん断応力 τ – せん断ひずみ γ 関係曲線 ABCDA を履歴ループ（hysteresis loop）という．この曲線の両端を結んだ直線の傾きを等価せん断剛性率または**等価せん断弾性係数** G_{eq} とよぶ．ま

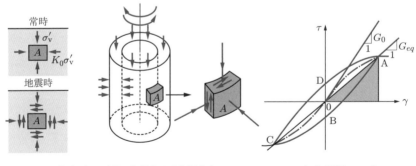

（a）土の要素に作用するせん断応力　　　　（b）履歴ループ

図 7.49　繰返しねじりせん断試験

た，履歴ループで囲まれた面積 ΔW（1 サイクルの繰返し載荷で失われる損失エネルギー）と図のグレーの部分の面積 W（半サイクルあたりの弾性ひずみエネルギー）を用いて，**履歴減衰率** h が $h = \Delta W / (4\pi W)$ で算定され，G_{eq} とともに地盤の動的挙動の解析に用いられる．図 7.50 は，せん断ひずみの増大とともにせん断弾性係数 G の大きさが減少し，履歴減衰率 h が増大する様子を示したもので，図中の G_0 はせん断初期のせん断弾性係数（図 7.49(b) 参照）である．

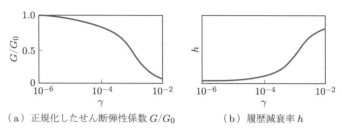

（a）正規化したせん断弾性係数 G/G_0 　　　（b）履歴減衰率 h

図 7.50　せん断ひずみにともなうせん断弾性係数，履歴減衰率の変化

通常の三軸圧縮試験と同様の装置を用いて，中実の供試体に拘束圧を加えた状態から軸方向の応力を繰返し載荷する試験（**繰返し三軸試験**）[7.1] から図 7.49(b) と同様の試験結果が得られる．ただし，この場合の縦軸は主応力差（$\sigma_a - \sigma_r$），横軸は軸ひずみ ε_a であり，履歴ループの両端を結んだ直線の傾きから**等価ヤング率** E_{eq} が得られる．

▶演習問題◀

7.1 ある砂地盤から採取された試料について直接せん断試験を行ったところ，垂直応力 $300\,\mathrm{kN/m^2}$ のときせん断応力 $210\,\mathrm{kN/m^2}$ で破壊した．以下の問いに答えよ．
  (1) この砂のせん断抵抗角を求めよ．
  (2) この砂地盤に載荷された荷重によって，地盤に破壊が生じた．破壊面上に作用する垂直応力が $450\,\mathrm{kN/m^2}$ であった場合の，せん断応力の値を求めよ．

7.2 ある粘土試料について CD 三軸圧縮試験を行って，表 7.10 のような結果を得た．この土の c_d, ϕ_d を求めよ．

表 7.10　CD 三軸圧縮試験の結果

供試体	①	②	③
圧密応力 $p\ (=\sigma_3)$ [kN/m²]	100	200	300
主応力差の最大値 $\sigma_1 - \sigma_3$ [kN/m²]	122	243	367

7.3 ある飽和粘土の乱れの少ない試料についての一軸圧縮試験の結果，一軸圧縮強さ $180\,\mathrm{kN/m^2}$ が得られ，この試料を練り返した後の一軸圧縮強さは $12\,\mathrm{kN/m^2}$ であった．この粘土の

非排水せん断強さおよび鋭敏比を求めよ.

7.4 ある飽和粘土地盤から採取した乱れの少ない試料について圧密排水三軸圧縮試験および一軸圧縮試験を行い, $c_d = 15\,[\mathrm{kN/m^2}]$, $\phi_d = 30°$, 一軸圧縮強さ $q_u = 70\,[\mathrm{kN/m^2}]$ の結果を得た. この飽和粘土地盤内のある深さのある面において, 地盤に載荷された荷重によって垂直応力が急激に増加して $104\,\mathrm{kN/m^2}$ になった. つぎのそれぞれの場合におけるこの粘土のせん断強さを求めよ.

(1) 垂直応力の増加直後

(2) 垂直応力が増加して十分時間が経過した後

7.5 密に詰まった砂について, CU および CD 三軸圧縮試験を行った. 試験結果から得られるせん断強さはどちらが大きいかを述べよ. その理由をダイレイタンシーから説明せよ.

7.6 演習問題 7.4 の粘土試料を $200\,\mathrm{kN/m^2}$ で圧密したのちに非排水三軸圧縮試験を行ったところ, 非排水せん断強さ $s_u = 76\,[\mathrm{kN/m^2}]$ が得られた. この地盤の表面に載荷された荷重によって, 粘土層の深さ方向に一様に $150\,\mathrm{kN/m^2}$ の応力増分が生じた場合の, 圧密終了後のこの地盤の非排水せん断強さを求めよ.

7.7 ある粘土地盤で実施したベーンせん断試験の結果, 最大トルク $M = 15\,[\mathrm{N·m}]$ が得られた. ベーンブレードの幅 $50\,\mathrm{mm}$, 高さ $100\,\mathrm{mm}$ として, この土の非排水せん断強さを求めよ.

7.8 地下水位が地表面に一致していて, 間隙比 1.02, 土粒子密度 $2.68\,\mathrm{Mg/m^3}$ の砂地盤がある. この地盤が液状化した場合の, 深さ $3\,\mathrm{m}$ の点の間隙水圧を求めよ.

第8章

地盤の安定問題I（土圧）

この章から第10章までの三つの章では，破壊に至るほどの大きな応力の作用のもとでの地盤の安定問題，すなわち土圧，斜面の安定，基礎の支持力の三つの問題を扱う．第4，5章では，比較的小さな応力の作用下であることを前提に，地盤は弾性的に挙動すると仮定したが，第8〜10章では，地盤を剛塑性材料に近似して解析する手法について解説する．したがって，第4，5章と第8〜10章とでは土の力学モデルが異なる．これは解析方法を容易にするための手段であるから，この点を念頭におきながら，解析結果と実地盤の挙動との差について考慮しなければならない．

この章では，地盤の安定問題の一つ目として，擁壁や土留め壁などの地盤の崩壊を防ぐ目的で構築された構造物に作用する土圧の問題を扱う．

▶ 8.1 土圧とは

地盤の崩壊を防ぐ目的で，図 8.1(a) に示すような急勾配の斜面に擁壁を設置したり，図 (b) のような掘削工事を安全に施工するために土留め矢板を設置したり，さまざまな構造物が用いられる．また，図 8.1(c) のように，建築物の地下壁などは地盤からの圧力に対して変形を生じないように設計される．地盤がこれらの構造物に及ぼす圧力を，**土圧**（earth pressure）とよぶ．一般には，地盤内の境界面に作用する応力も土圧というので，地盤と構造物との境界面に作用する応力を，とくに**壁面土圧**とよぶ．

この章では，地盤内の境界面に作用する**土中土圧**の考え方と壁面土圧の算定法について述べたのち，擁壁や土留め壁の設計に用いる壁面土圧の算定法について説明する．

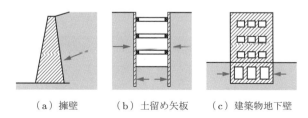

（a）擁壁　　（b）土留め矢板　　（c）建築物地下壁

図 8.1　さまざまな壁体構造物に作用する土圧

▶8.2　土中土圧

地盤内の土の要素にはたらく応力を考えよう．図 8.2(a) のように，水平な地盤の場合，任意深さ z にある土要素の水平面にはたらく有効鉛直応力 σ'_v は，土の単位体積重量 γ を用いて簡単に求めることができ，$\sigma'_\mathrm{v} = \gamma z$ で表される．σ'_v は**鉛直土圧**（vertical earth pressure）とよばれるが，土の自重に基づく応力であることから，**有効土被り応力**（effective overburden stress）ともよばれる（4.3 節参照）．一方，土要素の鉛直面にはたらく土圧 $\sigma'_\mathrm{h}\,[\mathrm{kN/m^2}]$ は

$$\sigma'_\mathrm{h} = K\sigma'_\mathrm{v} \tag{8.1}$$

で表され，K は**土圧係数**（coefficient of earth pressure）とよばれる．なお，土圧は有効応力によって定義されるものであることを明確に表すために，σ'_v，σ'_h のように（′）をつけて表示する．

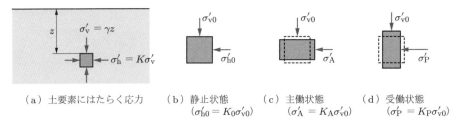

(a) 土要素にはたらく応力　　(b) 静止状態　　(c) 主働状態　　(d) 受働状態
　　　　　　　　　　　　　　　$(\sigma'_\mathrm{h0} = K_0\sigma'_\mathrm{v0})$　$(\sigma'_\mathrm{A} = K_\mathrm{A}\sigma'_\mathrm{v0})$　$(\sigma'_\mathrm{P} = K_\mathrm{P}\sigma'_\mathrm{v0})$

図 8.2　地盤内の土要素の状態変化

水平方向の土圧 σ'_h を求めるには，地盤を構成する土の応力とひずみの関係を表す式が必要である．第 4 章で述べたように，土の応力－ひずみ関係は弾塑性的であるから，土圧係数 K の値は地盤内に生じるひずみの大きさに対応して変化する．

地盤工学上，とくに問題になるのは，初期状態すなわち地盤が**静止状態**にあるときと，**限界状態**すなわち地盤にまさに破壊が生じようとする限界の状態での土圧である．8.3 節で限界状態における σ'_h の大きさを求める方法を示し，静止状態での土圧に関しては 8.4 節で説明する．

▶8.3　ランキンの土圧理論

限界状態にある地盤内の，鉛直面に作用する土圧（土中土圧）を求めるための理論式として，ランキン（Rankine, W.J.M.）は $c' = 0$ の地盤の土圧算定式を提案した．その後，ランキンの理論は，後続の研究者によって $c' \neq 0$ の場合について拡張されたが，この節ではまとめてランキンの土圧理論として説明する．

≫ 8.3.1　$c' = 0$ の地盤のランキン土圧

　ランキンは，せん断強さが $\tau_f = \sigma'_f \tan \phi'$ で表される水平な地盤が限界状態に至った場合を想定して，図 8.2(a) の土要素の鉛直面にはたらく土圧を理論的に求めた．初期状態として，図 8.2(b) のような静止状態（地盤が水平方向に変位を生じることのない状態）にあるときの鉛直土圧および水平土圧は，図 8.3 の**静止状態のモールの応力円**の σ'_{v0}，σ'_{h0} で表される．このときの σ'_{h0} を**静止土圧**（earth pressure at rest），水平土圧と鉛直土圧との比 $K_0 = \sigma'_{h0}/\sigma'_{v0}$ を**静止土圧係数**（coefficient of earth pressure at rest）とよぶ．静止状態のモールの応力円は，地盤が弾塑性状態にある（完全塑性状態に至っていない）ときの応力状態を表すもので，図中に示したモール・クーロンの**破壊規準線** $\tau_f = \sigma'_f \tan \phi'$（7.4 節参照）の下方に位置する．静止土圧の求め方については，8.4 節において述べる．

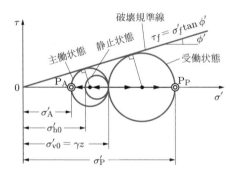

図 8.3　静止状態および主働・受働状態に対応するモールの応力円（$c' = 0$ の地盤）

　地盤が初期状態から水平方向に広がるような変形を生じて限界状態に至ったとき（主働状態：図 8.2(c)），あるいは水平方向に圧縮されるような変形を生じて限界状態に至ったとき（図 (d)）を想定すると，地盤内の応力状態は図 8.3 の破壊規準線に接する二つのモールの応力円で表される．以下に，これを説明する．

　図 8.2 の深さ z にある土要素の水平面にはせん断応力が作用していないから，鉛直土圧は**主応力**であり，その大きさ $\sigma'_{v0} (= \gamma z)$ は図 8.3 の垂直応力軸上にプロットされる（7.3 節参照）．この点を通って破壊規準線に接するモールの応力円は二つ描くことができ，それぞれ**主働状態**（active state），**受働状態**（passive state）の応力円とよばれる．υ'_{v0} の応力点から，応力の作用面（水平面）に平行に引いた直線の主働・受働状態のモールの応力円との交点は，**極**（pole：7.3.4 項参照）となる．それぞれの極 P_A，P_P を通って図 8.2 の鉛直面に平行に引いた直線と，モール円との交点（接点）は P_A，P_P と一致するから，これらの点は土要素の鉛直面にはたらく**主働土圧**（active earth pressure）σ'_A，**受働土圧**（passive earth pressure）σ'_P を表す．図 8.3 から主働状態の場合，

$$\frac{\sigma'_{v0} - \sigma'_A}{2} = \frac{\sigma'_{v0} + \sigma'_A}{2} \sin \phi' \tag{8.2}$$

が得られ，式 (8.2) は

$$\sigma'_{v0}(1 - \sin \phi') = \sigma'_A(1 + \sin \phi')$$

と書き換えられるから，式 (8.1) の土圧係数 $K = K_A$（K_A：**主働土圧係数**）は，

$$K_A = \frac{\sigma'_A}{\sigma'_{v0}} = \frac{1 - \sin \phi'}{1 + \sin \phi'} = \tan^2 \left(45° - \frac{\phi'}{2}\right) \tag{8.3}$$

と表される．$\sigma'_{v0} = \gamma z$ と式 (8.3) から，主働土圧 $\sigma'_A \, [\mathrm{kN/m^2}]$ は次式で求められる．

$$\sigma'_A = \sigma'_{v0} K_A = \gamma z K_A \tag{8.4}$$

同様に，受働状態の場合についても，図 8.3 の受働状態のモールの応力円についての関係から，**受働土圧係数** K_P が以下のように求められる．

$$K_P = \frac{\sigma'_P}{\sigma'_{v0}} = \frac{1 + \sin \phi'}{1 - \sin \phi'} = \tan^2 \left(45° + \frac{\phi'}{2}\right) \tag{8.5}$$

これより，受働土圧 $\sigma'_P \, [\mathrm{kN/m^2}]$ は次式で与えられる．

$$\sigma'_P = \sigma'_{v0} K_P = \gamma z K_P \tag{8.6}$$

⟫⟫ 8.3.2　$c' \neq 0$ の地盤のランキン土圧

地盤を構成する土のせん断強さが $\tau_f = c' + \sigma'_f \tan \phi'$ で表される場合には，限界状態のモールの応力円は図 8.4 のように表される．図から，

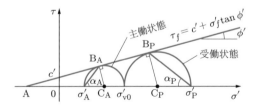

図 8.4　主働，受働状態のモールの応力円（$c' \neq 0$ の地盤）

$$\mathrm{AC_A} = c' \cot \phi' + \frac{\sigma'_{\mathrm{v0}} + \sigma'_{\mathrm{A}}}{2}, \quad \mathrm{AC_P} = c' \cot \phi' + \frac{\sigma'_{\mathrm{v0}} + \sigma'_{\mathrm{P}}}{2}$$

で表されることに注意すると，$c' = 0$ の場合と同様の手順で，$c' \neq 0$ の地盤の任意深さ z の鉛直面にはたらく主働土圧 σ'_{A}，受働土圧 σ'_{P} が，それぞれつぎの式で求められる．

$$\sigma'_{\mathrm{A}} = \sigma'_{\mathrm{v0}} K_{\mathrm{A}} - 2c' \sqrt{K_{\mathrm{A}}} \tag{8.7}$$

$$\sigma'_{\mathrm{P}} = \sigma'_{\mathrm{v0}} K_{\mathrm{P}} + 2c' \sqrt{K_{\mathrm{P}}} \tag{8.8}$$

なお，式 (8.7)，(8.8) で

$$K_{\mathrm{A}} = \frac{1 - \sin \phi'}{1 + \sin \phi'}, \quad K_{\mathrm{P}} = \frac{1 + \sin \phi'}{1 - \sin \phi'}$$

である．

図 8.4 で，主働状態および受働状態のモールの応力円が破壊規準線と接する点 $\mathrm{B_A}$，$\mathrm{B_P}$ は破壊面上の応力状態を表す．したがって，これらの点と主働および受働状態のモールの応力円の極とを結ぶ線の方向は，それぞれ主働および受働状態の破壊面と水平面とのなす角 α_{A}，α_{P} を表し（7.3 節参照），図 8.4 の関係から $\alpha_{\mathrm{A}} = 45° + \phi/2$，$\alpha_{\mathrm{P}} = 45° - \phi/2$ で表される．

≫ 8.3.3　傾斜地盤のランキン土圧

図 8.5 に示す $c' = 0$ の土からなる傾斜地盤の場合についても，地表面に平行な土圧を以下のようにして求めることができる．まず，深さ z の点を通る地表面に平行な面 CD 上にはたらく鉛直有効応力 $\sigma'_{\mathrm{v0}}\,[\mathrm{kN/m^2}]$ は，図中に示した柱状の土（奥行き：単位長さ）の体積による鉛直下向きの力を，面 CD の面積で割ることにより，次式で表される．

$$\sigma'_{\mathrm{v0}} = \frac{\gamma \cdot z \cdot b \cos \beta \times 1}{b \times 1} = \gamma z \cos \beta \tag{8.9}$$

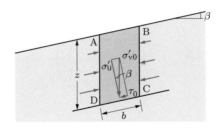

図 8.5　傾斜地盤の柱状要素にはたらく応力

ここで，γ は土の単位体積重量 $[\mathrm{kN/m^3}]$ である．

したがって，σ'_{v0} の面 CD に垂直および平行な成分，すなわち有効垂直応力 $\sigma'_0\,[\mathrm{kN/m^2}]$ およびせん断応力 $\tau_0\,[\mathrm{kN/m^2}]$ は

$$\sigma'_0 = \gamma z \cos^2 \beta \tag{8.10}$$

$$\tau_0 = \gamma z \cos \beta \sin \beta \tag{8.11}$$

で与えられる．

つぎに，鉛直面 AD, BC にはたらく地表面に平行な土中土圧を求める．まず，式 (8.10), (8.11) で与えられる (σ'_0, τ_0) を，図 8.6 の座標値としてプロットすると，

$$\mathrm{OA} \cos \beta = \sigma'_0$$

の関係から，線分 OA の長さが鉛直応力 $\sigma'_{v0}\,(= \gamma z \cos \beta)$ を表すことになる．この地盤が限界状態に至った場合を想定すると，水平地盤の場合と同じように，点 A を通って破壊規準線に接する二つの円，すなわち主働状態，受働状態のモールの応力円が得られる．σ'_{v0} の応力点から，応力の作用面（図 8.5 の地表面に平行な面 CD）に平行に引いた直線の主働・受働状態のモールの応力円との交点 $\mathrm{P_A, P_P}$ は，それぞれの応力円の**極**となる（7.3.4 項参照）．$\mathrm{P_A}$ および $\mathrm{P_P}$ から図 8.5 の柱状の土の鉛直面 AD, BC に平行な直線を引き，主働・受働状態のモールの応力円との交点を求めると，それぞれ線分 OE および線分 OF として主働土圧 $\sigma'_\mathrm{A}\,[\mathrm{kN/m^2}]$，受働土圧 $\sigma'_\mathrm{P}\,[\mathrm{kN/m^2}]$ が得られる．

$$\sigma'_\mathrm{A} = \sigma'_{v0} K_\mathrm{A} = K_\mathrm{A} \gamma z \cos \beta, \quad K_\mathrm{A} = \frac{\cos \beta - \sqrt{\cos^2 \beta - \cos^2 \phi'}}{\cos \beta + \sqrt{\cos^2 \beta - \cos^2 \phi'}} \tag{8.12}$$

$$\sigma'_\mathrm{P} = \sigma'_{v0} K_\mathrm{P} = K_\mathrm{P} \gamma z \cos \beta, \quad K_\mathrm{P} = \frac{\cos \beta + \sqrt{\cos^2 \beta - \cos^2 \phi'}}{\cos \beta - \sqrt{\cos^2 \beta - \cos^2 \phi'}} \tag{8.13}$$

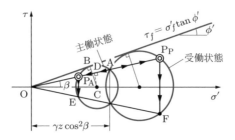

図 8.6　傾斜地盤の主働・受働土圧 $(c' = 0)$

例題 8.1	図 8.6 の関係から，主働土圧 σ'_A が式 (8.12) で与えられることを示せ．

解　図 8.6 において，点 E は点 P_A と σ' 軸に関して対称であることから，$OE = OP_A$ の関係があり，主働土圧係数は次式で与えられる．

$$K_A = \frac{\sigma'_A}{\sigma'_{v0}} = \frac{OE}{OA} = \frac{OP_A}{OA}$$

ここで，$OD = OC\cos\beta$，$CA = CP_A = CB = OC\sin\phi'$，$CD = OC\sin\beta$ などの関係があるから，OA, OP_A はそれぞれ以下のように表される．

$$
\begin{aligned}
OA &= OD + DA = OC\cos\beta + DP_A = OC\cos\beta + \sqrt{(CP_A)^2 - (CD)^2} \\
&= OC\cos\beta + \sqrt{(OC\sin\phi')^2 - (OC\sin\beta)^2} = OC\left(\cos\beta + \sqrt{\cos^2\beta - \cos^2\phi'}\right)
\end{aligned}
$$

$$
\begin{aligned}
OP_A &= OD - DP_A = OC\cos\beta - \sqrt{(CP_A)^2 - (CD)^2} \\
&= OC\left(\cos\beta - \sqrt{\cos^2\beta - \cos^2\phi'}\right)
\end{aligned}
$$

よって，主働土圧係数は次式で与えられる．

$$K_A = \frac{\sigma'_A}{\sigma'_{v0}} = \frac{OP_A}{OA} = \frac{\cos\beta - \sqrt{\cos^2\beta - \cos^2\phi'}}{\cos\beta + \sqrt{\cos^2\beta - \cos^2\phi'}}$$

》》8.3.4　壁面にはたらく土圧合力の算定

　ランキンの理論は，本来，図 8.2 や図 8.5 の鉛直面に作用する土中土圧を求めるものであるが，土中の境界面を壁面に置き換えることにより，擁壁などの構造物に作用する壁面土圧の土圧合力を求める方法として応用できる．

(1) $c' = 0$ の土からなる水平な地盤の場合　図 8.7 は $c' = 0$ の土からなる水平な地盤を支えている，表面状態の滑らかな鉛直面を有する壁にはたらく主働土圧の分布を示したものである．式 (8.4) で示されるように鉛直面にはたらく主働土圧 σ'_A は深さに比例して大きくなる．したがって，σ'_A の深さ方向の分布は，図 8.7(b) のように三

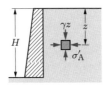

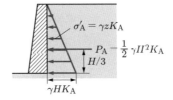

（a）任意深さでの土圧　　　　（b）土圧分布と土圧合力

図 8.7　ランキン主働土圧の分布と土圧合力の作用位置（$c' = 0$ の水平地盤）

角形状となり，その合力 $P_A [\mathrm{kN/m}]$ の大きさは土圧分布の面積として計算すればよいから

$$P_A = \frac{1}{2}\gamma H^2 K_A, \quad K_A = \frac{1-\sin\phi'}{1+\sin\phi'} \tag{8.14}$$

で求められる．**主働土圧合力** P_A は擁壁の下端から $H/3$ の位置に作用し，作用方向は地表面に平行である．

受働土圧合力 $P_P [\mathrm{kN/m}]$ についても，同様にして以下の式で与えられる．

$$P_P = \frac{1}{2}\gamma H^2 K_P, \quad K_P = \frac{1+\sin\phi'}{1-\sin\phi'} \tag{8.15}$$

例題 8.2　高さ 5 m の滑らかな鉛直面をもつ擁壁がせん断抵抗角 $\phi' = 35°$ の水平な砂地盤（$c' = 0$）を支えている．砂の単位体積重量 $\gamma = 18.0 [\mathrm{kN/m^3}]$ として，地表面から 2 m の深さでの主働土圧 σ'_A，および擁壁にはたらく土圧合力 P_A とその作用点の位置を求めよ．

解　式 (8.3) より

$$K_A = \frac{\sigma'_A}{\sigma'_{v0}} = \frac{1-\sin\phi'}{1+\sin\phi'} = \frac{1-\sin 35°}{1+\sin 35°} = 0.271$$

となる．$z = 2[\mathrm{m}]$ での σ'_A は式 (8.4) より

$$\sigma'_A = \gamma z K_A = 18.0 \times 2 \times 0.271 = 9.76 \,[\mathrm{kN/m^2}]$$

となる．土圧合力は式 (8.14) より，つぎのようになる．

$$P_A = \frac{1}{2}\gamma H^2 K_A = \frac{1}{2} \times 18.0 \times 5^2 \times 0.271 = 61.0 \,[\mathrm{kN/m}]$$

図 8.7(b) のように，土圧分布は三角形状となるから，擁壁底面から土圧合力の作用点までの高さ y は，次式となる．

$$y = \frac{H}{3} = \frac{5}{3} = 1.67 \,[\mathrm{m}]$$

(2) $c' = 0$ の土からなる傾斜地盤の場合　傾斜地盤の場合についても，地表面に平行にはたらく土圧として，鉛直壁面にはたらく主働・受働土圧合力を求めることができる．$c' = 0$ の土からなる傾斜地盤の鉛直面にはたらく主働土圧，受働土圧の大きさは，式 (8.12), (8.13) のように深さに比例するから，その分布は図 8.8 のようになり，土圧合力 $P_A [\mathrm{kN/m}]$, $P_P [\mathrm{kN/m}]$ はそれぞれ以下のように与えられる．

$$P_A = \frac{1}{2}\gamma H^2 K_A \cos\beta, \quad K_A = \frac{\cos\beta - \sqrt{\cos^2\beta - \cos^2\phi'}}{\cos\beta + \sqrt{\cos^2\beta - \cos^2\phi'}} \tag{8.16}$$

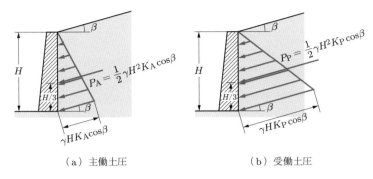

（a）主働土圧　　　　　　　　　　　（b）受働土圧

図 8.8 ランキンの土圧分布（$c' = 0$ の傾斜地盤）

$$P_P = \frac{1}{2}\gamma H^2 K_P \cos\beta, \quad K_P = \frac{\cos\beta + \sqrt{\cos^2\beta - \cos^2\phi'}}{\cos\beta - \sqrt{\cos^2\beta - \cos^2\phi'}} \tag{8.17}$$

なお，図 8.8 に示すように，主働・受働土圧合力 P_A, P_P の作用方向は斜面に平行で，擁壁の下端から $H/3$ の位置に作用する．

(3) $c' \neq 0$ の土からなる水平地盤の土圧合力

地盤を構成する土のせん断強さが $\tau_f = c' + \sigma_f' \tan\phi'$ で表される場合の主働土圧合力の計算は，以下のように考える．式 (8.7) を用いて得られるランキンの主働土圧の分布は図 8.9 のようになり，z_c の深さまでは土中に引張り応力が生じることになる．これは土が引張り応力にも耐えると仮定したことによるものだが，実際の地盤では，引張り応力がある程度以上の大きさになると亀裂が生じるため，応力状態が変化してランキンの理論通りにはならない．そこで，安全側の設計（土圧合力を大きく見積もる）のために，図 8.9 のように，式 (8.7) で $\sigma_A' = 0$ となる深さ z_c を求め，その深さまでの引張り応力を無視することが多い．すなわち，式 (8.7) に $\sigma_{v0}' = \gamma z$ を代入し，$\sigma_A' = 0$ とおくことにより，

$$z_c = \frac{2c'}{\gamma\sqrt{K_A}}, \quad K_A = \frac{1 - \sin\phi'}{1 + \sin\phi'} \tag{8.18}$$

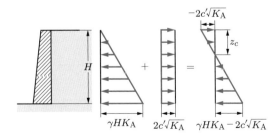

図 8.9 ランキンの主働土圧分布（$c' \neq 0$ の水平地盤）

が得られる.

　擁壁底面位置にはたらく土圧は，式 (8.7) より以下のように求められるから，

$$(\sigma'_{\rm A})_{z=H} = \gamma H K_{\rm A} - 2c' \sqrt{K_{\rm A}}$$

z_c の深さまでの引張り応力を無視して主働土圧合力 $P_{\rm A}[{\rm kN/m}]$ を計算すると，次式が得られる.

$$P_{\rm A} = \frac{1}{2}(H - z_c) \cdot (\sigma'_{\rm A})_{z=H} = \frac{1}{2}\left(H - \frac{2c'}{\gamma\sqrt{K_{\rm A}}}\right)\left(\gamma H K_{\rm A} - 2c'\sqrt{K_{\rm A}}\right)$$

$$= \frac{1}{2}\gamma H^2 K_{\rm A} - 2c' H \sqrt{K_{\rm A}} + \frac{2c'^2}{\gamma} \tag{8.19}$$

なお，$c' \neq 0$ の場合の受働土圧合力 $P_{\rm P}[{\rm kN/m}]$ は，式 (8.8) を用いて次式で表される.

$$P_{\rm P} = \frac{1}{2}\gamma H^2 K_{\rm P} + 2c' H \sqrt{K_{\rm P}}, \quad K_{\rm P} = \frac{1 + \sin\phi'}{1 - \sin\phi'} \tag{8.20}$$

(4) 水平な粘性土地盤が非排水条件で壁面に及ぼす圧力　　8.2 節で述べたように，土圧は有効応力で定義されるものである．ここでは，対象地盤が粘性土で，外力の変化後の短時間の間に壁面に作用する全水平応力（有効応力に基づく土圧と過剰間隙水圧の和）を求める方法について考える.

① 全応力表示の強度パラメータ（$\phi_{\rm u} = 0$, $s = s_{\rm u}$）を用いる場合：図 8.10 の破線は土中の任意深さ（有効土被り応力 $\sigma'_{\rm v0}$）で非排水条件下にある土要素が主働状態および受働状態に至ったときのモールの応力円（全応力表示）を示したものである．7.5.3 項で述べたように，非排水条件下での破壊規準線は σ 軸に平行（$\tau = s_{\rm u}$，$s_{\rm u}$：非排水せん断強さ）になることから，$\sigma'_{\rm v0}$ を通って，$\tau = s_{\rm u}$ 線に接する二つの円（半径 $s_{\rm u}$ の全応力円）が主働・受働破壊時の応力状態を表す．原点側の円が σ 軸と交わる点の座標値が非排水状態での主働破壊時に土要素にはたらく全水平応力 $\sigma_{\rm A}$，原点から遠い側の円が σ 軸と交わる点の座標値が受働破壊時の全水平

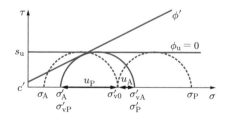

図 8.10　主働，受働状態のモールの応力円（非排水条件下の粘性土地盤）

応力 σ_P である. σ_A, σ_P は図 8.10 から σ'_{v0} および s_u を用いて以下のように表すことができる.

$$\sigma_A = \sigma'_{v0} - 2s_u \tag{8.21a}$$

$$\sigma_P = \sigma'_{v0} + 2s_u \tag{8.21b}$$

したがって, 非排水せん断強さ s_u の深度方向の分布がわかっていれば, 式 (8.21a), (8.21b) により σ_A, σ_P の深度分布を計算でき, 非排水状態で壁面に作用する全水平応力を算定することができる.

② 有効応力表示の強度パラメータ (c', ϕ') を用いる場合:「非排水」の条件から, 有効応力表示のモールの応力円は, 図 8.10 の実線で示すように s_u の半径をもち, c', ϕ' 線に接するただ一つの円であり, この円が原点側の σ 軸と交わる点の座標値が主働土圧 σ'_A を, 原点から遠い側の σ 軸と交わる点の座標値が受働土圧 σ'_P を表し, 式 (8.7), (8.8) を参照してそれぞれ式 (8.22a), (8.22b) で表現される.

$$\sigma'_A = \sigma'_{vA}K_A - 2c'\sqrt{K_A} \tag{8.22a}$$

$$\sigma'_P = \sigma'_{vP}K_P + 2c'\sqrt{K_P} \tag{8.22b}$$

ただし, 両式中の σ'_{vA}, σ'_{vP} はそれぞれ主働・受働破壊時の鉛直有効応力であり, その大きさは図 8.10 に示すようである. 式 (8.22a), (8.22b) によって非排水条件のもとでの有効応力表示の土圧を求めようとする場合, 強度パラメータ c', ϕ' のほかに主働あるいは受働破壊時の有効応力 σ'_{vA}, σ'_{vP} を知る必要がある. しかし, 一般には破壊時に粘性土地盤内に作用する間隙水圧 u の値を予測することは困難であり, 破壊時の σ'_{vA}, σ'_{vP} を特定することは難しい.

仮に u の値がわかったとすると, たとえば主働状態の場合 $\sigma'_{vA} = \sigma'_{v0} - u$ で σ'_{vA} が決まり, 式 (8.22a) により主働土圧 σ'_A が算定できる. すなわち,

$$\sigma'_A = (\sigma'_{v0} - u)K_A - 2c'\sqrt{K_A} \tag{8.23}$$

となるので, 全水平応力はつぎのようになる.

$$\sigma_A = \sigma'_A + u = \sigma'_{v0}K_A - 2c'\sqrt{K_A} + (1 - K_A)u \tag{8.24}$$

式 (8.24) で $\phi' = 0$, $c' = s_u$ とおくと, $\sigma_A = \sigma'_{v0} - 2s_u$ となり, 式 (8.21a) と一致する. すなわち, ①, ②どちらの方法を用いても結果は同じであるが, ②の場合, 破壊時の間隙水圧の推定が不可欠である.

| 例題 8.3 | 【例題 8.2】で地盤の強度パラメータが $c' = 10\,[\mathrm{kN/m^2}]$，$\phi' = 35°$ の場合の主働土圧を計算せよ． |

解　式 (8.19) より，主働土圧はつぎのようになる．

$$
\begin{aligned}
P_A &= \frac{1}{2}\gamma H^2 K_A - 2c'H\sqrt{K_A} + \frac{2c'^2}{\gamma} \\
&= \frac{1}{2} \times 18.0 \times 5^2 \times 0.271 - 2 \times 10 \times 5\sqrt{0.271} + \frac{2 \times (10)^2}{18.0} \\
&= 60.98 - 52.06 + 11.11 = 20.0\,[\mathrm{kN/m}]
\end{aligned}
$$

▶ 8.4　静止土圧

　自然堆積の水平地盤が堆積時の状態を保っている場合の水平方向の土中土圧や，図 8.1(c) に示す建築物の地下壁のように高い剛性をもち，水平方向への変位を生じない状態での壁面にはたらく水平土圧を静止土圧という．静止土圧 σ'_{h0} と鉛直土圧 σ'_{v0} との比を静止土圧係数 K_0 とよび，次式で表す．

$$
K_0 = \frac{\sigma'_{h0}}{\sigma'_{v0}} \tag{8.25}
$$

　8.3 節で述べたように，主働土圧係数 K_A，受働土圧係数 K_P は，地盤が限界状態に達したときの土圧係数として理論的に求めることができる．静止土圧係数 K_0 は K_A と K_P との中間の値をとり，地盤の堆積過程や土の密度，応力履歴などに依存することがわかっている．K_0 値を求める方法として，理論式を含めてこれまでさまざまな提案があるが，正規圧密状態の土については下記のヤーキー（Jáky, J）の経験式[8.1] がよく用いられる．

$$
(K_0)_{NC} \fallingdotseq 1 - \sin\phi' \tag{8.26}
$$

　水平地盤の場合，ランキンの主働土圧係数 K_A，受働土圧係数 K_P とヤーキーの静止土圧係数 K_0 は，それぞれ式 (8.3), (8.5), (8.26) で表されるから，三つの土圧係数の間には，以下のような関係がある．

$$
K_A < K_0 < K_P \tag{8.27}
$$

地盤の変形状態と土圧の大きさの関係を把握するために，$\phi' = 30°$ の場合を例に，各係数の計算値を用いて描いたのが図 8.11 である．図から，壁の変位状態の違いによって土圧係数の値が大きく異なることが理解できる．

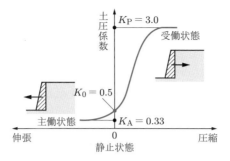

図 8.11 地盤の変位と土圧係数の大きさ（$\phi' = 30°$ の水平地盤）

なお，粘土地盤の K_0 は地盤が過去に受けた応力履歴に依存し，過圧密比（OCR）の関数として以下の式で表される．

$$(K_0)_{\mathrm{OC}} = (K_0)_{\mathrm{NC}} \cdot OCR^m \tag{8.28}$$

ここで，NC, OC はそれぞれ正規圧密状態および過圧密状態を表し，粘土については $m \fallingdotseq \sin\phi'$ とされるが，泥炭の m の値は強熱減量 L_i との相関があり，以下の式が用いられている．

$$m \fallingdotseq 0.005\, L_i\,[\%] + 0.45 \tag{8.29}$$

なお，強熱減量は，炉乾燥した土をさらに (750 ± 50)℃ で強熱したときに減少した質量を炉乾燥質量に対する百分率で表した，土に含まれる有機物含有量の指標である．

例題 8.4 せん断抵抗角 $\phi' = 35°$ の粘土地盤について，正規圧密状態および $OCR = 3$ の過圧密状態での静止土圧係数を求めよ．

解　(1) 正規圧密状態：式 (8.26) より，つぎのようになる．

$$(K_0)_{\mathrm{NC}} \fallingdotseq 1 - \sin\phi' = 1 - \sin 35° = 0.426$$

(2) 過圧密状態：式 (8.28) より，つぎのようになる．

$$(K_0)_{\mathrm{OC}} = (K_0)_{\mathrm{NC}} \cdot OCR^m \fallingdotseq (K_0)_{\mathrm{NC}} \cdot OCR^{\sin\phi'} = 0.426 \times 3^{0.574} = 0.80$$

▶8.5　クーロンの土圧理論

ランキンが地盤内の任意の深さの土要素にはたらく土中土圧（応力）を理論的に求めることから出発したのに対し，フランスの築城技術者であったクーロン（Coulomb,

C.A.）は，はじめから擁壁に作用する土圧合力を求める方法を提案した.

≫ 8.5.1　クーロンの主働土圧

(1) $c' = 0$ の地盤　図 8.12(a) は，$c' = 0$ の土からなる地盤を支える擁壁が，その下端を中心にわずかに前方に傾き，擁壁背面の土塊が主働状態に至ったときの力のつり合いを示したものである．この場合，擁壁背面地盤には一般に曲面状のすべり面が発生するが，クーロンはすべり面を図に示すような平面 BC と仮定し，壁面 AD とすべり面 BC に挟まれたくさび状の土塊 ABC が，重力の作用により下方に移動しようとするときに擁壁に作用する力として主働土圧合力を求めた．土塊 ABC に作用する力は，図 8.12(a) に示すように，土塊の重量 W と，土圧の反作用として擁壁から土に作用する力 P，およびすべり面 BC の下方地盤が土塊のすべりに抵抗する力 R の三つである．P, R は，それぞれ壁面 AB，すべり面 BC の法線に対して δ および ϕ' だけ上向きに傾いて作用し，P と法線とのなす角 δ を**壁面摩擦角**（angle of wall friction）とよぶ．R は土中の境界面に作用する抵抗力であるから，すべり面の法線とのなす角は土のせん断抵抗角 ϕ' に等しい．壁面摩擦角 δ は壁と土との間の摩擦角であり，壁面の粗さによって異なる値をとるが，土のせん断抵抗角よりは小さく，設計値として $\delta = 2\phi'/3$ とするのが一般的である.

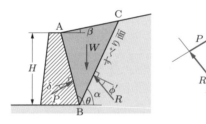

（a）すべり土塊に作用する力　　（b）力の三角形

図 8.12　クーロンの主働土圧の求め方（$c' = 0$ の地盤）

　さて，主働土圧を求めるにあたって，すべり面と擁壁の底面を通る水平面とのなす角 α を仮定すると，上記の三つの力のうち，W は**大きさと方向**が，また P と R は**方向**が既知であるので，図 8.12(b) の力の三角形から P を求めることができる．このようにして得られる P の値は，すべり面の傾角 α の値とともに変化する．そこで，α の値をさまざまに変化させて P の最大値を求めると，これが**主働土圧合力** P_{A} [kN/m] となり，その解析解は以下のように与えられる[8.2].

$$P_{\mathrm{A}} = \frac{1}{2}\gamma H^2 \frac{K_{\mathrm{A}}}{\sin\theta\cos\delta},$$

$$K_{A} = \frac{\sin^2(\theta - \phi')\cos\delta}{\sin\theta\sin(\theta + \delta)}\left\{1 + \sqrt{\frac{\sin(\delta + \phi')\sin(\phi' - \beta)}{\sin(\theta + \delta)\sin(\theta - \beta)}}\right\}^{-2} \quad (8.30)$$

なお, $(\phi' - \beta < 0)$ の場合は $(\phi' - \beta = 0)$ として計算する.

　クーロン土圧式は, 本来, 土圧合力を求めるものであり, 土圧分布について論じていないが, ランキン土圧と同じように三角形分布をなすものと仮定し, その合力の作用点は $c' = 0$ の地盤の場合, 擁壁の下端から $H/3$ の位置にはたらくものとして扱われる.

(2) $c' \neq 0$ の地盤　　擁壁背面地盤のせん断強さが $\tau_f = c' + \sigma'_f \tan\phi'$ で表される場合には, すべり土塊に作用する力は, 図 8.13(a) のようになる. すなわち, $c' = 0$ の場合に比べて, 新たに土の粘着成分に基づく力 $C \,(= c' \cdot \mathrm{BC})$ と, 壁面と土との間の付着力 $C_a (= c_a \cdot \mathrm{AB})$ の二つの力が作用する. なお, c_a は壁面と土との付着力であるが, 土と土との間に作用する c' を用いて $C_a = c' \cdot \mathrm{AB}$ で近似する.

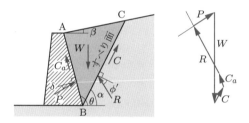

（a）すべり土塊に作用する力　　（b）力の多角形

図 8.13　クーロンの主働土圧の求め方 ($c' \neq 0$ の地盤)

　c' の値が与えられているから, C と C_a の**大きさおよび方向**が既知であるので, 図 8.13(b) のように土塊重量 W, 土圧合力 P, 反力 R, 粘着力の合力 C, 付着力 C_a の五つの力による力の多角形を描くことができ, P を求めることができる. $c' = 0$ の場合と同様に, P の値はすべり面の傾角 α の値とともに変化するので, α の値をさまざまに変化させて P の最大値を求めると, これが**主働土圧合力 P_A** となる.

⟫ 8.5.2　クーロンの受働土圧

(1) $c' = 0$ の地盤　　擁壁背後のくさび状の土塊が, 図 8.14(a) のすべり面 BC にそって上方に押し上げられるように移動する場合を想定し, 図 (b) のように力の三角形を描き, 主働土圧の場合と同様の手順で受働土圧合力を求める. ただし, この場合, P, R の擁壁面, すべり面の法線方向に対する傾きは図のようになり, 図 8.12 の主働土圧の場合と逆になることに注意が必要である. すべり面傾角 α をさまざまに変化さ

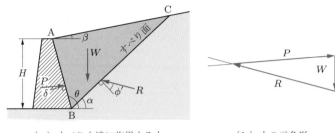

（a）すべり土塊に作用する力　　　　　　（b）力の三角形

図 8.14　クーロンの受働土圧の求め方（$c' = 0$ の地盤）

せて P の最小値を求めると，これが**受働土圧合力 P_P [kN/m]** となり，その解析解は以下のように与えられる[8.2].

$$P_\mathrm{P} = \frac{1}{2}\gamma H^2 \frac{K_\mathrm{P}}{\sin\theta\cos\delta},$$

$$K_\mathrm{P} = \frac{\sin^2(\theta + \phi')\cos\delta}{\sin\theta\sin(\theta - \delta)}\left\{1 - \sqrt{\frac{\sin(\delta + \phi')\sin(\phi' + \beta)}{\sin(\theta - \delta)\sin(\theta - \beta)}}\right\}^{-2} \tag{8.31}$$

(2) $c' \neq 0$ の地盤　擁壁背面地盤のせん断強さが $\tau_f = c' + \sigma'_f \tan\phi'$ で表される場合には，すべり土塊に作用する力は図 8.15(a) のようになる．この場合，P, R の傾きはもちろん粘着力の合力 $C\,(= c'\cdot\mathrm{BC})$ および付着力 $C_a\,(= c_a\cdot\mathrm{AB})$ の作用方向も主働状態の場合と逆になることに注意すると，これまで述べた方法と同じ手順により，図 8.15(b) の力の多角形から受働土圧合力 P_P を求めることができる．

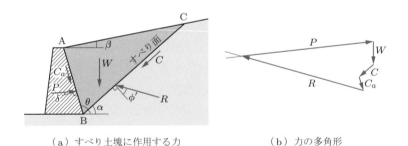

（a）すべり土塊に作用する力　　　　　　（b）力の多角形

図 8.15　クーロンの受働土圧の求め方（$c' \neq 0$ の地盤）

例題 8.5　図 8.12 に示すような擁壁（$H = 5$ [m]，$\theta = 110°$）が傾斜した砂地盤（傾斜角 $\beta = 10°$）を支えている．地盤の単位体積重量 $\gamma = 17.5$ [kN/m³]，せん断抵抗角 $\phi' = 30°$，壁面摩擦角 $\delta = 20°$ として，この擁壁にはたらく主働土圧合力を求めよ．

解 与えられた条件を，式 (8.30) に代入する．まず，主働土圧係数 K_A は，

$$K_A = \frac{\sin^2(\theta - \phi')\cos\delta}{\sin\theta\sin(\theta + \delta)}\left\{1 + \sqrt{\frac{\sin(\delta + \phi')\sin(\phi' - \beta)}{\sin(\theta + \delta)\sin(\theta - \beta)}}\right\}^{-2}$$

$$= \frac{\sin^2(110° - 30°)\cos 20°}{\sin 110°\sin(110° + 20°)}\left\{1 + \sqrt{\frac{\sin(20° + 30°)\sin(30° - 10°)}{\sin(110° + 20°)\sin(110° - 10°)}}\right\}^{-2}$$

$$= 0.5013$$

となる．よって，主働土圧合力 P_A は，つぎのようになる．

$$P_A = \frac{1}{2}\gamma H^2 \frac{K_A}{\sin\theta\cos\delta} = \frac{1}{2} \times 17.5 \times 5^2 \times \frac{0.5013}{\sin 110°\cos 20°} = 124\,[\text{kN/m}]$$

▶8.6 擁壁に作用する土圧の算定

　擁壁背面に作用する土圧の算定に，ランキンあるいはクーロンの土圧式を適用する際は，それぞれに特長と適用上の制限があるので，それらを考慮して適切に用いる必要がある．この節では，ランキンおよびクーロン土圧式の適用条件を述べたのちに，各種荷重条件，地盤条件での擁壁に作用する土圧の算定法や地震時に擁壁に作用する土圧の算定法について説明する．

8.6.1 土圧算定式の適用条件

(1) ランキン土圧式　ランキン土圧式は，本来，地盤内の任意深さにある土要素の鉛直面に作用する土中土圧の算定式であるから，壁面土圧に適用するためには以下の条件を満たす必要がある．

① 壁面は鉛直であること．

② 擁壁背面地盤の傾斜（傾斜角 β）と土圧の作用方向（壁面摩擦角 δ）が一致すること．

③ 水平地盤の場合には，$\delta = 0°$（すなわち壁面が滑らか）であること．

　なお，壁面が鉛直で $\delta = \beta$ が満足される場合は，クーロン土圧式はランキン土圧式と完全に一致する．

(2) クーロン土圧式　クーロン土圧式は，擁壁背面のくさび状の土塊にはたらく力のつり合いから，擁壁にはたらく土圧合力を直接求めるもので，式の形は複雑であるが，以下のようにランキン土圧式よりも適用上の制限が少ない．

① 壁面が鉛直である必要はない．

② 壁面と地盤の間に摩擦が存在（$\delta \neq 0°$）してもよい．

しかし，つぎのような欠点がある．

③ $c' \neq 0$ の場合，解析解は与えられていない（図解法を用いる）．

(3) 仮想壁面　　実際の擁壁の形状が (1)，(2) の条件に適合しない場合でも，図 8.16 に示すように，地盤内に仮想の背面を想定することによって，ランキンあるいはクーロンの土圧式を適用することができる．

- 図 8.16(a) の場合：そのままでクーロン土圧式を適用できるが，図のように鉛直の仮想背面を想定し，かつ $\delta = \beta$ と仮定できればランキン土圧式も使える．
- 図 8.16(b) の場合：そのままでは，ランキン土圧式も，クーロン土圧式も使えないが，図中の破線のように鉛直の仮想背面を想定し，かつ $\delta = \beta$ と仮定できればランキン土圧式が適用できる．クーロン土圧式を適用する場合，仮想背面は図 8.16(b)，(c) のどちらに仮定してもよいが，仮想背面は土中にあることから，δ は土と土との摩擦角となる．したがって，$\delta = \phi'$ とする．

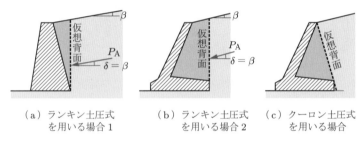

（a）ランキン土圧式　　（b）ランキン土圧式　　（c）クーロン土圧式
　　を用いる場合 1　　　　　を用いる場合 2　　　を用いる場合

図 8.16　ランキン土圧式あるいはクーロン土圧式適用のための仮想背面

≫ 8.6.2　各種荷重条件，地盤条件のもとでの擁壁土圧の算定

(1) 擁壁背面地盤上に載荷重がある場合　　図 8.17 に示すように，壁面が鉛直な擁壁の背面地盤上に等分布荷重 q が載荷されている場合の土圧は，載荷重 q を地盤に置き

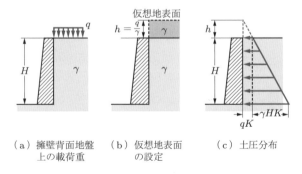

（a）擁壁背面地盤　　（b）仮想地表面　　（c）土圧分布
　　上の載荷重　　　　　の設定

図 8.17　等分布の載荷重がある場合の土圧計算法（$c' = 0$ の水平地盤）

換えて，仮想の地表面が換算高さ $h\ (= q/\gamma)$ の位置（図 (b)）に存在するものとして計算する．したがって，擁壁の高さが $(H+h)$ であるものとして，土圧合力 $P\,[\mathrm{kN/m}]$ を算定する．この場合の土圧分布は図 8.17(c) のようになるが，実際には h の部分には壁は存在しないので，その分だけ差し引けばよい．計算に用いる土圧式は 8.6.1 項の適用条件を考慮して選定するものとして，その土圧係数を K とすれば，次式のように表される．

$$P = \frac{1}{2}\gamma K\left\{(H+h)^2 - h^2\right\} = \frac{1}{2}\gamma H^2 K + qHK \tag{8.32}$$

図 8.18 のように，壁面が鉛直でなく，地表面が傾いているような場合にも，換算高さの考え方を適用すると，擁壁に作用する土圧を求めることができる．この場合の換算高さ $h\,[\mathrm{m}]$ は図中の記号を用いて次式で与えられる．

$$h = \frac{q}{\gamma}\frac{\sin\theta}{\sin(\theta-\beta)} \tag{8.33}$$

なお，この場合は，壁面が鉛直でないため，土圧算定にクーロン土圧式を適用する．

図 8.19 のように，水平な背面地盤上に部分載荷がなされている場合は，クーロン土圧式を用いて解析解を得ることはできないが，ランキン土圧式を適用することができ

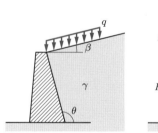 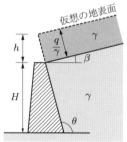

（a）擁壁背面地盤上の載荷重　　（b）仮想地表面の設定

図 8.18　傾斜した背面地盤に等分布の載荷重がある場合

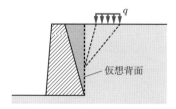

図 8.19　部分載荷重による土圧増分の求め方

る．部分荷重が仮想壁面に及ぼす応力増分を第 4 章の地盤内応力の問題として求め，背面地盤のみによるランキン土圧に加えればよい．なお，擁壁背面地盤の地表面形状が複雑な場合や，部分荷重が作用する場合などには，クーロンの土圧理論に基づくクルマン（Culmann, K.）の図解法[8.1] を適用するのがよい．たとえば，図 8.12 において，仮定したすべり面と擁壁背面に挟まれた部分に荷重が載荷されている場合，荷重を土の重さに換算して土塊重量 W に加算したのち，8.5.1 項で述べた方法に従って土圧を算定する．この際，図 8.12(b) の力の三角形を擁壁背面の地盤内に描き，仮定した複数のすべり面に対して描いた力の三角形から得られる土圧の最大値を図解的に求める．

(2) 背面地盤が複数の層からなる場合　　図 8.20 のように，背面地盤が地盤特性の異なる層から構成されている場合や，図 8.21 のように背面地盤内に地下水位が存在する場合についても，(1) の等分布荷重の場合の換算高さの考え方を適用できる．たとえば，図 8.20 の場合，第 1 層による土圧は擁壁高さ H_1 に対する土圧として計算する．第 2 層による土圧の算定にあたっては，第 1 層の土被り応力が等分布荷重 $q = \gamma_1 H_1$ として第 2 層の上面に作用すると考える．

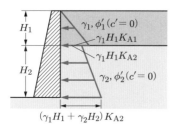

図 8.20　背面地盤が複数の層か
　　　　らなる場合の土圧分布

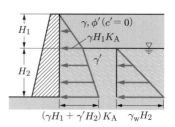

図 8.21　背面地盤内に地下水位があ
　　　　る場合の土圧と水圧の分布

例題 8.6　図 8.22 に示すような鉛直背面をもつ擁壁が，2 層からなる水平な地盤を支えている．この擁壁にはたらく主働土圧の分布を示し，主働土圧合力を求めよ．なお，壁面摩擦角 $\delta = 0°$ とする．

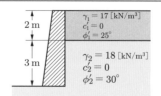

図 8.22　背面地盤が 2 層からなる場合

解　擁壁背面が鉛直で $\beta = \delta = 0°$ であるから，ランキン土圧式が使える．この問題は図 8.20 で $H_1 = 2\,\mathrm{m}$, $H_2 = 3\,\mathrm{m}$ の場合に相当するから，土圧分布を描くには各層の境界位置における土圧を求めればよい．主働土圧係数は式 (8.3) より，つぎのようになる．

$$K_{A1} = \frac{1 - \sin \phi_1'}{1 + \sin \phi_1'} = \frac{1 - \sin 25°}{1 + \sin 25°} = 0.406$$

$$K_{A2} = \frac{1 - \sin \phi_2'}{1 + \sin \phi_2'} = \frac{1 - \sin 30°}{1 + \sin 30°} = 0.333$$

① 第1層の主働土圧分布と土圧合力

$z = H_1$ における主働土圧は，つぎのようになる．

$$(\sigma_A')_{z=H_1} = \gamma_1 H_1 K_{A1} = 17 \times 2 \times 0.406 = 13.8\,[\mathrm{kN/m^2}]$$

土圧合力は，つぎのようになる．

$$P_{A①} = \frac{1}{2}\gamma_1 H_1{}^2 K_{A1} = \frac{1}{2} \times 17 \times 2^2 \times 0.406 = 13.8\,[\mathrm{kN/m}]$$

② 第2層の主働土圧分布と土圧合力

第1層の土被り応力が等分布荷重 $q = \gamma_1 H_1$ として第2層の上面に作用すると考えて，擁壁の H_2 部分にはたらく土圧を計算する．$z = H_1$ における主働土圧は

$$(\sigma_A')_{z=H_1} = \gamma_1 H_1 K_{A2} = 17 \times 2 \times 0.333 = 11.3\,[\mathrm{kN/m^2}]$$

となり，擁壁底面の位置（$z = H_1 + H_2$）における主働土圧は，つぎのようになる．

$$(\sigma_A')_{z=H_1+H_2} = (\gamma_1 H_1 + \gamma_2 H_2)K_{A2} = (17 \times 2 + 18 \times 3) \times 0.333$$
$$= 29.3\,[\mathrm{kN/m^2}]$$

擁壁の H_2 部分にはたらく土圧合力 $P_{A②}$ は式 (8.32) に $\gamma = \gamma_2$, $H = H_2$, $K = K_{A2}$, $q = \gamma_1 H_1$ を適用して，つぎのようになる．

$$P_{A②} = \frac{1}{2}\gamma_2 H_2{}^2 K_{A2} + \gamma_1 H_1 H_2 K_{A2} = \left(\frac{1}{2} \times 18 \times 3^2 + 17 \times 2 \times 3\right) \times 0.333$$
$$= 60.9\,[\mathrm{kN/m}]$$

よって，全主働土圧合力は，つぎのようになる．

$$P_A = P_{A①} + P_{A②} = 13.8 + 60.9 = 74.7\,[\mathrm{kN/m}]$$

例題 8.7 図 8.23 に示す滑らかな鉛直面をもつ擁壁が水平な砂地盤（$c' = 0$）を支えている．地下水位は地表面から 2 m の位置にある．擁壁に作用する側圧 P（主働土圧合力 P_A と水圧 P_w の和）を求めよ．なお，地下水位より上の砂の単位体積重量 $\gamma = 17\,[\mathrm{kN/m^3}]$，地下水位以下の砂の飽和単位体積重量 $\gamma_{\mathrm{sat}} = 19\,[\mathrm{kN/m^3}]$，水の単位体積重量 $\gamma_w = 9.80\,[\mathrm{kN/m^3}]$ とし，せん断抵抗角 ϕ' の値は地下水位の位置によらないものとする．

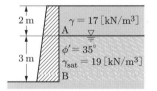

図 8.23 背面地盤内に地下水位がある場合

解　砂の水中単位体積重量 $\gamma' = \gamma_{\mathrm{sat}} - \gamma_{\mathrm{w}} = 19.0 - 9.80 = 9.2\,[\mathrm{kN/m^3}]$ である．ϕ' は変わらないから，地下水位によらず主働土圧係数は同じで，

$$K_{\mathrm{A}} = \frac{1 - \sin 35°}{1 + \sin 35°} = 0.271$$

となる．地下水面の位置（点 A）での主働土圧は，

$$(\sigma'_{\mathrm{A}})_{z=2[\mathrm{m}]} = \gamma H_1 K_{\mathrm{A}} = 17 \times 2 \times 0.271 = 9.21\,[\mathrm{kN/m^2}]$$

で，擁壁底面の位置（点 B）では，

$$(\sigma'_{\mathrm{A}})_{z=5[\mathrm{m}]} = (\gamma H_1 + \gamma' H_2)K_{\mathrm{A}} = (17 \times 2 + 9.2 \times 3) \times 0.271 = 16.7\,[\mathrm{kN/m^2}]$$

である．全主働土圧合力は【例題 8.6】と同様に考えればよいから，つぎのようになる．

$$\begin{aligned} P_{\mathrm{A}} &= \frac{1}{2}\gamma {H_1}^2 K_{\mathrm{A}} + \frac{1}{2}\gamma' {H_2}^2 K_{\mathrm{A}} + \gamma H_1 H_2 K_{\mathrm{A}} \\ &= \left(\frac{1}{2} \times 17 \times 2^2 + \frac{1}{2} \times 9.2 \times 3^2 + 17 \times 2 \times 3\right) \times 0.271 = 48.1\,[\mathrm{kN/m}] \end{aligned}$$

水圧はつぎのようになる．

$$P_{\mathrm{w}} = \frac{1}{2}\gamma_{\mathrm{w}} {H_2}^2 = \frac{1}{2} \times 9.80 \times 3^2 = 44.1\,[\mathrm{kN/m}]$$

よって，側圧 P は次式となる[*]．

$$P = P_{\mathrm{A}} + P_{\mathrm{W}} = 48.1 + 44.1 = 92.2\,[\mathrm{kN/m}]$$

---

(3) 地震時に擁壁に作用する土圧　ここまでは，平常時において擁壁に作用する土圧の算定法を説明してきたが，ここでは地震力の作用下での土圧の算定について説明する．

地震時に擁壁に作用する土圧の算定法として，物部・岡部の式がある．一般に，地震動の加速度を α としたときに質量 m の構造物には，αm で表される慣性力が作用する．構造物の重量を W とすると，慣性力 αm は，重力加速度を g として

$$\alpha m = \alpha \frac{W}{g} = kW \tag{8.34}$$

で表される．$k\,(=\alpha/g)$ を震度係数といい，kW を設計上の地震力として構造物に静的に作用させる方法を震度法とよぶ．実際の地震動の場合，作用する慣性力の大きさは時間とともに変化するから，本来，繰返し作用する地震動に対する地盤の応答特性を反映させた解析が必要である．しかし，7.8 節で述べたように，繰返し荷重を受ける

---

[*] 8.2 節で説明したように，土圧は有効応力によって定義されるものであり，この【例題 8.7】のように，擁壁背面地盤に地下水位が存在する場合には，擁壁にはたらく力（側圧）として主働土圧合力に加えて水圧を考慮する必要がある．この【例題 8.7】の場合，擁壁にはたらく側圧のうち，50% 弱を水圧が占めている．

土の応力 – ひずみ挙動は，きわめて小さなひずみの領域を除けば，応力に対するひずみの変化が直線的でなく，いわゆる非線形性が強いため，解析が複雑になる．そこで，簡単化のため，地震力を静的な外力に置き換える方法が実務上広く用いられている．

重量 W の構造物に，設計水平地震力 $k_{\mathrm{h}} W$，および設計鉛直地震力 $k_{\mathrm{v}} W$ を作用させると，図 8.24(a) のように重力と設計地震力の合成力の方向は鉛直方向から**地震合成角** ω だけ傾く．物部・岡部の式は，図 8.24(c) のように，擁壁および背面地盤の表面を地震合成角 ω だけ傾けて，地震時の危険な状態を想定したうえでクーロン土圧式を適用するものである．この場合，地震時主働土圧合力 $P_{\mathrm{AE}}[\mathrm{kN/m}]$，地震時受働土圧合力 $P_{\mathrm{PE}}[\mathrm{kN/m}]$ がそれぞれ次式で与えられる．

$$
P_{\mathrm{AE}} = \frac{1}{2}(1 - k_{\mathrm{v}})\gamma H^2 K_{\mathrm{AE}},
$$

$$
K_{\mathrm{AE}} = \frac{\sin^2(\theta - \phi' + \omega)}{\cos\omega \sin^2\theta \sin(\theta + \delta + \omega)}\left\{1 + \sqrt{\frac{\sin(\delta + \phi')\sin(\phi' - \beta - \omega)}{\sin(\theta + \delta + \omega)\sin(\theta - \beta)}}\right\}^{-2}
$$
$$(8.35)$$

$$
P_{\mathrm{PE}} = \frac{1}{2}(1 - k_{\mathrm{v}})\gamma H^2 K_{\mathrm{PE}},
$$

$$
K_{\mathrm{PE}} = \frac{\sin^2(\theta + \phi' - \omega)}{\cos\omega \sin^2\theta \sin(\theta - \delta - \omega)}\left\{1 - \sqrt{\frac{\sin(\delta + \phi')\sin(\phi' + \beta - \omega)}{\sin(\theta - \delta - \omega)\sin(\theta - \beta)}}\right\}^{-2}
$$
$$(8.36)$$

ここで，$K_{\mathrm{AE}}, K_{\mathrm{PE}}$ は，それぞれ地震時主働土圧係数，地震時受働土圧係数とよばれる．なお，式 (8.35) で $(\phi' - \beta - \omega) < 0$ となる場合は，$\phi' - \beta - \omega = 0$ として計算する．

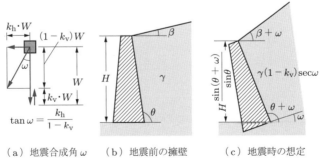

（a）地震合成角 ω　　（b）地震前の擁壁　　（c）地震時の想定

図 8.24 物部・岡部による地震時土圧の算定法

▶8.7　たわみ性構造物に作用する土圧 ◀

　8.6 節まではコンクリート擁壁のような剛な壁面に作用する土圧を考えてきたが，図 8.25 の岸壁構造物や，図 8.26 の掘削工事における土留めに用いられる**矢板壁**のような，たわみやすい構造物に作用する土圧の分布は擁壁の場合と大きく異なる．そもそも，土圧は壁面の変位に対応して変化するから，矢板の一部が土圧の作用によって変形すると，その部分の土圧が変化するとともにその影響がほかの部分に及んで，新しい土圧の分布を生み出す（**土圧再配分**）．そのため，たわみ性の構造物にはたらく土圧を精度よく求めるのは困難である．そこで，以下にたわみ性の構造物に対して，土圧の理論式の代わりに実務でとられている方法について説明する．

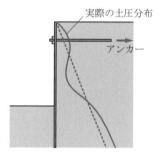

（a）アンカー矢板に作
用する土圧分布

（b）設計計算に用いる土圧・水圧分布

図 8.25　アンカー矢板岸壁に作用する土圧分布の実際と仮定

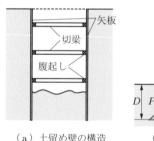

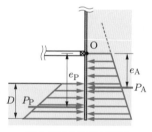

（a）土留め壁の構造

（b）根入れ深さの算定
に用いる土圧分布

図 8.26　土留め壁の構造と根入れ深さの算定

≫8.7.1　アンカー矢板の設計に用いる土圧

　図 8.25 に示すようなアンカー矢板に作用する力は，背面地盤による主働土圧合力 P_A，矢板の両側の水位差による水圧 P_w，アンカーロッドにはたらく張力 T，矢板根

入れ部前面にはたらく受働土圧合力 P_{P} である．矢板壁にはたらく土圧は，土圧再配分によって図 8.25(a) の実線で示すような複雑な分布になるが，土圧の算定にあたっては，便宜上ランキンまたはクーロンの土圧式が用いられている．

アンカー矢板の設計のためには，矢板の根入れ深さ D とアンカーロッドにはたらく張力 T を求める必要がある．これらは，以下の二つのつり合い条件を用いて算定される．

① 矢板壁に作用する力の水平成分の和がゼロ

$$T + P_{\mathrm{P}} - P_{\mathrm{A}} - P_{\mathrm{w}} = 0 \tag{8.37}$$

② アンカーロッドの取付け点を中心としたモーメントの和がゼロ

$$P_{\mathrm{A}}e_{\mathrm{A}} + P_{\mathrm{w}}e_{\mathrm{w}} - P_{\mathrm{P}}e_{\mathrm{P}} = 0 \tag{8.38}$$

ここで，$e_{\mathrm{A}}, e_{\mathrm{w}}, e_{\mathrm{P}}$ はアンカーロッドの取り付け点から $P_{\mathrm{A}}, P_{\mathrm{w}}, P_{\mathrm{P}}$ の作用点までの距離である．

≫ 8.7.2　土留め壁の設計に用いる土圧

掘削工事に際して，図 8.26(a) に示すような支持構造物を設けて地盤の崩壊を防ぐことを**土留め**（earth retaining）あるいは**山留め**という．施工手順としては，まず予定の掘削面に沿って矢板壁を鉛直に施工し，3〜4 m 掘削するごとに矢板壁に沿って水平に**腹起し**（wale）を設置し，さらに**切梁**（strut）を設置する．矢板壁に作用する土圧や水圧などの外力は，腹起しを介して切梁に伝達される．

土留め壁の設計にあたっては，矢板の根入れ深さと切梁に作用する軸力を算定する必要がある．掘削の進行とともに，腹起しと切梁を順次設置しながら施工を進めていくので，土留め壁にはたらく土圧は施工の各段階で生じる矢板の変位にともなって，時間とともに複雑に変化する．したがって，一般に，設計にあたっては，以下のような手法をとる．

① ランキンまたはクーロンの土圧式を用いて矢板の根入れ深さ D を決定する．この場合，図 8.26(b) の最下段の切梁位置（点 O）を中心としたモーメントのつり合いを条件として算定する．

② 切梁に作用する軸力の算定にあたっては，図 8.27 に一例を示す**設計用土圧分布**を用いる．図中の a は掘削深さに対応して定められた係数であり，b, c は土質に応じて定められた係数で，N は標準貫入試験（1.3 節参照）による N 値である．

設計用土圧分布は，砂質地盤および粘性土地盤それぞれについて，これまでの実測データに基づいて，施工の各段階での土圧分布の変化を包含するように設定されたもので

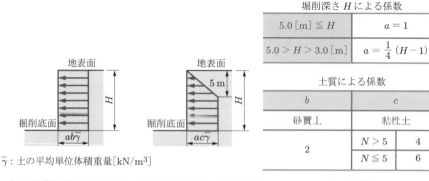

堀削深さ H による係数	
$5.0\,[\text{m}] \leqq H$	$a = 1$
$5.0 > H > 3.0\,[\text{m}]$	$a = \dfrac{1}{4}(H-1)$

土質による係数

b	c	
砂質土	粘性土	
2	$N > 5$	4
	$N \leqq 5$	6

$\overline{\gamma}$：土の平均単位体積重量 $[\text{kN/m}^3]$

（a）砂質土地盤の土圧分布　（b）粘性土地盤の土圧分布　　　（c）係数

図 8.27 切梁などの断面決定のための土圧分布[8.3]

ある．

⑧8.7.3　ヒービングに対する検討

　軟弱な粘性土地盤を掘削すると，土留め壁の外側の土の重量によって，掘削底面の土にせん断破壊が生じ，土留め壁の内側に土が回り込んで盛り上がるような現象が起こる．これをヒービング（heaving）という．このような場合，粘性土の強度パラメータとして非排水せん断強度 $s_\text{u}(\phi_\text{u} = 0)$ を適用すればよい．図 8.28 のように，すべり面が直線と円弧の組み合わせで発生すると仮定すると，$\phi_\text{u} = 0$ から，水平面に対するすべり面のなす角は 45° となる．したがって，鉛直のすべり面が地表面を切る部分の幅は $B/\sqrt{2}$ で表される．掘削底面の延長線上の，土留め壁外側の水平断面上において，地盤の支持力 q_u，すべり面上で発揮される非排水せん断強さ s_u，掘削深さ H に相当する土の自重（単位体積重量 γ_t）のつり合いを考えると，ヒービングに対する安全率は次式で表される．

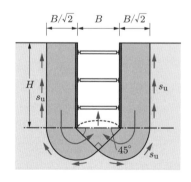

図 8.28 ヒービングに対する安定

$$F_{\mathrm{s}} = \frac{q_{\mathrm{u}}}{H\left\{\gamma_{\mathrm{t}} - (\sqrt{2}s_{\mathrm{u}}/B)\right\}}$$

なお，地盤の支持力 q_{u} の値は，10.2 節を参照してほしい．

▶8.8　埋設管に作用する鉛直土圧◀

8.7 節までは，地盤内の鉛直境界面あるいは地盤と構造物との境界面に，側方から作用する土圧の算定方法について説明してきた．これらの場合の（側方）土圧の計算の基礎となる鉛直応力は，深さに比例するものとして計算してよい．しかし，地中に埋設された管にはたらく鉛直応力は，管の設置条件によって大きく異なり，埋設条件によっては，有効土被り応力よりもはるかに大きな鉛直土圧が作用することになるので，注意を要する．

図 8.29(a) に示すように地盤を掘削して溝を作って管を埋設したのちに埋め戻す場合を**溝型**といい，図 (c) のように自然地盤上に管を設置したのちに管の上に盛土する場合を**突出型**という．図 (b) は，溝型の場合の地表面から z の深さにある dz の厚さの土要素を示したものである．

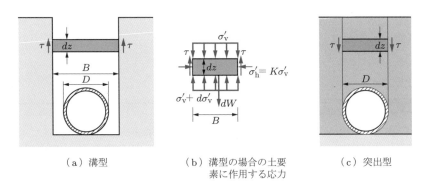

|（a）溝型|（b）溝型の場合の土要素に作用する応力|（c）突出型|

図 8.29　埋設管に作用する鉛直土圧

溝型の場合，溝の部分に埋め戻された土は，堆積後長年にわたる圧密を受けた原地盤に比べて圧縮性が高いので，原地盤と埋め戻し土との間に相対的な変位が生じる．その結果，土要素の側面に上向きのせん断応力が生じる．したがって，土要素にはたらく鉛直方向の力のつり合いから，次式が得られる．

$$dW + \sigma_{\mathrm{v}}'B - 2\tau dz - (\sigma_{\mathrm{v}}' + d\sigma_{\mathrm{v}}')B = 0 \tag{8.39}$$

ここで，土要素の自重は $dW = \gamma B dz$ で表され，せん断応力は $\tau = c' + K\sigma_{\mathrm{v}}'\tan\phi'$

で表される．なお，土圧係数 K は，施工の条件により主働土圧係数に近いか，あるいは静止土圧係数に近いので，K_A または K_0 の値が用いられる．

式 (8.39) を整理すると，次式が得られる．

$$dz = \frac{B}{\gamma B - 2(c' + K\sigma_v' \tan\phi')}d\sigma_v' \tag{8.40}$$

これを，$z = 0$ で $\sigma_v' = 0$ の条件で解くと，鉛直土圧 $\sigma_v'\,[\mathrm{kN/m^2}]$ は

$$\sigma_v' = \frac{\gamma B - 2c'}{2K\tan\phi'}\left\{1 - \exp\left(-\frac{2K\tan\phi'}{B}z\right)\right\} \tag{8.41}$$

で表される．

一方，突出型の場合には，図 8.29(c) のように，埋設管の上部の土に比べて周辺の土の厚さが大きいため，周辺の土の圧縮量が大きく，図中の境界面（土要素の側面）には下向きのせん断応力が生じる．したがって，土要素にはたらく鉛直方向の力のつり合いから，次式が得られる．

$$dW + \sigma_v'D + 2\tau dz - (\sigma_v' + d\sigma_v')D = 0 \tag{8.42}$$

これを $z = 0$ で $\sigma_v' = 0$ の条件で解くと，鉛直土圧 $\sigma_v'\,[\mathrm{kN/m^2}]$ は

$$\sigma_v' = \frac{\gamma D + 2c'}{2K\tan\phi'}\left\{\exp\left(\frac{2K\tan\phi'}{D}z\right) - 1\right\} \tag{8.43}$$

で与えられる．

例題 8.8　図 8.29(a) の場合について，埋設管上部の任意深さ z における鉛直応力を表す式 (8.41) を導け．また，式 (8.41) で計算される埋設管頂部にはたらく鉛直土圧を，土被り応力として算出した値と比較せよ．ただし，地表面から埋設管頂部までの深さを 3 m とし，$B = 1.5\,[\mathrm{m}]$ とする．また，地盤条件は，埋め戻し土の単位体積重量 $\gamma_t = 18\,[\mathrm{kN/m^3}]$，土圧係数 $K = 0.5$，強度パラメータ $c' = 0$, $\phi' = 30°$ とする．

解　式 (8.40) から

$$dz = \frac{B}{(\gamma B - 2c') - 2K\tan\phi' \cdot \sigma_v'}d\sigma_v'$$

である．この式を積分すると

$$z = \frac{B}{-2K\tan\phi'}\ln\{(\gamma B - 2c') - 2K\tan\phi' \cdot \sigma_v'\} + C$$

となる．$z = 0$ で $\sigma_v' = 0$ の条件を適用すると，積分定数 C は

$$C = \frac{B}{2K\tan\phi'}\ln(\gamma B - 2c')$$

である．C を z の式に代入して整理すると，

$$\frac{-2K\tan\phi'}{B}z = \ln\left\{1 - \frac{2K\tan\phi'}{\gamma B - 2c'}\sigma_{\rm v}'\right\}$$

となる．よって，$\sigma_{\rm v}'$ はつぎのようになる．

$$\sigma_{\rm v}' = \frac{\gamma B - 2c'}{2K\tan\phi'}\left\{1 - \exp\left(-\frac{2K\tan\phi'}{B}z\right)\right\}$$

この式に与えられた条件を代入すると，埋設管頂部にはたらく鉛直土圧は，

$$\sigma_{\rm v}' = \frac{18\times 1.5}{2\times 0.5\times\tan 30°}\left\{1 - \exp\left(-\frac{2\times 0.5\times\tan 30°}{1.5}\times 3\right)\right\} = 32.0\,[\mathrm{kN/m^2}]$$

となる．一方，土被り応力として計算すると，つぎのようになる．

$$\sigma_{\rm v}' = \gamma z = 18\times 3 = 54\,[\mathrm{kN/m^2}]$$

▶演習問題◀

8.1 $c'\neq 0$ の地盤において，式 (8.7) のランキン主働土圧の算定式，式 (8.8) の受働土圧の算定式を導け．

8.2 高さ 4 m の滑らかな鉛直面をもつ擁壁が，水平な地盤を支えている．この擁壁に作用する主働土圧合力とその作用位置を求めよ．ただし，$\gamma = 18\,[\mathrm{kN/m^3}]$，$c' = 15\,[\mathrm{kN/m^2}]$，$\phi' = 30°$ とする．

8.3 式 (8.30) で計算されるクーロン主働土圧合力が，$\theta = 90°$ で $\delta = \beta$ の場合に，式 (8.16) によるランキン主働土圧合力と一致することを示せ．

8.4 【例題 8.2】の擁壁背後の斜面上に，$20\,\mathrm{kN/m^2}$ の等分布荷重が載荷された場合の，擁壁に作用する主働土圧合力の大きさとその作用位置を求めよ．

8.5 【例題 8.2】の擁壁に作用する地震時主働土圧合力の大きさを求めよ．ただし，鉛直震度係数 0.05，水平震度係数 0.2 とする．

8.6 図 8.29(c) の場合について，埋設管上部の任意深さ z における鉛直応力を表す式 (8.43) を導け．また，式 (8.41), (8.43) を用いて計算される鉛直応力の深さ方向の分布を土被り応力とともに描き，管の埋設方法の違いによる土圧の大きさを比較せよ．ただし，地表面から埋設管頂部までの深さを 3 m とし，$D = 1\,[\mathrm{m}]$ とする．また，地盤条件は，埋め戻し土の単位体積重量 $\gamma_{\rm t} = 18\,[\mathrm{kN/m^3}]$，土圧係数 $K = 0.5$，強度パラメータ $c' = 0$，$\phi' = 30°$ とする．

第9章

地盤の安定問題II（斜面安定）

自然の斜面であれ，盛土のような土構造物であれ，土は重力の作用によって下方に移動しようとする力を常に受けている．たとえば，軟弱地盤上に盛土を行ったとしよう．盛土の高さが低い場合には圧密による沈下は生じるが，基礎地盤に大きな変形を生じることなく地盤は圧密によって強度を増し，安定化に向かう．しかし，盛土の高さが高くなると，地盤内に大きなせん断変形を生じ，最終的にすべり破壊を生じる．自然斜面においても，雨水の浸透による間隙水圧の増大や地震動の作用がきっかけとなって，崩壊が発生することがある．

この章では，二つ目の地盤の安定問題として，まず道路や鉄道の盛土，アースダム，河川堤防の盛土あるいは道路や鉄道の切取部，構造物基礎や地中埋設物のための掘削部などの人工斜面を主な対象とした斜面の安定解析について述べたのち，自然の斜面が広範囲にかつ継続的に移動する地すべりの安定解析について説明する．

▶9.1　斜面の崩壊と安定解析

斜面の安定性を検討する方法として，大きく分けて二つの手法がある．一つは応力解析法（stress analysis）とよばれるもので，地盤内の各点に発生する応力とひずみの大きさを算出し，大きなせん断ひずみが発生する点を結んですべり面の発生位置を予測し，そのすべり面上のせん断応力とせん断抵抗の関係から斜面の安定解析を行う方法である．この方法の場合，有限要素法（finite element method: FEM）を代表とする数値解析法を用いるが，解析のためにはさまざまな工夫が必要となる．もう一つの方法は，**極限平衡法**（limit equilibrium analysis）とよばれるもので，あらかじめすべり面を仮定し，すべり面上方の土塊の自重や外力によってこの面上にはたらくせん断応力 τ と，これに対抗する土のせん断抵抗 s の比によって安全率を算出し，仮定したすべり面を含む土塊の安定性を評価するものである．この方法の場合，異なるすべり面をいくつか仮定し，それぞれについて計算した安全率のうち，最も小さな値がその斜面の安全率を表す．

この章では，実務でよく用いられている極限平衡法による斜面の安定計算について述べる．

▶9.2 無限長斜面の安定解析

かなり長い範囲にわたって一定の傾きと厚さで均質な土層が分布する斜面を，無限長斜面という．このような斜面のすべり面は，地表面にほぼ平行な面に発生する．

9.2.1 浸透流のない斜面

図 9.1 に示すような，無限長斜面内の土要素にはたらく応力を考える．深さ z のすべり面にはたらく単位奥行きあたりの鉛直応力 σ_v は，次式で与えられる（8.3.3 項参照）．

$$\sigma_\mathrm{v} = \frac{\gamma_\mathrm{t} b z}{b / \cos \beta} = \gamma_\mathrm{t} z \cos \beta \tag{9.1}$$

ここで，γ_t：土の単位体積重量，b：土要素の幅，β：斜面傾斜角である．σ_v のすべり面に垂直な成分（すなわち，垂直応力 σ）と，すべり面に平行な成分（すなわち，せん断応力 τ）は，それぞれつぎのように表される．浸透流がないから $\sigma = \sigma'$ である．

$$\sigma = \sigma_\mathrm{v} \cos \beta = \gamma_\mathrm{t} z \cos^2 \beta \tag{9.2}$$

$$\tau = \sigma_\mathrm{v} \sin \beta = \gamma_\mathrm{t} z \cos \beta \sin \beta \tag{9.3}$$

土のせん断抵抗 s は

$$s = c' + \sigma' \tan \phi' \tag{9.4}$$

で表されるから，安全率 F_s は式 (9.2)～(9.4) を組み合わせることにより，

$$F_\mathrm{s} = \frac{s}{\tau} = \frac{c' + \gamma_\mathrm{t} z \cos^2 \beta \tan \phi'}{\gamma_\mathrm{t} z \cos \beta \sin \beta} = \frac{c'}{\gamma_\mathrm{t} z \cos \beta \sin \beta} + \frac{\tan \phi'}{\tan \beta} \tag{9.5}$$

となる．斜面が $c' = 0$ の地盤の場合には，F_s は次式で表される．

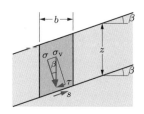

図 9.1 無限長斜面内の土要素にはたらく応力

$$F_{\mathrm{s}} = \frac{\tan \phi'}{\tan \beta} \tag{9.6}$$

≫≫ 9.2.2　浸透流のある斜面

図 9.2 に，地表面から深さ z_0 の位置に地下水位が存在し，斜面に平行な定常浸透流がある場合を示す．このような斜面の安定解析には，深さ z のすべり面上にはたらく間隙水圧を考慮する必要がある．この場合の流線網は図に示すようであり（3.3.1 項参照），流線は地表面に平行で等ポテンシャル線は地下水面およびすべり面に垂直に交わる．図 9.2 の流線網で，等ポテンシャル線上にある点 C と点 D の全水頭は等しい．したがって，位置水頭および圧力水頭を，それぞれ h_{e}, h_{p} とすると，

$$h_{\mathrm{eC}} + h_{\mathrm{pC}} = h_{\mathrm{eD}} + h_{\mathrm{pD}}$$

であるから，点 C の圧力水頭 h_{pC} は次式で表される．

$$h_{\mathrm{pC}} = (h_{\mathrm{eD}} - h_{\mathrm{eC}}) + h_{\mathrm{pD}} = (z - z_0)\cos^2 \beta + 0$$

よって，すべり面上にはたらく間隙水圧 u は次式で求められる．

$$u = h_{\mathrm{p}} \cdot \gamma_{\mathrm{w}} = \gamma_{\mathrm{w}}(z - z_0)\cos^2 \beta \tag{9.7}$$

ここで，γ_{w}：水の単位体積重量である．

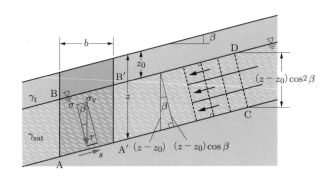

図 9.2　浸透流のある場合の無限長斜面内の土要素にはたらく応力

すべり面にはたらく鉛直応力 σ_{v} は式 (9.1) を参考に

$$\sigma_{\mathrm{v}} = \{\gamma_{\mathrm{t}} z_0 + \gamma_{\mathrm{sat}}(z - z_0)\}\cos \beta \tag{9.8}$$

と表されるから，垂直応力 σ，せん断応力 τ は，それぞれ以下のように表される．

$$\sigma = \sigma_{\mathrm{v}} \cos \beta = \{\gamma_{\mathrm{t}} z_0 + \gamma_{\mathrm{sat}}(z - z_0)\}\cos^2 \beta \tag{9.9}$$

$$\tau = \sigma_v \sin\beta = \{\gamma_t z_0 + \gamma_{sat}(z - z_0)\} \cos\beta \sin\beta \tag{9.10}$$

ここで，γ_t：地下水位より上の土の単位体積重量，γ_{sat}：地下水位以下の土の飽和単位体積重量である．式 (9.7)，(9.9) から，すべり面にはたらく有効垂直応力 σ' は，次式で与えられる．

$$\begin{aligned}\sigma' = \sigma - u &= \{\gamma_t z_0 + \gamma_{sat}(z - z_0)\}\cos^2\beta - \gamma_w(z - z_0)\cos^2\beta \\ &= \{\gamma_t z_0 + \gamma'(z - z_0)\}\cos^2\beta\end{aligned} \tag{9.11}$$

ここで，γ'：飽和土の水中単位体積重量である．

土のせん断抵抗は $s = c' + \sigma'\tan\phi'$ で表されるから，安全率 F_s は

$$F_s = \frac{s}{\tau} = \frac{c' + \{\gamma_t z_0 + \gamma'(z - z_0)\}\cos^2\beta\tan\phi'}{\{\gamma_t z_0 + \gamma_{sat}(z - z_0)\}\cos\beta\sin\beta} \tag{9.12}$$

となる．$F_s \geqq 1$ であれば理論上すべりは生じないが，実務では安全率を設定して安定解析を行う（詳細は 9.3.6 項参照）．

なお，式 (9.12) はすべり面にはたらく全重量と間隙水圧との組み合わせによって導かれたものであるが，地下水面以下の土要素にはたらく浸透力と水中重量の組み合わせによっても同じ結果が得られる．すなわち，地下水面以下の部分について水中単位体積重量を用いると，式 (9.10) の τ は次式で表される．

$$\tau = \sigma_v \sin\beta = \{\gamma_t z_0 + \gamma'(z - z_0)\}\cos\beta\sin\beta \tag{9.10$'$}$$

図 9.2 において動水勾配は $i = \sin\beta$ であるから，4.5.2 項を参照して，地下水面以下の土要素にはたらく浸透力によってすべり面上に作用するせん断応力は $\gamma_w(z - z_0)\cos\beta\sin\beta$ で表される．よって，これを式 (9.10)$'$ に加えると

$$\tau = \sigma_v \sin\beta = \{\gamma_t z_0 + \gamma_{sat}(z - z_0)\}\cos\beta\sin\beta$$

となり，式 (9.10) と一致する．

式 (9.12) を基本に，さまざまな条件下での無限長斜面の安全率，および斜面がすべり出す限界の深さについて以下に考えてみよう．

① 地下水位が地表面と一致している場合：式 (9.12) で $z_0 = 0$ とおくと，つぎのようになる．

$$F_s = \frac{c' + \gamma' z \cos^2\beta\tan\phi'}{\gamma_{sat} z \cos\beta\sin\beta} \tag{9.13}$$

斜面がすべり出すとき（$F_s = 1$）の限界の深さ（限界深さ H_c）は，式 (9.13) で，

$F_s = 1$ とおき，$z = H_c$ とすることにより，次式で求められる．

$$H_c = \frac{c'}{\gamma_{sat}} \cdot \frac{\sec^2 \beta}{\tan \beta - (\gamma'/\gamma_{sat}) \tan \phi'} \tag{9.14}$$

浸透流がない場合の限界深さは，式 (9.14) で $\gamma' = \gamma_t$, $\gamma_{sat} = \gamma_t$ とおくことにより，次式で求められる．

$$H_c = \frac{c'}{\gamma_t} \cdot \frac{\sec^2 \beta}{\tan \beta - \tan \phi'} \tag{9.15}$$

② $c' = 0$ で地下水位が地表面と一致している場合：式 (9.13) で $c' = 0$ とおけば，つぎのようになる．

$$F_s = \frac{\gamma' \tan \phi'}{\gamma_{sat} \tan \beta} \tag{9.16}$$

③ $c' = 0$ で浸透流がない場合：式 (9.13) で $c' = 0$, $\gamma' = \gamma_t$, $\gamma_{sat} = \gamma_t$ とおくと，つぎのようになる．

$$F_s = \frac{\tan \phi'}{\tan \beta} \tag{9.17}$$

例題 9.1　図 9.3 に示すような傾斜角 25° をなす無限長岩盤斜面がある．地表面下 3 m までが風化砂質土からなっていて，地表面下 2 m の深さを水面とし，斜面に平行な定常浸透流がある．砂質土の湿潤状態，飽和状態の単位体積重量は，それぞれ $\gamma_t = 17.0\,[\text{kN/m}^3]$, $\gamma_{sat} = 18.5\,[\text{kN/m}^3]$ で，強度パラメータは $c' = 10\,[\text{kN/m}^2]$, $\phi' = 30°$ である．以下の問いに答えよ．

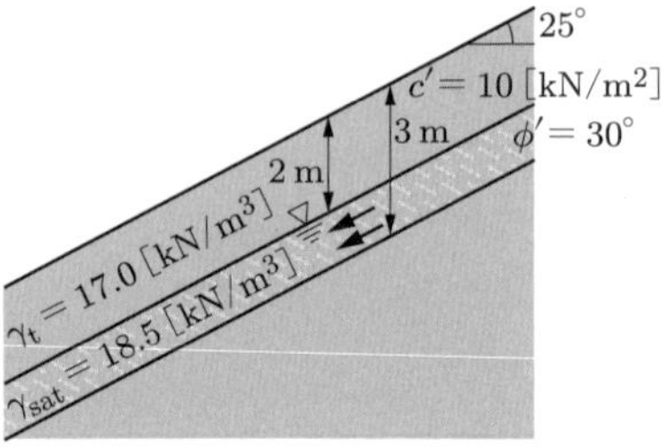

(1) この斜面のすべりに対する安全率を計算せよ．

(2) 長期にわたる降雨によって砂質土層内の地下水位が，地表面に一致するまでに上昇した場合の，安全率を計算せよ．

図 9.3　無限長斜面の安定

解　水中単位体積重量は $\gamma' = \gamma_{sat} - \gamma_w = 18.5 - 9.80 = 8.7\,[\text{kN/m}^3]$ である．

(1) 式 (9.12) より，安全率は次式となる．

$$F_s = \frac{10 + \{17.0 \times 2 + 8.7(3-2)\} \cos^2 25° \tan 30°}{\{17.0 \times 2 + 18.5(3-2)\} \cos 25° \sin 25°} = \frac{30.24}{20.11} = 1.50$$

(2) 地下水位が地表面に一致することから，式 (9.13) を用いると，次式となる．

$$F_s = \frac{10 + 8.7 \times 3 \cos^2 25° \tan 30°}{18.5 \times 3 \cos 25° \sin 25°} = \frac{22.37}{21.26} = 1.05$$

▶9.3　有限長斜面の安定解析

　無限長斜面のすべり面が地表面にほぼ平行に発生するのに対し，有限長斜面に生じるすべり面の形状は，斜面地盤の土質や地層構成などによって異なる．均一な土質の場合は図 9.4(a) のような円弧に近似したすべり面となり，切取り斜面の表面からある深さに軟弱層が存在するような場合には，図 (c) のように円弧と直線すべりの組み合わせによる複合すべり面が生じる．この節では，すべり面の形状を円弧と仮定した場合の解析法について述べる．

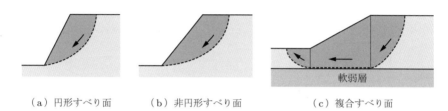

(a) 円形すべり面　　　　(b) 非円形すべり面　　　　(c) 複合すべり面

図 9.4　有限長斜面のすべり面の形状

　なお，有限長斜面の破壊形式はすべり円の位置によって，図 9.5 のように分類される．**底部破壊**（base failure）は，粘着性の土で斜面勾配が比較的ゆるやかな場合に生じやすい．**斜面先破壊**（toe failure）は比較的急な斜面に発生し，**斜面内破壊**（slope failure）は斜面先破壊の一種で，斜面の下部に硬い地盤が存在する場合に発生する．

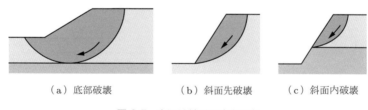

(a) 底部破壊　　　　　(b) 斜面先破壊　　　　(c) 斜面内破壊

図 9.5　有限長斜面の破壊形式

≫9.3.1　円形すべり面による安定解析

　9.1 節で述べたように，一般にすべり面の位置は事前に特定できないので，以下の手順で繰返し計算を行う．

① すべり円弧の中心の位置と半径を仮定する．

② 図 9.6 に示すように，滑動モーメント（すべり面に作用するせん断力によるすべり円の中心に関するモーメント）M_D と抵抗モーメント（すべり面に作用するせん断抵抗によるすべり円の中心に関するモーメント）M_R を算出し，M_D と M_R

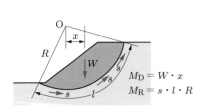

図 9.6　有限長斜面の安定計算

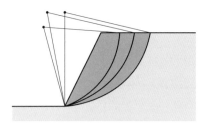

図 9.7　すべり面の位置を変えた
有限長斜面の安定計算

の比で安全率 F_s を計算する.

$$F_s = \frac{M_R}{M_D} \tag{9.18}$$

③ 図 9.7 に示すように，すべり面の中心と半径を変えて繰返し計算を行い，安全率
F_s の最小値を与える円（**臨界円**）を探す.
このようにして得られた最小の F_s が，この斜面のすべり破壊に対する安全率となる.

》》9.3.2　安定図の利用

均質な土からなり，単純な形状で浸透流が存在しない場合には，テイラー（Taylor,
D.W.）の**安定図**を用いることによって，簡単に安全率を求めることができる.

（1）$\phi_u = 0$ の場合　図 9.8(a) に示すような傾斜角 β の斜面地盤の平均せん断強

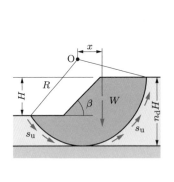

（a）$\phi_u = 0$ の地盤の安定解析

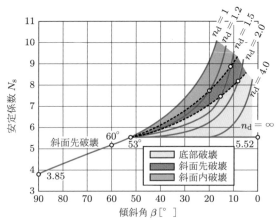

（b）深度係数 n_d に対応した安定係数

図 9.8　$\phi_u = 0$ の場合の安定図[9.1]

さが，$\phi_u = 0$ の非排水せん断強さ s_u で表される場合を想定する．図中の円弧すべり面に沿って破壊が生じるとすると，式 (9.18) による計算は図 9.8(a) の関係から解析的に解くことができ，すべり破壊を起こす限界高さ H_c [m] は次式で表される[9.1]．

$$H_c = N_s \frac{s_u}{\gamma_t} \tag{9.19a}$$

ここで，s_u：土の非排水せん断強さ [kN/m^2]，γ_t：土の単位体積重量 [kN/m^3] であり，N_s は**安定係数**（stability number）とよばれ，斜面傾斜角 β と深度係数 n_d の関数として図 9.8(b) の縦軸で表される．

図 9.8 より，解析結果から得られる破壊形式もわかる．また，図 9.9 は解析の結果から得られる臨界円の位置に関する情報を示している．すなわち，斜面先破壊の場合は図 9.9(a) の α および θ が斜面傾斜角 β の関数として図 (b) に示されており，α と θ によりすべり円の位置を決定できる．底部破壊の場合には，$\phi_u = 0$ の場合のせん断抵抗は破壊面にはたらく垂直応力によらないため，臨界円の中心は斜面の中点を通る線上にある（図 9.10(a) 参照）．この場合のすべり円を中点円という．また，臨界円の位置は，底面の位置を規制する**深度係数** n_d（図 9.8(a) 参照）とすべり円の先端位置に関わるパラメータ n_x によって決まり，解析の結果を図示したのが図 9.10 である．

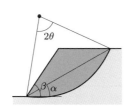

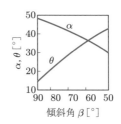

（a）斜面先破壊の臨界円の位置　　（b）α, θ と β の関係

図 9.9 斜面先破壊の臨界円の位置[9.1]

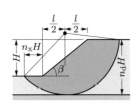

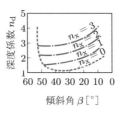

（a）底部破壊の臨界円　　（b）底部破壊の n_d, n_x, β の関係

図 9.10 底部破壊の臨界円の位置[9.1]

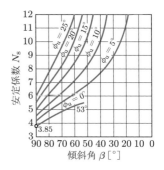

図 9.11 $\phi_u > 0$ の場合の安定図[9.1]

(2) $\phi_u > 0$ の場合　　$\phi_u = 0$ の場合と同様の解析を $\phi_u > 0$ の場合について実施すると，安定係数 N_s と β の関係は ϕ_u をパラメータとして図 9.11 のように求められる．限界高さ H_c は，

$$H_c = N_s \frac{c_u}{\gamma_t} \tag{9.19b}$$

と表され，破壊形式はほとんど斜面先破壊になる．なお，$\phi_u = 0$ で $\beta < 53$ の場合は図 9.8 を利用する．

例題 9.2　図 9.12 に示すように，表面が水平な飽和粘土地盤を 30° の傾斜で掘削する．粘土地盤の単位体積重量は 18.3 kN/m³ で，地表面下 15 m の深さに硬い砂礫の層がある．10 m の深さまで掘削した直後に，斜面が崩壊した．粘土地盤の非排水せん断強さ s_u を計算せよ．

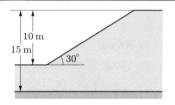

図 9.12　掘削斜面の安定

解　掘削直後に崩壊が生じたことから，第 7 章における飽和粘土地盤への急速施工の問題に対応する．したがって，$\phi_u = 0$ として考える．

深度係数 $n_d = 15/10 = 1.5$ である．図 9.8 の安定図で $\beta = 30°$，$n_d = 1.5$ に対する安定係数は $N_s = 6.1$ である．よって，式 (9.19a) より非排水せん断強さはつぎのようになる．

$$s_u = \frac{\gamma_t H_c}{N_s} = \frac{18.3 \times 10}{6.1} = 30 \,[\text{kN/m}^2]$$

例題 9.3　以下の地盤に深さ 4 m の鉛直な溝を掘削する場合について，問いに答えよ．

(1) 地盤の単位体積重量 $\gamma_t = 16.5 \,[\text{kN/m}^3]$，強度パラメータ $\phi_u = 0°$，$s_u = 25 \,[\text{kN/m}^2]$ として掘削溝の安全率を計算せよ．

(2) 地盤が $\phi = 20°$，$c = 15 \,[\text{kN/m}^2]$，$\gamma_t = 17.5 \,[\text{kN/m}^3]$ の砂質土からなる場合の安全率を計算せよ．

解　(1) 図 9.8 の安定図より，$\phi_u = 0°$，$\beta = 90°$ に対する安定係数は $N_s = 3.85$ である．掘削溝の安定に必要な非排水せん断強さを s_{um} とすると，式 (9.19a) より

$$s_{um} = \frac{\gamma_t H}{N_s} = \frac{16.5 \times 4}{3.85} = 17.1 \,[\text{kN/m}^2]$$

となる．安定に必要な非排水せん断強さ $s_{um} = 17.1 \,[\text{kN/m}^2]$ に対して，この土の発揮し得る s_u は 25 kN/m² であるから，安全率はつぎのようになる．

$$F_s = \frac{s_u}{s_{um}} = \frac{25}{17.1} = 1.46$$

(2) せん断強さが，c と ϕ の両成分からなる場合には，対象斜面が安定であるために必要な値

として安定係数 N_s をもとに算出される強度パラメータ c_m, ϕ_m とその土が発揮し得る c, ϕ との割合（安全率）は必ずしも等しくならない．たとえば，$\phi_m = 20°$（すなわち，$\phi/\phi_m = 1.0$）として N_s を求め，粘着力を算出すると $c_m = 12.7\,[\mathrm{kN/m^2}]$ となり，$c/c_m = 15/12.7 = 1.18$ となる．したがって，まず ϕ_m を仮定して ϕ_m と β から図 9.11 を用いて安定係数 N_{sm} を求め，これに対応する c_m を計算する．その結果，ϕ に関する安全率，c に関する安全率がそれぞれ $F_\phi = \tan\phi/\tan\phi_m$, $F_c = c/c_m$ によって計算できるから，ϕ_m をさまざまに変化させて F_c を求め，$F_\phi = F_c$ を満足する値を求めれば，これが求める安全率 F となる．この例題の場合，表 9.1 のように ϕ_m を変化させて F_ϕ, F_c を算出し，図 9.13 を描くことにより，$F_\phi = F_c$ を満足する値として $F = 1.13$ を得る．

表 9.1 安全率 F_ϕ と F_c の計算

$\phi_m\,[°]$	$F_\phi = \dfrac{\tan\phi}{\tan\phi_m}$	N_{sm}	$c_m = \dfrac{\gamma_t H}{N_{sm}}$	$F_c = \dfrac{c}{c_m}$
10	2.06	4.6	15.2	0.99
15	1.36	5.0	14.0	1.07
20	1.00	5.5	12.7	1.18
25	0.78	6.1	11.5	1.30

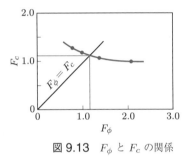

図 9.13 F_ϕ と F_c の関係

≫≫9.3.3　分割法

斜面を構成する地盤が不均一で層をなしている場合や，斜面形状が複雑で浸透流が存在する場合，部分的に水浸状態にある場合などには 9.3.2 項の安定図は使えない．このような場合は，図 9.14(a) に示すように，すべり円弧をいくつかのスライス（細片）に分割し，それぞれにはたらく滑動モーメントの和と，抵抗モーメントの和の比で安全率 F_s を求める．この方法を**分割法**（slice method）とよぶ．図 9.14(b) は一つのスライスにはたらく力を示したもので，スライスの自重 $W = \gamma_t bh$，スライス底面にはたらく全垂直力 $N\ (= N' + ul)$，すべり面にはたらく全せん断抵抗力 $T = sl$，スラ

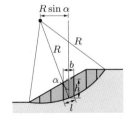 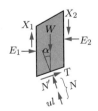

（a）複数のスライスへの分割　　（b）一つのスライスにはたらく力

図 9.14　分割法による安定計算

イス側面にはたらく垂直力 E_1, E_2, せん断力 X_1, X_2 からなる．ここで，s はせん断抵抗，u は間隙水圧であり，$N' = \sigma' l$（σ' は有効応力）である．これらの力がつり合い状態にあるときの力の多角形を描くと，図 9.15(a) のようになる．この問題を解くためには，E_1, E_2 および X_1, X_2 に関する仮定が必要となる．

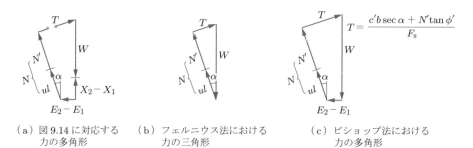

（a）図 9.14 に対応する　（b）フェルニウス法における　（c）ビショップ法における
　　　力の多角形　　　　　　　　力の三角形　　　　　　　　　力の多角形

図 9.15 つり合い状態にあるときのスライスにはたらく力の多角形

（1）フェルニウス法

$X_1 = X_2$ と仮定し，E_1, E_2 はスライス底面に平行で，かつ大きさが等しく方向が逆向きであるとすると，図 9.15(b) の力の三角形を得る．スライスの底面にはたらくせん断力は $W \sin \alpha$ であり，これにつり合うために必要なせん断抵抗力は

$$T = \frac{s}{F_\mathrm{s}} l = \frac{l}{F_\mathrm{s}} \left\{ c' + \left(\frac{N}{l} - u \right) \tan \phi' \right\} \tag{9.20}$$

で表されるから，全スライスについての滑動モーメントの和は $R \sum W \sin \alpha$ で表され，抵抗モーメントの和は次式で与えられる．

$$\sum T \cdot R = \frac{R}{F_\mathrm{s}} \sum sl = \frac{R}{F_\mathrm{s}} \sum \{ c'l + (N - ul) \tan \phi' \}$$

よって，安全率は次式で表される．

$$F_\mathrm{s} = \frac{1}{\sum W \sin \alpha} \sum \{ c'l + (N - ul) \tan \phi' \}$$

図 9.15(b) より，$N = W \cos \alpha$ で表されるから，上式はつぎのように書き換えられる．

$$F_\mathrm{s} = \frac{\sum \{ c'l + (W \cos \alpha - ul) \tan \phi' \}}{\sum W \sin \alpha} \tag{9.21}$$

フェルニウス（Fellenius, W.）によって提案されたこの方法は，フェルニウス法とよばれるが，後述の方法に比べて計算が大幅に簡単化されていることから，簡便法とも

よばれる.

なお, $\phi_u = 0$ として安定解析することが妥当な場合($\phi_u = 0$ 解析法)には, 式 (9.20) の $s = s_u$ とおくことにより, 安全率は次式で表される.

$$F_s = \frac{\sum s_u l}{\sum W \sin \alpha} \tag{9.22}$$

ここで, s_u は各スライスの底面位置での非排水せん断強さである.

(2) ビショップ法　ビショップ(Bishop, A.W.)は, フェルニウス法における E_1 と E_2 に関する仮定を採用しない形で問題を解いた. この場合の力の多角形は, 図 9.15(c) のように表される. フェルニウス法の場合と同様の手順を適用すると, 次式が得られる[9.2].

$$F_s = \frac{1}{\sum W \sin \alpha} \sum \left\{ \frac{c'b + (W - ub) \tan \phi'}{m_\alpha} \right\} \tag{9.23a}$$

$$m_\alpha = \left(1 + \frac{\tan \alpha}{F_s} \tan \phi' \right) \cos \alpha \tag{9.23b}$$

ただし, $b = l \cos \alpha$ である.

この方法では, すべり面上で発揮されるせん断抵抗は, その土のせん断強さ(発揮できるせん断抵抗の最大値)を安全率で割った値に等しいとして力のつり合い式を立てているので, 安全率を表す式 (9.23a) の中に, 式 (9.23b) で示す m_α の形で安全率が入っている. そこで, 最初に式 (9.23b) の安全率を仮定し, 式 (9.23a) の右辺の内容を計算する. 計算結果の安全率が仮定した安全率の値に近似するまで繰返し計算を行って, 等しくなったときの値が求める安全率である.

≫ 9.3.4　非円形すべり面による安定解析

図 9.16 のように, 斜面下部に軟弱層を挟むような地盤の場合には, すべり面を円弧

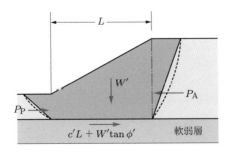

図 9.16　複合すべり面に対する安定計算

と直線の組み合わせで近似して安全率を計算するが，さらにすべり円弧を直線すべりで近似すると，安全率は次式で与えられる.

$$F_{\mathrm{s}} = \frac{(c'L + W'\tan\phi') + P_{\mathrm{P}}}{P_{\mathrm{A}}} \tag{9.24}$$

ここで，P_{A}, P_{P} は，それぞれ主働土圧，受働土圧である.

ヤンブー（Janbu, N.）は，地盤の構成が複雑ですべり面の形状が円弧で近似しにくい場合を想定し，任意の形状のすべり面に対する安全率を，図 9.17 をもとに次式によって求める方法（ヤンブー法）を提案した[9.3].

$$F_{\mathrm{s}} = \frac{f_0}{Q + \sum W\tan\alpha} \sum \left\{ \frac{c'b + (W - ub)\tan\phi'}{n_\alpha} \right\} \tag{9.25a}$$

$$n_\alpha = \left(1 + \frac{\tan\alpha\tan\phi'}{F_{\mathrm{s}}} \right) \cos^2\alpha \tag{9.25b}$$

ここで，f_0 は修正係数とよばれ，d/L（d はすべり面の始点と先端を結ぶ直線 L からすべり面までの最大距離）の関数として図 9.18 から求められる. この場合も，ビショップ法の場合と同様に，まず仮の安全率 F_{s} の値を仮定し，計算結果の F_{s} が仮定した値に収束するまで繰返し計算を行う.

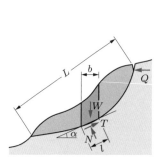

図 9.17 非円形すべり面
による安定解析

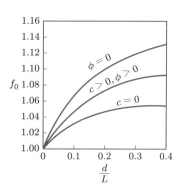

図 9.18 非円形すべり面解析に
用いる修正係数 f_0[9.3]

≫ 9.3.5　地震力を考慮した安定解析

地震力を考慮した斜面の安定計算についての基本的な考え方は，8.6 節で説明した地震時土圧の計算と同じである. すなわち，地震力を静的な荷重に置き換える，いわゆる**震度法**が実務上広く用いられている. 水平震度係数を k_{h} とすると，水平力は

k_hW（W：すべり円弧に挟まれた斜面の自重）である．この力をすべり面に垂直な力 $k_hW\sin\alpha$ と，すべり面に平行な力 $k_hW\cos\alpha$ に分解して式 (9.21) に適用すると，安全率の計算式として次式が得られる．

$$F_s = \frac{\sum\{c'l + (W\cos\alpha - k_hW\sin\alpha - ul)\tan\phi'\}}{\sum(W\sin\alpha + k_hW\cos\alpha)} \tag{9.26}$$

設計に用いる震度係数の値（設計震度）としては，想定される地震の規模や発生確率，地震発生時の地盤の応答特性などについて，さまざまな補正を施したものが用いられる．詳細については，各機関による耐震設計基準類を参照してほしい．

≫≫ 9.3.6 斜面の安定解析における安全率

斜面の安定解析に際しては，地盤調査・試験結果から土質や地下水に関する情報を得たうえで，解析の対象とする斜面の形状や土の単位体積重量，強度パラメータなどを設定する．このプロセスの中で，現場の複雑な斜面形状を単純化したり，複雑な土層構成を代表的なパラメータを有するいくつかの土層に分けたりするなど，計算を容易にするための仮定を設けることは避けられない．また，地盤調査で完全な情報が得られるとはかぎらない．そこで，これまで述べてきた計算法を適用して得られる安全率 F_s の値が，目的に応じて各機関であらかじめ定められている目標安全率を上回るように斜面の設計が行われる．

一般に，盛土や切土斜面の安定解析では，地震力を考慮しない場合（常時）で 1.2 以上，地震力を考慮した解析の場合（地震時）で 1.0 以上と設定される場合が多いが，斜面近傍に重要な構造物が存在する場合やアースダムのような大規模盛土などの場合はより大きな安全率（アースダムでは地震時で 1.2 以上）が設定される．なお，9.4 節で述べる地すべり斜面の安定解析では，すでに（近い，遠いは別として）過去にすべりが生じた斜面を対象とすることから，すべりが発生した時点での安全率は理論上 $F_s = 1.0$ と想定されるから，現状の安全率を 1.0 付近に仮定したうえで，目標安全率（通常 1.2）を達成するように，対策工の設計を行う．

例題 9.4 図 9.19 の斜面について，図に示したすべり面に関する安全率をフェルニウス法によって求めよ．ただし，$\phi = 20°$，$c = 10\,[\text{kN/m}^2]$，$\gamma_t = 18\,[\text{kN/m}^3]$ である．なお，間隙水圧は考慮しなくてよいものとし，図に示す各スライスの断面積 A_i，底面の傾き α_i および底面の長さ l_i は表 9.2 のように与えられているものとする．

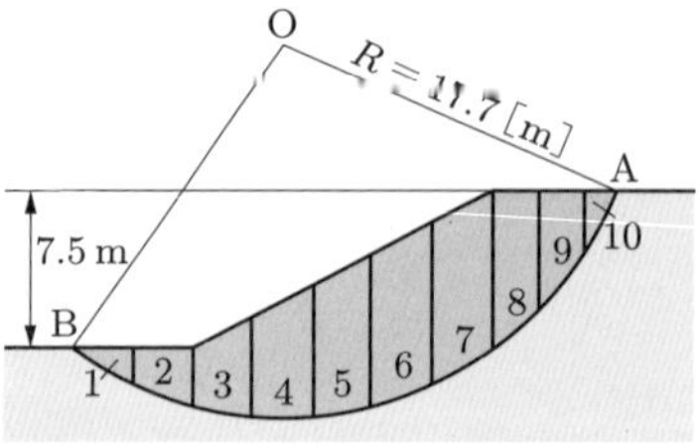

表 9.2　各スライスに関する諸量

スライス番号	$A_i\,[\mathrm{m^2}]$	$\alpha_i\,[°]$	$l_i\,[\mathrm{m}]$
1	1.73	−30.5	
2	4.65	−21	
3	7.88	−9.5	
4	11.48	−0.5	
5	14.03	9	$\sum l_i = 32.28$
6	15.45	19.5	
7	15.60	30	
8	10.02	41	
9	6.47	51	
10	1.47	62	

図 9.19　分割法による安定計算

解　各スライスについて，式 (9.21) の各項に対応する値を計算すると，表 9.3 のようになる．

表 9.3 の欄外に示したように，$cl, W\sin\alpha, W\cos\alpha\tan\phi$ について各スライスの値の総和を求めて式 (9.21) に代入すると，つぎのようになる．

$$F_\mathrm{s} = \frac{\sum\{cl + W\cos\alpha\tan\phi\}}{\sum W\sin\alpha} = \frac{322.80 + 519.79}{433.93} = 1.94$$

表 9.3　安定解析計算表

スライス番号	$A_i\,[\mathrm{m^2}]$	$\alpha_i\,[°]$	$l_i\,[\mathrm{m}]$	$W_i\,[\mathrm{kN}]$	$W_i\sin\alpha_i$ [kN]	$W_i\cos\alpha_i$ [kN]	$W_i\cos\alpha_i\times\tan\phi\,[\mathrm{kN}]$
1	1.73	−30.5		31.14	−15.80	26.83	9.77
2	4.65	−21		83.70	−30.00	78.14	28.44
3	7.88	−9.5		141.84	−23.41	139.89	50.92
4	11.48	−0.5		206.64	−1.80	206.63	75.21
5	14.03	9	$\sum l_i$	252.54	39.51	249.43	90.79
6	15.45	19.5	$= 32.28$	278.10	92.83	262.15	95.41
7	15.60	30		280.80	140.40	243.18	88.51
8	10.02	41		180.36	118.33	136.12	49.54
9	6.47	51		116.46	90.51	73.29	26.68
10	1.47	62		26.46	23.36	12.42	4.52

$c\sum l_i = 322.80\,\mathrm{kN}$, $\sum W_i\sin\alpha_i = 433.93\,\mathrm{kN}$, $\sum W_i\cos\alpha_i\tan\phi = 519.79\,\mathrm{kN}$

▶9.4　地すべり斜面の安定解析

重力の作用によって，自然の斜面が広範囲にわたり，緩慢ではあるが（およそ 0.01〜

10 mm/day の移動速度），継続的に低所に向かって移動する現象を地すべり（landslide）という．地すべりは，雨期や融雪期に大きな移動量を示し，かつそれが反復して生じることが多い．わが国における大規模地すべりとしては，最大級のもので幅 1100 m，斜面長 2000 m，深度 50 m の例が報告されている[9.4]．なお，最大級の深度のものとしては，140 m に達する地すべりの例が知られている．

過去に地すべりが生じた，あるいは現に地すべりを生じつつある地形に関して，一般につぎのような特徴が挙げられる（図 9.20）．

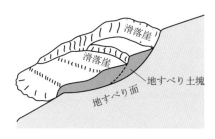

図 9.20 地すべり地形にみられる特徴

- 通常の山腹斜面では，地形図の等高線がほぼ等間隔に描かれるのに対し，斜面の途中から間隔が乱れて不規則な配列を示す．すなわち，上部の等高線間隔の密な部分が**滑落崖**であり，下部で等高線間隔が広がっている部分が地すべり土塊である．地すべりの頭部には，池や沼あるいは湿地帯が見られることが多い．

- 地すべりの先端付近は隆起し，その前面は急斜面を形成する場合が多い．したがって，その部分で等高線間隔が再び密になる．

- わが国においては幅 50〜100 m，斜面長 100〜500 m，すべり面の最大深度 5〜30 m 程度の規模の地すべりが多く，斜面の平均傾斜角は比較的緩やかで 5〜20° 程度のものが多い．

上記のような地形の箇所には地すべりを発生させる要因が継続的に作用しているが，これに下記のような地すべりの発生を加速させる要因が加わると，地すべりの危険度が増大する．

- 降雨や融雪などによる間隙水圧の上昇
- 掘削や盛土などの人為的作用によるせん断抵抗の減少，あるいはせん断応力の増大
- 地震力の作用によるせん断抵抗の減少
- 斜面の浸食によるせん断抵抗の減少
- ダムなどの貯水池水位の急変による間隙水圧の上昇

地すべり斜面の安定計算の特徴は，以下のようである．

① 過去にすでにすべりが生じ，すべり面上のひずみが累積している．したがって，

　　大変形後のせん断強度の把握が必要

② すべり面の位置，形状が事前に把握可能

③ 安定計算の目的は対策工事の設計

　対策工としては，大きく分けて**抑制工**と**抑止工**とよばれる二つの方法が採られる．抑制工は，図 9.21(a) に示すように，地すべりの原因そのものを取り除こうとするもので，以下のような方法による．

① 排土工（地すべり頭部の土塊除去によるせん断応力の減少）と押え盛土工（せん断抵抗の増大）

② 横ボーリング工，集水井工，などによる地下水位低下（有効応力の増大によるせん断抵抗の増大，せん断応力の減少）

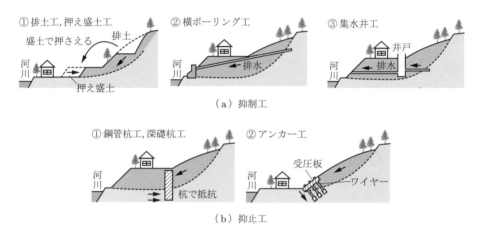

図 9.21　主な地すべり対策工

　一方，抑止工は，図 9.21(b) に示すように，鋼管杭工や深礎杭工あるいはアンカー工などによってせん断抵抗を増大させ，地すべり土塊の滑動を抑止しようとするものである．

　これらの対策工の実施によって，安全率の増大を図る．必要に応じて目標の安全率に到達するように，複数の対策工を組み合わせて実施する．

⫸9.4.1　地すべり安定解析用強度パラメータ

　地すべりの安定解析のためには，適切な強度パラメータの設定が必要である．図 9.22 は，リングせん断試験（7.7.3 項参照）の結果を示したものである．地すべり斜面の安定解析に用いるべきせん断強度は，すべり面を構成する土が受けているひずみレベルに応じて，ピーク強度，完全軟化強度，残留強度の三つが考えられる．

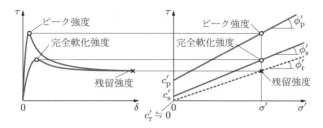

図 9.22　リングせん断試験結果

ピーク強度とは，過去に大きな圧力を受けた土がそれより小さい有効応力のもとで
せん断されたときの最大せん断強度（応力 – 変位曲線におけるピーク状態の強度）で
あり，初生的な地すべり発生時の強度がこれに対応する（強度パラメータ：c'_p, ϕ'_p）．

完全軟化強度とは，練り返した粘土を正規圧密したのちのせん断試験によって得ら
れるピーク強度である．初生的な地すべりで大きなせん断変形を受け，それまでに受
けた圧密の影響が失われた粘土が，再度ある期間にわたって圧密されたのちに発生し
た二次的なすべりに対応する強度がこれに相当する（強度パラメータ：c'_s, ϕ'_s）．

残留強度とは，大きなせん断変形を受けて残留状態に至ったときの最小せん断強度
である（強度パラメータ：c'_r, ϕ'_r）．

地すべり面上の土のせん断強度は，いったん大きなせん断ひずみを受けたのち，現在
に至るまでの強度の回復の程度や周辺の環境の変化（地すべり土塊の移動，地下水位
の変動など）に応じてピーク強度から残留強度までの間の値をとる．したがって，安
定解析用の強度パラメータ設定にあたっては，せん断試験の結果をもとに現場の状況
を勘案して決定することが基本となる．

≫≫ 9.4.2　設計用強度パラメータの設定方法

9.3.3 項に示したように，フェルニウス法による安全率 F_s は

$$F_s = \frac{\sum\{c'l + (W\cos\alpha - ul)\tan\phi'\}}{\sum W\sin\alpha} \tag{9.21 再}$$

で表され，これを c' について解くと，

$$c' = F_0 \sum \frac{W\sin\alpha}{l} - \sum \frac{W\cos\alpha - ul}{l}\tan\phi' \tag{9.27}$$

となる（$F_s = F_0$）．前述のように地すべり面の位置が既知と考えてよいこと，また
安全率は $F_0 = 1.0$ 前後の値をとるはずであることから，右辺の $F_0 \sum(W\sin\alpha/l)$ と
$\sum\{(W\cos\alpha - ul)/l\}$ は既知とみなすことができる．したがって，式 (9.27) は c', ϕ'

を未知数とする一次関数とみなすことができ，式 (9.27) の関係を満たす c', ϕ' の組み合わせは図 9.23(b) の直線上にあることがわかる．数学的には無数の c', ϕ' の組み合わせがあり得ることになるが，物理的にはせん断試験の結果から得られるピーク強度（点 A）から残留強度（点 C）までの間の強度を満たす必要がある．すなわち，図で折れ線の周辺のグレーの範囲内にあるはずである．したがって，設計用強度パラメータは，図中の折れ線と式 (9.27) の直線との交点 E の値として決定すればよい[9.5]．なお，地すべり運動の推移の計測結果や地盤調査結果などから判断して，明らかに残留状態にある場合は残留強度を採用する．

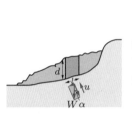

（a）すべり面の最大深さ

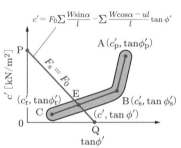

（b）せん断試験結果を組み入れた設計用強度パラメータ

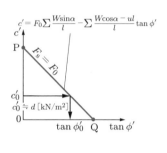

（c）$c = d$ 法

図 9.23　設計用強度パラメータの設定

　安定解析に用いる強度パラメータは，基本的に上記の方法によるべきであるが，地すべり災害直後の対策を急ぐ場合などには，これまで $c = d$ 法とよばれる経験的な方法（重力単位系の時代には，$c = (1/10)d$ 法とよばれた）が用いられてきた．これは図 9.23(c) において，c', ϕ' いずれか一方が定まれば，もう一方が決まるという関係を利用したもので，経験的に粘着力 $c'\,[\mathrm{kN/m^2}]$ を図 (a) に示すすべり面の平均鉛直層厚 $d\,[\mathrm{m}]$ に近似的に等しいとおき，ϕ' を決めるものである．この方法は，単位の異なる量を等しいとおく問題点を抱えてはいるが，すべり面の位置が確定できれば，簡単に c', ϕ' を決められるという特長があり，対策工を急がなければならないときに便利な方法である．しかし，これはあくまで便宜的な方法であって，しっかりした安定計算のためには，強度パラメータを決定するための試験を実施して，総合的な判断をしたうえで c, ϕ を設定すべきである．

▶演習問題

9.1　【例題 9.1】の斜面（図 9.3）で，地下水位が地表面に一致する状態になって地すべりの危険がせまっている．目標の安全率を 1.25 として，地下水位低下による対策工を実施す

ることになった．地下水位を何 m 下げればよいかを求めよ．

9.2 単位体積重量 17.0 kN/m³，$s_u = 30\,[\mathrm{kN/m^2}]$，$\phi_u = 0°$ で厚さ 12 m の粘土地盤が基礎岩盤の上に位置している．この地盤を斜面傾斜角 40° で 6 m まで掘削する場合，斜面の安全率を求めよ．また，この斜面が破壊の条件に至った場合の破壊形式を推定せよ．

9.3 単位体積重量 18 kN/m³，$c_u = 20\,[\mathrm{kN/m^2}]$，$\phi_u = 15°$ の均一な地盤がある．この地盤を傾斜角 50° で掘削する場合，崩壊を起こさずに掘れる深さを求めよ．また，安全率 $F_s = 1.2$ となるための掘削深さを求めよ．

9.4 単位体積重量 17.5 kN/m³，$c_u = 20\,[\mathrm{kN/m^2}]$，$\phi_u = 15°$ の土からなる高さ 7 m，傾斜角 60° の斜面がある．この斜面の安全率を求めよ．

9.5 【例題 9.4】において，水平震度 0.2 の地震力が作用する場合を想定して，安全率を計算せよ．ただし，土の強度パラメータは変わらないものとする．

9.6 図 9.24 に示す斜面について，図に示したすべり面に関する安全率をフェルニウス法によって求めよ．ただし，$\phi_u = 0°$ として非排水条件での安定を検討するものとし，非排水せん断強さ s_u のすべり面に沿う平均を $s_u = 24\,[\mathrm{kN/m^2}]$ とする．また，単位体積重量 $\gamma_t = 19.5\,[\mathrm{kN/m^3}]$ とし，図に示す各スライスの断面積 A_i，すべり円の中心 O から各スライスの重心までの水平距離 l_w および各スライスの底面の長さ l_i は，表 9.4 のように与えられているものとする．

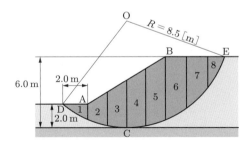

図 9.24　フェルニウス法による安定計算

表 9.4　各スライスに関する諸量

スライス番号	$A_i\,[\mathrm{m^2}]$	$l_w\,[\mathrm{m}]$	$l_i\,[\mathrm{m}]$
1	1.30	4.13	
2	3.64	2.49	
3	5.98	0.82	
4	7.71	0.84	$\sum l_i$
5	8.83	2.59	$= 16.75$
6	8.31	4.30	
7	5.72	5.97	
8	1.34	7.32	

第10章

地盤の安定問題Ⅲ（基礎の支持力）

> 地盤上に構造物を構築するとき，構造物の荷重は基礎を介して地盤に作用する．この際，地盤内に発生するせん断応力を地盤のせん断強さに比べて小さく抑え，構造物を安定に保つのに適した基礎形式が選ばれる.
>
> この章では，三つ目の地盤の安定問題として，まず基礎の形式や種類について述べたのち，基礎の支持力と沈下の計算方法について説明する.

▶10.1 基礎の種類

基礎（foundation）を介して地盤が構造物の荷重を支える能力を**支持力**（bearing capacity）という.

図 10.1(a) に示すような基礎の形式は，地表面近くの地盤が構造物の荷重を支えるに十分な支持力を有している場合に用いることができる．一方，地表面近くの地盤が軟弱で目的の構造物荷重を支えきれない場合には，基礎の底面積を図 10.1(a) よりも十分に大きくして，地盤内に発生するせん断応力を小さく抑える工夫をするか，図 (b) のように杭を用いて構造物荷重の大部分を深部の硬い地盤（支持地盤あるいは支持層）によって支える形式を採用する.

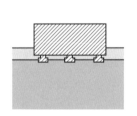
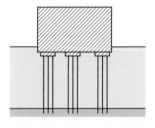

（a）表層で支持可能な場合　　（b）表層で支えきれない場合

図 10.1 地盤の支持力と構造物の基礎形式

基礎の形式は，図 10.2(a) に示す**浅い基礎**（shallow foundation）と，図 (b) に示す**深い基礎**（deep foundation）に大別される．浅い基礎の場合，基礎の周面と地盤との間の摩擦抵抗力はほとんど期待できないので，鉛直方向の支持力は大部分が基礎底面下の地盤の支持力によるものである．根入れ深さが浅く，構造物の荷重を基礎底面から地盤に直接伝えるという意味で**直接基礎**（spread foundation）ともよばれる．一

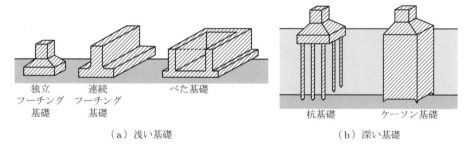

図 10.2 基礎の形式

方，深い基礎の鉛直支持力は，底部での支持力（杭などの場合，**先端支持力**とよばれる）に基礎周面と地盤との摩擦抵抗力（**周面摩擦力**とよばれる）を加えたものになる．

図 10.2(a) に示すように，浅い基礎は，**フーチング基礎**（footing foundation）と，上部構造のすべての柱や壁からの荷重を単一の基礎スラブで支持する**べた基礎**（mat foundation）に分けられる．フーチング基礎には，単一の柱からの荷重を独立した基礎スラブで支持する**独立フーチング基礎**（円形，正方形，長方形など）と，一連の柱や壁からの荷重を支持する**連続フーチング基礎**（**布基礎**，**帯状基礎**ともよばれる）などがある．なお，施工時に排除される根入れ部分の土の重量を大きくすることによって，基礎底面への作用圧力を軽減したべた基礎を**浮き基礎**（floating foundation）とよぶ．

深い基礎には，図 10.2(b) に示すような**杭基礎**（pile foundation）や**ケーソン基礎**（caisson foundation）がある．ケーソン基礎は，地上で製作した円形や長方形，小判形などの平面形状をもった箱形の基礎構造物の底部の地盤を掘削しながら支持層まで沈下させて築造するもので，現場の施工条件が杭基礎に適していない場合や，特別に大きな支持力と剛性が要求される場合などに用いられる．大気圧下で掘削作業を行うオープンケーソンと，函体底部の作業室内に圧縮空気を送り込んで地下水を排除しながら掘削を進めるニューマチックケーソンがある．

▶10.2　浅い基礎の支持力

基礎に作用する荷重が増大していくと，地盤にせん断変形が生じ，地盤表面の沈下量が増大しはじめ，最終的にはせん断破壊に至る．この節では，載荷試験から得られる荷重強さ–沈下曲線に基づいて地盤のせん断破壊と支持力の関係を述べたのち，浅い基礎の支持力算定法について説明する．

❯❯❯ 10.2.1　地盤のせん断破壊

図 10.3 は，**載荷試験**の様子とその結果得られる荷重 – 沈下曲線の例である．図中の C_1 曲線はよく締まった砂地盤や硬い粘土地盤でみられるもので，初期の直線的に変化する領域（OA′ 間），地盤にせん断破壊が生じて急激な沈下が発生する領域（点 A 以降）および中間の領域（A′A 間）からなる．このような荷重 – 沈下曲線は，荷重の影響を受ける地盤内の各点に発生する応力が　領域全般にわたってほぼ同時に破壊強度に到達した結果として生じる．そこで，このような破壊様式を**全般せん断破壊**（general shear failure）といい，破壊点に相当する点 A の荷重強度 Q_1 を**極限支持力**（ultimate bearing capacity）とよぶ．また，直線から曲線的変化に移りはじめる点 A′ の荷重強度は，**降伏荷重**（yield load）とよばれる．

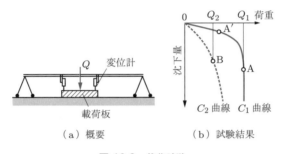

（a）概要　　　　　　　　（b）試験結果

図 10.3　載荷試験

一方，C_2 曲線は，ゆるい状態の砂質土や軟らかい粘土地盤にみられる例である．地盤内の各点における応力やひずみの分布が一様でないために，破壊が局部的にはじまり，次第にほかの部分に拡大する結果，荷重 – 沈下曲線は明瞭な破壊点を示さずに徐々に沈下が増大する．このような破壊様式を，**局所せん断破壊**（local shear failure）とよぶ．このような破壊様式の場合，極限支持力の定義は容易ではない．たとえば，荷重 – 沈下関係のデータを別途両対数グラフ上にプロットし，荷重 – 沈下曲線に現れる折れ点から図 10.3 の C_2 曲線における点 B（荷重 – 沈下曲線の曲率が変わり，それ以降直線的となる点）に相当する点を見出して，その点の荷重 Q_2 をもって極限支持力とするなどの方法をとる．

❯❯❯ 10.2.2　基礎の許容支持力

基礎地盤に荷重が作用し，図 10.3 のような沈下ののちに極限支持力に相当する荷重に至ると，地盤は図 10.4(a) の ACFG あるいは（および）BCDE のようなすべり面に沿って破壊する．基礎の設計にあたっては，破壊を招くことのないように，また構造物としての機能を損なうことのないように，地盤の強度と変形の両面から安全性を

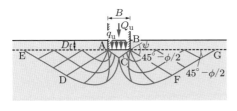

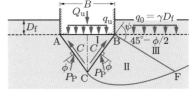

（a）すべり線の発生に関する仮定　　　　（b）土塊 ABC 部分に作用する力

図10.4　連続フーチング基礎下の地盤内の力のつり合い

確保しなければならない.

　一般に，極限支持力を，構造物の重要性や地盤条件に応じて選んだ安全率で割った値を，**許容支持力**（allowable bearing capacity）という．また，構造物にはその機能を損なわないために安全性や使用性の面から許容できる沈下量に制約があり，これによって定まる支持力を許容沈下量に応じる支持力という．限界状態設計法においては，極限支持力が終局限界状態の支持力に，許容沈下量に応じる支持力が使用限界状態の支持力に対応する．以下で，地盤の極限支持力の求め方を中心に述べる．

≫ 10.2.3　テルツァギーの支持力公式

　基礎地盤の破壊は，図 10.4(a) に示すようなすべり線に沿って生じる．プラントル（Prandtl, L.）は，厚肉の金属盤の表面に載荷された帯状荷重によってこのような破壊が生じるときの最大支持力を求める理論式を導いた．テルツァギーはプラントルの理論を踏襲しつつ，地盤工学上の実際の条件に近づけるために，図 10.4(a) に示すように根入れを有し，かつ奥行き方向に長い連続フーチング基礎を対象とし，その支持力式を以下のような仮定のもとに導いた．

① 基礎の底面と土との間に生じる摩擦を考慮する．

② 根入れ部分の土被り応力を荷重（$q_0 = \gamma D_f$）として扱う．

③ 地盤が破壊する限界の状態に至ったときのすべり面の発生が，図 10.4(a) の ACFG あるいは（および）BCDE のようになる．

　以上の仮定を設けたうえで，地盤内の力のつり合いを以下のように考えて極限支持力 q_u の算定式を導いた[10.1, 10.2]．図 10.4(b) において，基礎底面直下の △ABC の部分の土塊は剛体的に地盤内に押し込まれる形となり，これに抵抗するように土塊の側面 AC, BC には受働土圧合力 P_P と粘着力の合力 C がはたらく．荷重 Q_u と土塊 ABC の自重による下向きの力と，P_P と C の鉛直成分による上向きの力とのつり合いから，次式が得られる．

$$Q_u = 2P_P \cos(\psi - \phi) + 2C \sin \psi - \frac{\gamma B^2}{4} \tan \psi \tag{10.1}$$

これを整理して単位面積あたり（$q_u = Q_u/B$）に直すと，極限支持力 q_u [kN/m²] は次式で表される．

$$q_u = cN_c + \frac{\gamma B}{2} N_\gamma + \gamma D_f N_q \tag{10.2}$$

ここで，c：支持地盤の粘着力 [kN/m²]，γ：地盤の単位体積重量 [kN/m³]，B：フーチング基礎の幅 [m]，D_f：フーチング基礎の根入れ深さ [m] である．また，N_c, N_γ, N_q は**支持力係数**とよばれる無次元量で，地盤のせん断抵抗角 ϕ のみの関数である．支持力係数の値は，図 10.4(b) の土塊 ABC の部分の角 ψ の大きさと領域 II の形状によって決まる．テルツァギーは基礎底面の摩擦抵抗が大きく $\psi = \phi$ となる場合を仮定し，領域 II の形状が対数らせん（図 10.4(b) で点 B と曲線 CF 上の任意の点 C′ を結ぶ半径 r が $r = r_0 \cdot e^{\theta \tan \phi}$ のように θ の変化とともに大きくなるような曲線である．ここで，θ は $\angle$CBC′ であり，$r_0 = $ BC である）で表されるものとして，支持力係数 N_c, N_γ, N_q を図 10.5 のように求めた．図中，N_c, N_γ, N_q は全般せん断破壊に，また N_c', N_γ', N_q' は局所せん断破壊に対応する支持力係数である．

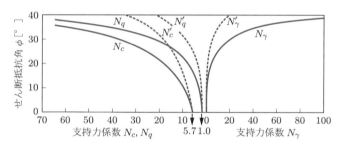

図 10.5　テルツァギーの支持力係数[10.1]

式 (10.2) の右辺第 1 項 cN_c は地盤の粘着力に基づく支持力，第 2 項 $(1/2)\gamma B N_\gamma$ は地盤の自重に起因する支持力，第 3 項 $\gamma D_f N_q$ は根入れ部分の土の重量による押さえの効果に基づく支持力である．

⨠ 10.2.4　支持力公式の拡張

テルツァギーは，式 (10.2) を基礎として，実験結果をもとに正方形や円形フーチング基礎に対する支持力算定式を提案している．日本建築学会は，これらの式に，その後のわが国における研究成果や実務における施工データを加味して，式 (10.2) を以下

のように拡張した.

$$q_\mathrm{u} = \alpha c N_c + \beta \gamma_1 B N_\gamma + \gamma_2 D_\mathrm{f} N_q \tag{10.3}$$

ここで, α, β は形状係数であり, 各種形状のフーチング基礎に対して表 10.1 の値を用いるように規定されている. B は基礎の短辺の長さ [m]（円形基礎の場合は直径）を表す. また, γ_1, γ_2 はそれぞれ支持地盤および根入れ部分の地盤の単位体積重量 $[\mathrm{kN/m^3}]$ であり, 地下水位以下の場合には水中単位体積重量 γ' を用いる.

表 10.1　建築基礎構造設計指針による形状係数[10.3]

基礎底面の形状	連続	正方形	長方形	円形
α	1.0	1.2	$1.0 + 0.2\dfrac{B}{L}$	1.2
β	0.5	0.3	$0.5 - 0.2\dfrac{B}{L}$	0.3

B：長方形の短辺長さ, L：長方形の長辺長さ

表 10.2 および図 10.6 は, 式 (10.3) を用いる際に使用すべき値として「建築基礎構造設計指針」[10.3] で規定している設計用支持力係数であり, 局所せん断破壊が生じるようなせん断抵抗角 ϕ' の小さな地盤については支持力係数を低減し, ϕ' の大きい地盤については全般せん断破壊の支持力係数に近づけるように, テルツァギーの支持力係数を修正したものである.

表 10.2　建築基礎構造設計指針による支持力係数[10.3]

ϕ' [°]	N_c	N_γ	N_q
0	5.1	0.0	1.0
5	6.5	0.1	1.6
10	8.3	0.4	2.5
15	11.0	1.1	3.9
20	14.8	2.9	6.4
25	20.7	6.8	10.7
28	25.8	11.2	14.7
30	30.1	15.7	18.4
32	35.5	22.0	23.2
34	42.2	31.1	29.4
36	50.6	44.4	37.8
38	61.4	64.1	48.9
40 以上	75.3	93.7	64.2

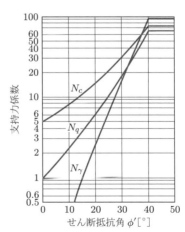

図 10.6　建築基礎構造設計指針による支持力係数[10.3]

例題 10.1 図 10.7 に示すように，二つの層からなる地盤があり，地下水位は地表面と一致している．この地盤に根入れ深さ $D_f = 3.5\,[\text{m}]$ の基礎を設置する．基礎の形状が，それぞれ以下の場合について，建築基礎構造設計指針による極限支持力を求めよ．

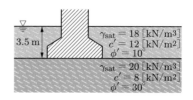

図 10.7 二層地盤に設置されたフーチング基礎

(1) 連続フーチング基礎（幅 $B = 5\,[\text{m}]$）
(2) 正方形基礎（一辺 $B = 5\,[\text{m}]$）
(3) 長方形基礎（$B \times L = 5 \times 15\,[\text{m}]$）

解 第 2 層のせん断抵抗角 $\phi' = 30°$ から，$N_c = 30.1$，$N_\gamma = 15.7$，$N_q = 18.4$ である．また，$\gamma_1 = \gamma_{\text{sat}} - \gamma_{\text{w}} = 20 - 9.80 = 10.2\,[\text{kN/m}^3]$，$\gamma_2 = \gamma_{\text{sat}} - \gamma_{\text{w}} = 18 - 9.80 = 8.2\,[\text{kN/m}^3]$ である．

(1) 連続フーチング基礎：$\alpha = 1.0$，$\beta = 0.5$ であるから，式 (10.3) より，つぎのようになる．

$$
\begin{aligned}
q_u &= \alpha c N_c + \beta \gamma_1 B N_\gamma + \gamma_2 D_f N_q \\
&= (1.0 \times 8 \times 30.1) + (0.5 \times 10.2 \times 5 \times 15.7) + (8.2 \times 3.5 \times 18.4) \\
&= 1170\,[\text{kN/m}^2]
\end{aligned}
$$

(2) 正方形基礎：$\alpha = 1.2$，$\beta = 0.3$ であるから，つぎのようになる．

$$
q_u = (1.2 \times 8 \times 30.1) + (0.3 \times 10.2 \times 5 \times 15.7) + (8.2 \times 3.5 \times 18.4) = 1060\,[\text{kN/m}^2]
$$

(3) 長方形基礎：$\alpha = 1.0 + 0.2 B/L = 1.0 + 0.2 \times 5/15 = 1.067$，$\beta = 0.5 - 0.2 B/L = 0.5 - 0.2 \times 5/15 = 0.433$ であるから，つぎのようになる．

$$
q_u = (1.067 \times 8 \times 30.1) + (0.433 \times 10.2 \times 5 \times 15.7) + (8.2 \times 3.5 \times 18.4) = 1130\,[\text{kN/m}^2]
$$

例題 10.2 正方形断面（$3 \times 3\,\text{m}$）の基礎に自重も含めて $6000\,\text{kN}$ の構造物荷重が作用する．安全率を 3 として，基礎に必要な根入れ深さ D_f を決定せよ．ただし，地盤は単位体積重量 $\gamma = 19.0\,[\text{kN/m}^3]$，粘着力 $c = 2.0\,[\text{kN/m}^2]$，せん断抵抗角 $\phi = 34°$ の一様な砂質土からなるものとする．

解 安全率 3 を考慮した極限支持力は，$q_u = 3 \times 6000/(3 \times 3) = 2000\,[\text{kN/m}^2]$ である．表 10.2 から $\phi = 34°$ に対する支持力係数を求めると，$N_c = 42.2$，$N_\gamma = 31.1$，$N_q = 29.4$ である．また，正方形基礎であるから $\alpha = 1.2$，$\beta = 0.3$ である．したがって，式 (10.3) より，つぎのようになる．

$$
2000 = (1.2 \times 2.0 \times 42.2) + (0.3 \times 19.0 \times 3 \times 31.1) + (19.0 \times D_f \times 29.4)
$$

よって，$D_f = 2.45\,[\text{m}]$ である．

▶10.3 浅い基礎の沈下 ◀

構造物基礎地盤の沈下は，**即時沈下**と**圧密沈下**からなる．即時沈下は構造物荷重の載荷とほぼ同時に発生する沈下であり，圧密沈下は圧密によって長期にわたって継続的に発生する沈下である．圧密沈下については第5章で説明したので，ここでは即時沈下の算定法について考える．

基礎の荷重と沈下の関係は，図 10.3(b) に示したように非線形であるが，通常の設計では計算を簡単にするために，地盤を弾性体とみなして即時沈下の計算を行う．すなわち，第4章の場合と同様に，地盤を深さ方向と水平方向に無限に広がった等方等質の弾性体と仮定して，地盤の表面に載荷された荷重によって発生する荷重点の沈下量を求める．

≫≫ 10.3.1 弾性理論による即時沈下量の計算

図 10.8 に示す地表面の点 P から r の距離にある微小荷重要素 $dQ = q \cdot dx \cdot dy$ による点 P の変位 ds は

$$ds = \frac{dQ}{\pi r} \cdot \frac{1 - \nu^2}{E}$$

で表される．これを基礎の短辺 B，長辺 L にわたって積分すると，偶角部の沈下量 S_i の算定式として次式を得る．

$$S_i = qB\frac{1-\nu^2}{E} \cdot \frac{1}{\pi}\left\{ l \cdot \ln \frac{1 + \sqrt{l^2 + 1}}{l} + \ln\left(l + \sqrt{l^2 + 1}\right) \right\} \tag{10.4}$$

ここで，q は荷重強度 $[\text{kN/m}^2]$，E, ν はそれぞれ地盤のヤング率 $[\text{kN/m}^2]$ とポアソン比，$l = L/B$ である．地盤のヤング率とポアソン比については，建築基礎構造設計指針[10.3] などを参照して決定すればよい．さらに，

$$I_s = \frac{1}{\pi}\left\{ l \cdot \ln \frac{1 + \sqrt{l^2 + 1}}{l} + \ln\left(l + \sqrt{l^2 + 1}\right) \right\}$$

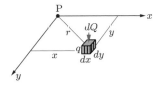

図 10.8 微小荷重要素 dQ による任意点 P における沈下の計算

とおく．I_s は**沈下係数**とよばれ，基礎底面の形状と剛性によって決まる係数（表 10.3）である．S_i は I_s を用いると，次式のように表される．

$$S_i = I_s \cdot \frac{1 - \nu^2}{E} qB \tag{10.5}$$

なお，式 (10.4), (10.5) は載荷面の偶角部の沈下量の算定式であるが，偶角部以外の点における沈下の計算は，地盤内応力の算定（第 4 章）の場合と同様に，重ね合わせの原理を適用すればよい．

表 10.3　基礎の沈下係数[10.3]

底面形状	基礎の剛性	底面上の位置	I_s	底面形状	基礎の剛性	底面上の位置	I_s
円 （直径 B）	0	中央	1	長方形 （$B \times L$）	0	隅角	$L/B = 1$　0.56
		辺	0.64				1.5　0.68
	∞	全体	0.79				2.0　0.76
正方形 （$B \times B$）	0	中央	1.12				2.5　0.84
		隅角	0.56				3.0　0.89
		辺の中央	0.77				4.0　0.98
	∞	全体	0.88				5.0　1.05
							10.0　1.27
							100.0　2.00

例題 10.3　図 10.9 のような平面形の基礎に，$100\,\mathrm{kN/m^2}$ の等分布荷重が載荷されている．図中の点 A における地表面沈下量を求めよ．ただし，地盤のヤング率は $18\,\mathrm{MN/m^2}$，ポアソン比は 0.5 とする．

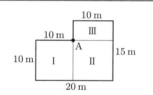

図 10.9　等分布荷重を受ける基礎

解　【例題 4.3】の場合と同様，図 10.9 のように I〜III に分割すると，それぞれの載荷面の偶角点についての沈下係数は，つぎのようになる．

I, II：$l = L/B = 10/10 = 1$ より，次式となる．

$$(I_s)_\mathrm{I} = (I_s)_\mathrm{II} = \frac{1}{\pi} \left\{ l \cdot \ln \frac{1 + \sqrt{l^2 + 1}}{l} + \ln \left(l + \sqrt{l^2 + 1} \right) \right\} = 0.561$$

III：$l = L/B = 10/5 = 2$ より，次式となる．

$$(I_s)_\mathrm{III} = 0.766$$

式 (10.5) を用いて地表面沈下量を算出すると，

$$(S_i)_\mathrm{I} = (S_i)_\mathrm{II} = (I_s)_\mathrm{I} \frac{1 - \nu^2}{E} qB = 0.561 \times \frac{1 - (0.5)^2}{18000} \times 100 \times 10 = 0.023$$

$$= 23\,[\mathrm{mm}]$$

$$(S_i)_{\mathrm{III}} = (I_s)_{\mathrm{III}}\frac{1-\nu^2}{E}qB = 0.766 \times \frac{1-(0.5)^2}{18000} \times 100 \times 5 = 0.016\,[\mathrm{m}] = 16\,[\mathrm{mm}]$$

となる．よって，点 A の沈下量は，つぎのようになる．

$$S_i = (S_i)_{\mathrm{I}} + (S_i)_{\mathrm{II}} + (S_i)_{\mathrm{III}} = 23 + 23 + 16 = 62\,[\mathrm{mm}]$$

≫ 10.3.2　載荷試験による沈下量の推定

独立フーチング基礎などの比較的小規模の基礎の沈下量については，平板載荷試験（通常 $300 \times 300\,\mathrm{mm}$ の載荷板が用いられる）の結果を利用して求められる．すなわち，載荷板と実際の基礎の大きさや形状および剛性の違いの影響を考慮し，平板載荷試験から得られた沈下量 S_1 から，次式のように基礎の沈下量 S を求めることができる[10.3]．

$$S = S_1 \cdot \frac{I_s \cdot B}{I_{s1} \cdot B_1} \tag{10.6}$$

ここで，I_{s1}：載荷板についての沈下係数（表 10.3），I_s：基礎の沈下係数（表 10.3），B_1：載荷板の幅，B：基礎幅である．

▶ 10.4　深い基礎の支持力 ◀

この節では，深い基礎として代表的な，杭基礎の支持力算定法を説明する．杭には木杭，鋼杭，コンクリート杭，複合杭などがあり，工場などで製造された**既製杭**と，現場において地盤に削孔してコンクリートを打設して製造する**場所打ちコンクリート杭**に大別される．

既製杭の設置方法として，杭を地盤に打ち込んだり（**打込み杭**），圧入したり（**圧入杭**）することにより設置する方法と，あらかじめ排土した部分に設置（プレボーリング工法）したり，杭の中空部を利用して地盤を掘削しながら設置（中掘り工法）したりする**埋込み杭**とがある．

一般に，杭は鉛直に設置されることが多いが，水平力に対する抵抗を効果的に発揮させるために斜めに設置される杭を**斜杭**とよび，水平力が作用する構造物の基礎として用いられる．鉛直杭と斜杭を杭の頭部で結合して，**組杭**として用いることもよく行われる．

鉛直荷重を支持する杭の支持力 $Q_u\,[\mathrm{kN}]$ は，図 10.10 に示すように，杭先端の支持層で支えられる先端支持力 Q_p と杭周面での摩擦力（周面摩擦力）Q_s の和で与えら

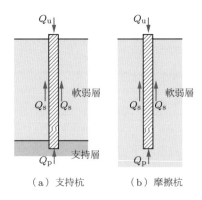

図 10.10　杭基礎の支持機構

れる.

$$Q_\mathrm{u} = Q_\mathrm{p} + Q_\mathrm{s} \tag{10.7}$$

杭の支持力が主として先端支持力からなる場合を**支持杭**，主として周面摩擦力からなる場合を**摩擦杭**とよぶ．以下に，鉛直杭の支持力算定法について説明する．

≫≫ 10.4.1　鉛直杭の支持力算定法

　杭の鉛直支持力は，杭の載荷試験または**支持力算定式**によって求められる．杭の載荷試験を行うと最も確実に支持力を求めることができるから，可能なかぎり載荷試験結果によって極限支持力を推定するのが望ましい．載荷板を用いて行う浅い基礎の載荷試験と異なり，杭基礎の載荷試験は実際に打設した杭に対して行われるので，得られた荷重 – 沈下曲線から降伏荷重，極限支持力などを直接求めることができる．

　載荷試験の実施が困難な場合には，地盤調査・試験結果による地盤の力学パラメータを用いて，支持力算定式によって杭の支持力を推定する．ここでは，支持力算定式について説明する．

(1) テルツァギーの支持力算定式とマイヤホフの提案　　テルツァギーは式 (10.7) の Q_p, Q_s について，それぞれ以下のように考えた．

$$Q_\mathrm{p} = q_\mathrm{u} A_\mathrm{p}, \quad Q_\mathrm{s} = f_\mathrm{s} A_\mathrm{s} \tag{10.8}$$

ここで，q_u：式 (10.3) で計算される杭先端の極限支持力 $[\mathrm{kN/m^2}]$，A_p：杭先端の断面積 $[\mathrm{m^2}]$，f_s：杭の周面摩擦力 $[\mathrm{kN/m^2}]$，A_s：杭の周面積 $[\mathrm{m^2}]$ である．

　式 (10.8) における式 (10.3) の q_u の算定式は本来浅い基礎を対象として導かれたものであり，根入れ部分のせん断抵抗を無視し，土被り応力を荷重として扱っているだ

け（10.2.3 項参照）なので，地盤の深い位置にある杭先端の支持力算定式としては不合理であるとして，マイヤホフ（Meyerhof, G.G.）は新たに深い基礎の支持力式[10.4]を導いた.

図 10.11 の右半分は深い基礎が塑性平衡に至った状態についてのマイヤホフの提案によるすべり線の図であり，左半分には比較のためにテルツァギーによる提案を示した．マイヤホフはこの図のすべり線の仮定をもとに，極限支持力 q_u を式 (10.3) と同形の式で表し，これを式 (10.7), (10.8) に適用することを提案した．その後，マイヤホフは，砂質地盤に関する極限支持力 Q_u と標準貫入試験の N 値との関係や，杭の周面摩擦力 $f_\mathrm{s}\,[\mathrm{kN/m^2}]$ と N 値との間の関係などを相互に関連づけ，砂質地盤に関する杭の極限支持力 $Q_\mathrm{u}\,[\mathrm{kN}]$ の半実験公式（マイヤホフの実用式）として，

$$Q_\mathrm{u} = 9.80 \left(40 N A_\mathrm{p} + \frac{\overline{N}}{5} A_\mathrm{s} \right) \tag{10.9}$$

を提案した[10.2]．なお，式 (10.9) は重力単位 [tf] を用いて提案された原式を SI 単位 [kN] に換算するために，9.80 をかけている．ここで，N：杭先端地盤の N 値，$\overline{N}$：杭周面地盤の平均 N 値，A_p：杭先端の断面積 $[\mathrm{m^2}]$，A_s：杭の周面積 $[\mathrm{m^2}]$ である．

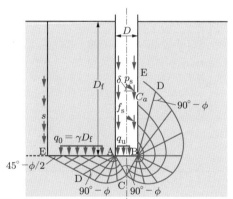

図 10.11 テルツァギーとマイヤホフによるすべり線[10.4]

(2) 鉛直支持力の実用算定式　現場における杭の設置方法は，前述のように既製杭を打ち込みあるいは埋込みにより設置する場合や，原位置において場所打ちコンクリート杭を施工するなど，さまざまである．したがって，式 (10.9) の右辺各項の係数は杭の設置方法に応じて異なる値をとることになる．また，式 (10.9) は砂質地盤を主な対象として提案されたものであり，対象地盤が粘性土の場合，せん断強度の評価は N 値ではなく非排水せん断強さ s_u で行う．

　そこで，建築基礎構造設計指針では，式 (10.9) を基礎として，杭の施工法の違いや地盤の特性を適切に反映させられるように，支持力算定式の修正，拡張を行い，杭の極限支持力の実用算定式として以下のように規定している[10.3]．表 10.4 に規定の概要を示す（詳細は文献 [10.3]〕参照）．

表 10.4　杭の鉛直支持力の実用算定式

杭の極限支持力 $Q_\mathrm{u} = Q_\mathrm{p} + Q_\mathrm{s}$ [kN/本]			
先端支持力 Q_p		周面摩擦力 Q_s	
砂質土	粘性土	砂質土部分	粘性土部分
打込み杭 $300\,\overline{N_1}A_\mathrm{p}$ $\overline{N_1}$：杭先端から下方に $1D$，上方に $4D$ の範囲の地盤の平均 N 値（ただし，$\overline{N_1} \leqq 60$）	$6\,s_\mathrm{u1}A_\mathrm{p}$ s_u1：杭先端位置での非排水せん断強さ [kN/m²]（ただし，$s_\mathrm{u1} \leqq 3000$ [kN/m²]）	$2.0\,\overline{N_2}A_\mathrm{s}$ $\overline{N_2}$：杭周面地盤の平均 N 値（ただし，$\overline{N_2} \leqq 50$）	$s_\mathrm{u2}A_\mathrm{s}$ s_u2：杭周面地盤の平均非排水せん断強さ [kN/m²]（ただし，$s_\mathrm{u2} \leqq 100$ [kN/m²]）
場所打ち杭 $100\,\overline{N_1}A_\mathrm{p}$ $\overline{N_1}$：杭先端から下方に $1D$，上方に $1D$ の範囲の地盤の平均 N 値（ただし，$\overline{N_1} \leqq 75$）	$6\,s_\mathrm{u1}A_\mathrm{p}$ s_u1：杭先端位置での非排水せん断強さ [kN/m²]（ただし，$s_\mathrm{u1} \leqq 1250$ [kN/m²]）	$3.3\,\overline{N_2}A_\mathrm{s}$ $\overline{N_2}$：杭周面地盤の平均 N 値（ただし，$\overline{N_2} \leqq 50$）	$s_\mathrm{u2}A_\mathrm{s}$ s_u2：杭周面地盤の平均非排水せん断強さ [kN/m²]（ただし，$s_\mathrm{u2} \leqq 100$ [kN/m²]）
埋込み杭 $200\,\overline{N_1}A_\mathrm{p}$ $\overline{N_1}$：杭先端から下方に $1D$，上方に $1D$ の範囲の地盤の平均 N 値（ただし，$\overline{N_1} \leqq 60$）	$6\,s_\mathrm{u1}A_\mathrm{p}$ s_u1：杭先端位置での非排水せん断強さ [kN/m²]（ただし，$s_\mathrm{u1} \leqq 2000$ [kN/m²]）	$2.5\,\overline{N_2}A_\mathrm{s}$ $\overline{N_2}$：杭周面地盤の平均 N 値（ただし，$\overline{N_2} \leqq 50$）	$0.8s_\mathrm{u2}A_\mathrm{s}$ s_u2：杭周面地盤の平均非排水せん断強さ [kN/m²]（ただし，$s_\mathrm{u2} \leqq 125$ [kN/m²]）

＊ A_p：杭先端の断面積 [m²]，A_s：砂質土部分，粘性土部分の杭の周面積 [m²]，D：杭の直径

例題 10.4　図 10.12 に示すような地盤中に，直径 500 mm のコンクリート杭を打ち込んだ．建築基礎構造設計指針に従って，この杭の鉛直支持力を求めよ．

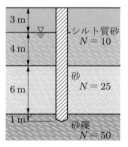

図 10.12　砂礫層まで打ち込まれたコンクリート杭

解 二つの砂質土層を貫いて打ち込まれた杭であるから，$Q_u = 300\overline{N_1}A_p + 2.0\overline{N_2}A_s$ を用いる．

$$\overline{N_1} = \frac{(50 \times 0.5) + \{(50 \times 1) + (25 \times 1)\}}{0.5 + 2} = 40, \quad A_p = \frac{\pi \times 0.5^2}{4} = 0.196\,[\mathrm{m^2}]$$

$$\overline{N_2} = \frac{(10 \times 7) + (25 \times 6) + (50 \times 1)}{7 + 6 + 1} = 19.29, \quad A_s = \pi \times 0.5 \times 14 = 21.99\,[\mathrm{m^2}]$$

を代入すると，鉛直支持力はつぎのようになる．

$$Q_u = (300 \times 40 \times 0.196) + (2.0 \times 19.29 \times 21.99) = 3200\,[\mathrm{kN/本}] = 3.20\,[\mathrm{MN/本}]$$

例題 10.5 直径 1.2 m，長さ 20 m の場所打ち杭が設置された．この地盤の深さ 15 m までは非排水せん断強さ $s_u = 30\,[\mathrm{kN/m^2}]$ の粘性土からなり，15 m 以深は N 値が 25 の砂質土からなる．建築基礎構造設計指針に従って，この杭の鉛直支持力を求めよ．

解 粘性土層およびその下部の砂質土層を貫いて設置された場所打ち杭であるから，$Q_u = 100\overline{N_1}A_p + 3.3\overline{N_2}(A_s)_s + s_{u2}(A_s)_c$ として計算する．

$$\overline{N_1} = \overline{N_2} = 25, \quad s_{u2} = 30\,[\mathrm{kN/m^2}], \quad A_p = \frac{\pi \times 1.2^2}{4} = 1.13\,[\mathrm{m^2}]$$

$$(A_s)_s = \pi \times 1.2 \times 5 = 18.85\,[\mathrm{m^2}], \quad (A_s)_c = \pi \times 1.2 \times 15 = 56.55\,[\mathrm{m^2}]$$

を代入すると，鉛直支持力はつぎのようになる．

$$Q_u = (100 \times 25 \times 1.13) + (3.3 \times 25 \times 18.85) + (30 \times 56.55) = 6077\,[\mathrm{kN/本}]$$
$$= 6.08\,[\mathrm{MN/本}]$$

》》10.4.2　群杭の支持力

基礎の形式として杭基礎を採用するにあたり，多くの場合，単一の杭（**単杭**：single pile）ではなく，近接して打ち込まれた複数の杭で構造物荷重を支えることが多い．このような場合の杭のグループを，**群杭**（group pile）という．

群杭の場合に，杭間隔がある限度以内に狭くなると，杭の支持力や沈下挙動は単杭の挙動を単純に重ねた場合と異なる．これを**群杭効果**といい，図 10.13 にその様子を示す．すなわち，杭間隔が狭い場合，それぞれの杭が単一の杭としての支持力を発揮して構造物荷重を支えるのではなく，むしろ複数の杭が一体となって構造物荷重を支えることになる．なお，群杭の場合，各杭を通じて地盤内に発生する応力が図のように重なり合うため，全体としての圧力球根が単杭での同じ大きさの圧力球根よりも深い位置まで及ぶ．したがって，地盤深部における軟弱層の有無を確認しておくことが

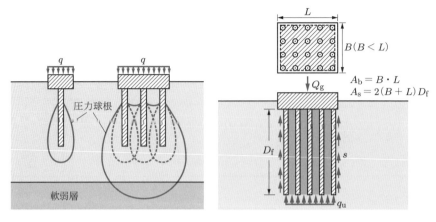

図 10.13　単杭と群杭による圧力球根

図 10.14　群杭の支持力

重要である（4.4.1 項参照）.

　群杭の支持力 Q_g [kN] は，図 10.14 に示すように，複数の杭を囲んで一体のもの（ブロック）とみなしたときのブロック底面の支持力 q_u [kN/m^2] とブロック周面にはたらくせん断抵抗 s [kN/m^2] との和として以下のように表される[10.3].

$$Q_g = q_u A_b + s A_s \tag{10.10}$$

ここで，A_b：群杭の底面積 [m^2]，A_s：群杭の周面積 [m^2] である.

例題 10.6　直径 300 mm 長さ 12 m の杭を，図 10.15 のように打設した. 地下水位は地表面と一致しており，地盤のパラメータは図に示した通りである. 群杭の底面の寸法を (4×6) m として支持力を求めよ.

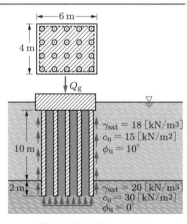

図 10.15　群杭の支持力

解　式 (10.10) を用いるにあたり，まず群杭底面の支持力 q_u を求める.
$B = 4$ [m]，$L = 6$ [m] であるから，形状係数 α, β を表 10.1 により算出すると，それぞれ

$\alpha = 1.133, \beta = 0.367$ である. また, せん断抵抗角 $\phi = 0°$ から表 10.2 より $N_c = 5.1, N_\gamma = 0$, $N_q = 1.0$ であり, 10 m までの水中単位体積重量 $\gamma' = \gamma_{\mathrm{sat}} - \gamma_{\mathrm{w}} = 18 - 9.80 = 8.2\,[\mathrm{kN/m^3}]$, 10 m 以深の水中単位体積重量 $\gamma' = \gamma_{\mathrm{sat}} - \gamma_{\mathrm{w}} = 20 - 9.80 = 10.2\,[\mathrm{kN/m^3}]$ より, γ_2 として 10 m まで $8.2\,[\mathrm{kN/m^3}]$, 10 m 以深で $10.2\,[\mathrm{kN/m^3}]$ を用いる.

$$q_{\mathrm{u}} = \alpha c N_c + \beta \gamma_1 B N_\gamma + \gamma_2 D_{\mathrm{f}} N_q$$
$$= (1.133 \times 30 \times 5.1) + 0 + (8.2 \times 10 + 10.2 \times 2) \times 1.0 = 275.75\,[\mathrm{kN/m^2}]$$

となる. 群杭の底面積は $A_{\mathrm{b}} = 4 \times 6 = 24\,[\mathrm{m^2}]$
 周面の面積は

$$10\,\mathrm{m}\ \mathrm{まで}: A_{\mathrm{s1}} = 2(4+6) \times 10 = 200\,[\mathrm{m^2}]$$
$$10\,\mathrm{m}\ \mathrm{以深}: A_{\mathrm{s2}} = 2(4+6) \times 2 = 40\,[\mathrm{m^2}]$$

である. したがって, 支持力はつぎのようになる.

$$Q_{\mathrm{g}} = q_{\mathrm{u}} A_{\mathrm{b}} + s_1 A_{\mathrm{s1}} + s_2 A_{\mathrm{s2}}$$
$$= (275.75 \times 24) + (15 \times 200) + (30 \times 40) = 10818\,[\mathrm{kN}] = 10.82\,[\mathrm{MN}]$$

≫ 10.4.3 負の周面摩擦

 支持杭に作用する鉛直荷重 Q は通常, 図 10.16(a) のように先端支持力 Q_{p} と周面摩擦力 Q_{s} によって支えられる. この場合の Q_{s} は杭を支持する方向にはたらくので, 正の摩擦力 (positive friction) という. 一方, 杭の施工後に地下水位の低下などによって地盤が圧密沈下を起こすと, 図 10.16(b) に示すように杭には下向きの摩擦力 (負

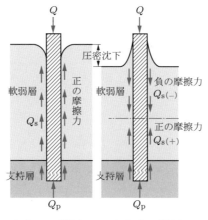

（a）正の摩擦力　　（b）負の摩擦力

図 10.16　負の周面摩擦力の発生

の摩擦力：negative friction）がはたらく．図 10.16(b) の場合，杭の支持力は次式で
安全率 $F_s = 1.2\sim1.5$ を満足するように設計される．

$$Q = \frac{Q_\mathrm{p} + Q_\mathrm{s(+)}}{F_\mathrm{s}} - Q_\mathrm{s(-)} \tag{10.11}$$

ここで，Q_p：先端支持力 [kN]，$Q_\mathrm{s(+)}$：圧密沈下が生じない区間の摩擦抵抗力 [kN]，
$Q_\mathrm{s(-)}$：負の周面摩擦力 [kN] である．

⟫⟫ 10.4.4　杭の水平支持力

　地震力，土圧・水圧，波浪などによって，杭は水平方向の荷重を受ける．水平方向
の支持力は，基礎底面と地盤との摩擦抵抗および基礎前面の地盤の受働土圧抵抗から
なる．杭の水平支持力を求める方法としては，つぎの二つがある．

① 杭の水平載荷試験による方法

② 解析的方法

杭の水平載荷試験による場合，得られた荷重 – 変位関係から水平支持力を直接算定で
きるが，一般に杭の水平支持力は地盤の剛性，杭の根入れ長さや杭材の曲げ剛性，杭
頭部の固定条件などに依存するので，載荷試験時の試験条件と現場の条件との相違に
留意する必要がある．したがって，以下に述べる解析的方法による結果も勘案して設
計する．以下に，解析的方法の例として，チャン（Chang, Y.L.）による弾性地盤反
力法[10.2] について説明する．

　チャンは図 10.17 に示すように，地盤を複数のバネからなるモデル（弾性支承）で
表されるものとし，地盤反力 $p\,[\mathrm{kN/m^2}]$ と地表から $x\,[\mathrm{m}]$ の深さにおける杭の水平変
位量 $y\,[\mathrm{m}]$，および地盤のバネ定数に相当する水平地盤反力係数 $k_\mathrm{h}\,[\mathrm{kN/m^3}]$ の間に

$$p = k_\mathrm{h} \cdot y$$

の関係が成り立つものと仮定して，杭の弾性方程式を以下のように解いた．

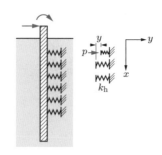

図 10.17　杭の水平支持力算定における仮定

$$EI\frac{d^4y}{dx^4} = -pD = -k_{\mathrm{h}}yD \tag{10.12}$$

ここで，E：杭材のヤング率 $[\mathrm{kN/m^2}]$，I：杭の断面 2 次モーメント $[\mathrm{m^4}]$，D：杭の直径 $[\mathrm{m}]$ である．式 (10.12) の両辺を EI で割って整理すると，次式となる．

$$\frac{d^4y}{dx^4} + 4\beta^4 y = 0, \quad \beta = \sqrt[4]{\frac{k_{\mathrm{h}}D}{4EI}} \tag{10.13}$$

杭が無限に長いと仮定すると，式 (10.13) の一般解は，次式で表される．

$$y = (A\cos\beta x + B\sin\beta x)\cdot\exp(-\beta x) \tag{10.14}$$

　式 (10.13) を与えられた条件のもとで解き，式 (10.14) の積分定数 A, B を定めたうえで許容水平変位量を設定すると，許容水平支持力 H_{a} を求めることができる．一般に，杭の頭部はフーチング基礎や基礎スラブと接合されて，上部構造の荷重を支持する形態をとる．式 (10.13) の解は，地表面からの杭の突出部の有無，および杭の頭部がフーチング基礎に剛結されていると仮定するか，回転自由と仮定するかによって異なる．

　たとえば，突出部のない場合の許容支持力 H_{a} $[\mathrm{kN}]$ は次式のように与えられる．なお，許容水平変位量を δ $[\mathrm{m}]$ とする．

① 杭の頭部が剛結されている場合

$$H_{\mathrm{a}} = \frac{\delta k_{\mathrm{h}}D}{\beta} \tag{10.15}$$

② 杭の頭部が剛結されていない場合

$$H_{\mathrm{a}} = \frac{\delta k_{\mathrm{h}}D}{2\beta} \tag{10.16}$$

例題 10.7 直径 1.2 m 長さ 20 m の杭が設置されている．地震によって，杭の頭部に 500 kN の水平力が作用した場合の杭の頭部の水平変位を求めよ．なお，杭の頭部はフーチング基礎に剛結されており，杭の曲げ剛性 $EI = 2.0 \times 10^4$ $[\mathrm{kN\cdot m^2}]$，水平地盤反力係数 $k_{\mathrm{h}} = 20.0$ $[\mathrm{MN/m^3}]$ である．

解
$$\beta = \sqrt[4]{\frac{k_{\mathrm{h}}D}{4EI}} = \sqrt[4]{\frac{20\times10^3\times1.2}{4\times2.0\times10^4}} = \sqrt[4]{\frac{24}{80}} = 0.74008\,[1/\mathrm{m}]$$

よって，$H = \delta k_{\mathrm{h}}D/\beta$ から杭の頭部の水平変位はつぎのようになる．

$$\delta = \frac{\beta H}{k_{\mathrm{h}}D} = \frac{0.74008\times500}{24\times10^3} = 0.0154\,[\mathrm{m}] = 15.4\,[\mathrm{mm}]$$

▶演習問題

10.1 $c_u = 20\,[\mathrm{kN/m^2}]$，$\phi_u = 0$ の地盤の表面に設置された連続フーチング基礎の支持力を計算せよ．また，$c_u = 0$ の地盤の表面に設置された基礎について，地下水位が十分に深い場合と地表面に達している場合の支持力の比を求めよ．

10.2 $\gamma_t = 18\,[\mathrm{kN/m^3}]$，$c_u = 20\,[\mathrm{kN/m^2}]$，$\phi_u = 15°$ の地盤に，直径 8 m の円形基礎を根入れ深さ 3 m として施工する．この基礎の極限支持力を求めよ．

10.3 $\gamma_{sat} = 20\,[\mathrm{kN/m^3}]$，$c_u = 10\,[\mathrm{kN/m^2}]$，$\phi_u = 30°$ の地盤に 2 m の根入れ深さで施工された幅 3 m の連続フーチング基礎の極限支持力を求めよ．ただし，地下水位は地表面にあるものとする．

10.4 非排水せん断強さ $s_u = 25\,[\mathrm{kN/m^2}]$ で厚さ 20 m の粘土層を貫通して，N 値が 30 の砂礫層中に深さ 2 m まで打ち込まれた直径 500 mm の杭の極限支持力を求めよ．

10.5 直径 300 mm，長さ 15 m の杭を，群杭として底面積 $5 \times 7\,\mathrm{m}$ で打設した．群杭は厚さ 12 m の粘土層を貫通してその下部の粘性土層に 3 m まで打ち込まれている．この群杭の極限支持力を求めよ．ただし，地下水位は地表面と一致しており，地盤のパラメータは以下のとおりである．

- 12 m まで：$\gamma_{sat} = 17\,[\mathrm{kN/m^3}]$，$c_u = 20\,[\mathrm{kN/m^2}]$，$\phi_u = 0°$
- 12 m 以深：$\gamma_{sat} = 18.5\,[\mathrm{kN/m^3}]$，$c_u = 30\,[\mathrm{kN/m^2}]$，$\phi_u = 15°$

10.6 直径 300 mm 長さ 30 m の杭が設置されている．杭頭の許容水平変位 20 mm として，この杭の水平支持力を求めよ．なお，杭頭部はフーチング基礎に剛結されており，杭の曲げ剛性 $EI = 2.0 \times 10^4\,[\mathrm{kN \cdot m^2}]$，水平地盤反力係数 $k_h = 20.0\,[\mathrm{MN/m^3}]$ とする．

付録　本書で用いる単位系 SI ≫

本書は単位系 SI によって記述されている．以下に本書で用いている主な単位を示す．

基本単位

量	記号	読 み
長　さ	m	メートル
質　量	kg	キログラム
時　間	s	秒

補助単位

量	記号	読 み
平面角	rad	ラジアン

主な組立単位

量	記号
面　積	m^2
体　積	m^3
速　度	m/s
加速度	m/s^2
密　度	Mg/m^{3*}

* 従来，密度の単位には g/cm^3 が用いられてきたが，なるべくセンチ，デシなどの接頭辞は使用せず，10^3 ごとの倍数となるように統一する目的から Mg/m^3 を用いるようになった．

固有の名称・記号で表される組立単位

量	記号	読 み	他の単位による表現	基本単位による表現
力	N	ニュートン		$kg \cdot m/s^2$
仕事・熱量	J	ジュール	N·m	$kg \cdot m^2/s^2$
応力・圧力	Pa	パスカル	N/m^2	$kg/(m \cdot s^2)$
粘性係数	Pa·s	パルカル秒	$N \cdot s/m^2$	$kg/(m \cdot s)$

SI で用いる 10 の整数倍を表す接頭辞

大きさ	記号	読 み
10^9	G	ギガ
◎ 10^6	M	メガ
◎ 10^3	k	キロ
10^2	h	ヘクト
10^1	da	デカ
10^{-1}	d	デシ
10^{-2}	c	センチ
◎ 10^{-3}	m	ミリ
◎ 10^{-6}	μ	マイクロ
10^{-9}	n	ナノ

◎ よく用いる接頭辞

本書で用いるギリシャ文字の読み方

文字	読 み	文字	読 み
α	アルファ	π	パイ
β	ベータ	ρ	ロー
γ	ガンマ	σ	シグマ
ε	イプシロン	τ	タウ
δ	デルタ	ϕ	ファイ
η	イタ	ψ	プシー
θ	シータ	ω	オメガ
ν	ニュー	Λ	ラムダ

演習問題解答 ≫≫

第1章

1.1 1.2.1〜1.2.4 項参照

1.2 1.2.3 項参照

1.3 1.2.4 項参照

1.4 1.3.1 項参照

第2章

2.1 式 (2.15) において $S_r = 100\,[\%]$ とすると，$e = (w/100)G_s = 0.45G_s$ である．

一方，式 (2.10) より $(1+e)\rho_{\text{sat}} = (G_s + e)\rho_w$ の関係があるから，これに ρ_{sat}, ρ_w の値および e と G_s の関係を代入すると，$(1 + 0.45G_s) \times 1.78 = 1.45G_s \times 1.0$ から，

$$G_s = \frac{1.78}{1.45 - 0.45 \times 1.78} = 2.74$$

となる．よって，$\rho_s = G_s \cdot \rho_w = 2.74\,[\text{Mg/m}^3]$, $e = 0.45G_s = 0.45 \times 2.74 = 1.23$ である．式 (2.11) より，ρ_d はつぎのようになる．

$$\rho_d = \frac{\rho_s}{1+e} = \frac{2.74}{1+1.23} = 1.23\,[\text{Mg/m}^3]$$

2.2 式 (2.11) より

$$\rho_d = \frac{\rho_s}{1+e} = \frac{2.68}{1+0.75} = 1.53\,[\text{Mg/m}^3]$$

である．式 (2.14) に，含水比 w と上式で得た ρ_d の値を代入すると，

$$\rho_t = \rho_d \cdot \left(1 + \frac{w}{100}\right) = 1.53 \times 1.18 = 1.81\,[\text{Mg/m}^3]$$

となる．飽和状態での密度は式 (2.10) を用いて，つぎのようになる．

$$\rho_{\text{sat}} = \frac{(\rho_s/\rho_w) + e}{1+e}\,\rho_w = \frac{(2.68/1.0) + 0.75}{1+0.75} \times 1.0 = 1.96\,[\text{Mg/m}^3]$$

2.3 式 (2.8) より

$$\rho_t = \frac{m}{V} = \frac{860}{500} = 1.72\,[\text{Mg/m}^3]$$

である．含水比 w と上式で得た ρ_t の値を式 (2.14) に代入すると，

$$\rho_d = \frac{\rho_t}{1 + (w/100)} = \frac{1.72}{1+0.25} = 1.38\,[\text{Mg/m}^3]$$

となる．式 (2.13) に ρ_s および ρ_d を代入すると，

$$e = \frac{\rho_s}{\rho_d} - 1 = \frac{2.70}{1.38} - 1 = 0.957$$

である．さらに，式 (2.15) に w, ρ_s, e, ρ_w の値を代入すると，つぎのようになる．

$$S_r = \frac{w \cdot G_s}{e} = \frac{0.25 \times (2.70/1.0)}{0.957} = 0.705, \quad S_r = 70.5\,[\%]$$

2.4 題意より，

$$m_1 = m_{1w} + m_{1s} = 300\,[\text{g}], \quad w_1 = \frac{m_{1w}}{m_{1s}} = 0.15 \tag{1}$$

$$m_2 = m_{2w} + m_{2s} = 500\,[\text{g}], \quad w_2 = \frac{m_{2w}}{m_{2s}} = 0.40 \tag{2}$$

となる．式 (1) より，$(1 + 0.15)m_{1s} = 300\,[\text{g}]$ が得られるから，

$$m_{1s} = \frac{300}{1.15} = 260.9\,[\text{g}], \quad m_{1w} = 0.15m_{1s} = 39.1\,[\text{g}]$$

となる．同様にして，式 (2) から，

$$m_{2s} = \frac{500}{1.40} = 357.1\,[\text{g}], \quad m_{2w} = 0.40m_{2s} = 142.9\,[\text{g}]$$

である．したがって，つぎのようになる．

$$w = \frac{m_{1w} + m_{2w}}{m_{1s} + m_{2s}} \times 100 = \frac{39.1 + 142.9}{260.9 + 357.1} \times 100 = 29.4\,[\%]$$

2.5 題意より，$\rho_{d\,max} = 1650/1000 = 1.650\,[\text{Mg/m}^3]$, $\rho_{d\,min} = 1480/1000 = 1.480\,[\text{Mg/m}^3]$ である．原位置の土の乾燥密度は，式 (2.14) に ρ_t および w の値を代入することにより，

$$\rho_d = \frac{\rho_t}{1 + (w/100)} = \frac{1.68}{1 + 0.085} = 1.548\,[\text{Mg/m}^3]$$

となる．$\rho_{d\,max}$, $\rho_{d\,min}$, ρ_d の値を【例題 2.2】の D_r の式に代入すると，

$$D_r = \frac{e_{max} - e}{e_{max} - e_{min}} = \frac{\rho_{d\,max}\,(\rho_d - \rho_{d\,min})}{\rho_d\,(\rho_{d\,max} - \rho_{d\,min})} = \frac{1.650(1.548 - 1.480)}{1.548(1.650 - 1.480)} = 0.426$$

である．原位置の土の間隙比は，式 (2.13) より，

$$e = \frac{\rho_s}{\rho_d} - 1 = \frac{2.67}{1.548} - 1 = 0.725$$

となる．よって，式 (2.15) を用いると，飽和度はつぎのようになる．

$$S_r = \frac{w \cdot G_s}{e} = \frac{w \cdot (\rho_s/\rho_w)}{e} = \frac{0.085 \times (2.67/1.0)}{0.725} = 0.313, \quad S_r = 31.3\,[\%]$$

2.6 粒度試験の結果をもとに粒径加積曲線を描くと，図 A.1 のようになる．図から，シルト分 21%，砂分 $(79 - 21) = 58\,[\%]$，有効径（10% 粒径）$D_{10} = 0.03\,[\text{mm}]$ と読み取れる．また，60% 粒径 $D_{60} = 0.9\,[\text{mm}]$ と読み取れるので，均等係数 U_c は $U_c = D_{60}/D_{10} = 0.9/0.03 = 30$ である．

2.7 液性限界試験の結果から，図 A.2 のように流動曲線が得られる．

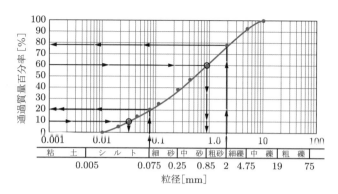

図 A.1 粒径加積曲線

(1) 図より $w_\mathrm{L} = 60\,[\%]$ である.

(2) $I_\mathrm{p} = w_\mathrm{L} - w_\mathrm{p} = 60 - 35 = 25$ である.

(3) $w_\mathrm{L} = 60\,[\%]$, $I_\mathrm{p} = 25$ を塑性図にプロットすると図 A.3 が得られるから, この土は MH と分類される.

(4) スケンプトンの経験式を用いると, C_c はつぎのようになる.

$$C_\mathrm{c} = 0.009(w_\mathrm{L} - 10)$$
$$= 0.009 \times (60 - 10) = 0.45$$

(5) コンシステンシー指数 I_c は式 (2.20) より,

$$I_\mathrm{c} = \frac{w_\mathrm{L} - w}{I_\mathrm{p}} = \frac{60 - 58}{25}$$
$$= 0.08$$

となる. I_c の値がゼロに近いから, この土は安定性に欠ける.

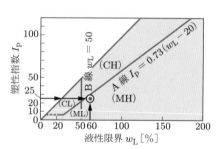

図 A.2 流動曲線

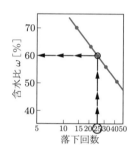

図 A.3 塑性図

第3章

3.1 各点の h_e, h_p, h_t を図示すると, 図 A.4 のようになる (点 D の圧力水頭が $h_\mathrm{p} = -10\,[\mathrm{cm}]$ になることに注意). 点 C の圧力水頭は以下のように求める. 点 B, D の圧力水頭はそれぞれ 30, $-10\,[\mathrm{cm}]$ である. 試料土中を流れる間に距離に比例的に水頭が低下するため, 点 C の圧力水頭は $30 - \{30 - (-10)\} \times (20/30) = 3.3\,[\mathrm{cm}]$ である.

図 A.4 各点の水頭

3.2 題意より，$t = 15\,[\mathrm{min}]$，$Q = 560\,[\mathrm{cm}^3]$，$A = 60\,[\mathrm{cm}^2]$ であり，【例題 3.1】より動水勾配 $i = 0.75$ であるから，透水係数 k は式 (3.10) を用いて，つぎのようになる．

$$k = \frac{Q}{tAi} = \frac{560}{15 \times 60 \times 0.75} = 0.830\,[\mathrm{cm/min}] = 1.38 \times 10^{-4}\,[\mathrm{m/s}]$$

3.3 式 (3.11) に $A = 80\,[\mathrm{cm}^3]$，$L = 12\,[\mathrm{cm}]$，$a = 5\,[\mathrm{cm}^2]$，$t_1 = 0$，$h_1 = 152\,[\mathrm{cm}]$，$t_2 = 5\,[\mathrm{min}]$，$h_2 = 126.5\,[\mathrm{cm}]$ を代入すると，つぎのようになる．

$$k = \frac{aL}{A(t_2 - t_1)} \ln \frac{h_1}{h_2} = \frac{5 \times 12}{80 \times (5 - 0)} \ln \frac{152}{126.5}$$

$$= 0.0275\,[\mathrm{cm/min}] = 4.6 \times 10^{-6}\,[\mathrm{m/s}]$$

3.4 図 3.19(a) の流線網より $N_d = 19$，$N_f = 7$ を得て，水頭差，透水係数の値とともに式 (3.27) に代入すると，つぎのようになる．

$$Q = k\Delta H \frac{N_f}{N_d} = 2.5 \times 10^{-8} \times 15 \times \frac{7}{19}$$

$$= 1.382 \times 10^{-7}\,[\mathrm{m}^3/(\mathrm{s \cdot m})] = 1.19 \times 10^{-2}\,[\mathrm{m}^3/(\mathrm{day \cdot m})]$$

3.5 流線網は図 A.5 のようになる．図から $N_d = 9$，$N_f = 3$ を得るから，流量はつぎのようになる．

$$Q = k\Delta H \frac{N_f}{N_d} = 1.5 \times 10^{-6} \times 28 \times \frac{3}{9}$$

$$= 1.40 \times 10^{-5}\,[\mathrm{m}^3/(\mathrm{s \cdot m})] = 1.21\,[\mathrm{m}^3/(\mathrm{day \cdot m})]$$

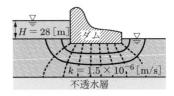

図 A.5　流線網

第 4 章

4.1 点 A の鉛直有効応力：全応力は $(\sigma_v)_A = \gamma_{t1}z_1 + \gamma_{sat1}z_2 = (17 \times 2) + (18.5 \times 3) = 89.5\,[\mathrm{kN/m}^2]$ で，間隙水圧は $u = \gamma_w z_2 = 9.80 \times 3 = 29.4\,[\mathrm{kN/m}^2]$ である．よって，鉛直有効応力 $(\sigma'_v)_A$ はつぎのようになる．

$$(\sigma'_v)_A = (\sigma_v)_A - u = 89.5 - 29.4 = 60.1\,[\mathrm{kN/m}^2]$$

点 B の鉛直有効応力：全応力は $(\sigma_v)_B = \gamma_{t1}z_1 + \gamma_{sat1}z_2 + \gamma_{sat2}z_3 = (17 \times 2) + (18.5 \times 3) + (19 \times 2) = 127.5\,[\mathrm{kN/m}^2]$ で，間隙水圧は $u = \gamma_w z_2 + \gamma_w z_3 = 9.80 \times 5 = 49.0\,[\mathrm{kN/m}^2]$ である．よって，鉛直有効応力 $(\sigma'_v)_B$ はつぎのようになる．

$$(\sigma'_v)_B = (\sigma_v)_B - u = 127.5 - 49.0 = 78.5\,[\mathrm{kN/m}^2]$$

4.2 点 A に発生する鉛直応力増分 $(\Delta\sigma_z)_A$：100 kN の荷重による応力増分は，式 (4.7a) で $x = y = 0$，$z = 5$ とおくと，

$$\Delta\sigma_z = \frac{3 \times 100}{2\pi} \frac{5^3}{(5^2)^{5/2}} = 1.910\,[\mathrm{kN/m}^2]$$

となる．200 kN の荷重による応力増分は，式 (4.7a) で $x = 4$，$y = 0$，$z = 5$ とおくと，

$$\Delta\sigma_z = \frac{3 \times 200}{2\pi} \frac{5^3}{(4^2 + 5^2)^{5/2}} = 1.109\,[\mathrm{kN/m^2}]$$

となる．よって，$(\Delta\sigma_z)_A = 1.910 + 1.109 = 3.02\,[\mathrm{kN/m^2}]$ である．

点 B に発生する鉛直応力増分 $(\Delta\sigma_z)_B$：200 kN の荷重による応力増分は，式 (4.7a) で $x = y = 0, z = 5$ とおくと，

$$\Delta\sigma_z = \frac{3 \times 200}{2\pi} \frac{5^3}{(5^2)^{5/2}} = 3.820\,[\mathrm{kN/m^2}]$$

となる．100 kN の荷重による応力増分は，式 (4.7a) で $x = 4, y = 0, z = 5$ とおくと，

$$\Delta\sigma_z = \frac{3 \times 100}{2\pi} \frac{5^3}{(4^2 + 5^2)^{5/2}} = 0.5545\,[\mathrm{kN/m^2}]$$

となる．よって，$(\Delta\sigma_z)_B = 3.820 + 0.555 = 4.38\,[\mathrm{kN/m^2}]$ である．

4.3 点 A に発生する鉛直応力増分 $(\Delta\sigma_z)_A$：荷重の作用面を点 A が隅角部となるように分割すると，図 A.6 のように 6 × 3 m の四つの長方形に分割される．式 (4.10) を用いるために，一つの長方形について m, n を求めると，$m = 6/3 = 2, n = 3/3 = 1$ となる．これを式 (4.10b) に適用すると，影響値 $I_\sigma = 0.200$ が得られる．よって，$(\Delta\sigma_z)_A$ はつぎのようになる．

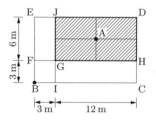

図 A.6 長方形分割法

$$(\Delta\sigma_z)_A = 4 \times q \cdot I_\sigma = 4 \times 100 \times 0.200$$
$$= 80\,[\mathrm{kN/m^2}]$$

点 B に発生する鉛直応力増分 $(\Delta\sigma_z)_B$：図 A.6 に示すように，点 B が隅角部となるような複数の架空載荷面（図の斜線の部分）を考え，以下のように計算する．

$$(\Delta\sigma_z)_B = \Delta\sigma_{z\mathrm{BCDE}} - \Delta\sigma_{z\mathrm{BIJE}} - \Delta\sigma_{z\mathrm{BCHF}} + \Delta\sigma_{z\mathrm{BIGF}}$$
$$= q(I_{\sigma\mathrm{BCDE}} - I_{\sigma\mathrm{BIJE}} - I_{\sigma\mathrm{BCHF}} + I_{\sigma\mathrm{BIGF}})$$

長方形 BCDE, BIJE, BCHF, BIGF についての m, n を求めると，それぞれ以下のようになる．

$$\mathrm{BCDE}: m = \frac{15}{3} = 5, \quad n = \frac{9}{3} = 3 \qquad \mathrm{BIJE}: m = \frac{9}{3} = 3, \quad n = \frac{3}{3} = 1$$

$$\mathrm{BCHF}: m = \frac{15}{3} = 5, \quad n = \frac{3}{3} = 1 \qquad \mathrm{BIGF}: m = \frac{3}{3} = 1, \quad n = \frac{3}{3} = 1$$

これらを式 (4.10b) に適用して影響値を求め，鉛直応力増分 $(\Delta\sigma_z)_A$ を計算すると，つぎのようになる．

$$(\Delta\sigma_z)_B = q(I_{\sigma\mathrm{BCDE}} - I_{\sigma\mathrm{BIJE}} - I_{\sigma\mathrm{BCHF}} + I_{\sigma\mathrm{BIGF}})$$
$$= 100(0.246 - 0.203 - 0.204 + 0.175) = 1.4\,[\mathrm{kN/m^2}]$$

4.4 式 (4.11) に，$q = 200\,[\mathrm{kN/m^2}]$, $R = 5/2 = 2.5\,[\mathrm{m}]$, $z = 2\,[\mathrm{m}]$ を代入すると，つぎのようになる．

$$\Delta\sigma_z = q\left\{1 - \frac{z^3}{(R^2 + z^2)^{3/2}}\right\} = 200\left\{1 - \frac{2^3}{(2.5^2 + 2^2)^{3/2}}\right\} = 151\,[\mathrm{kN/m^2}]$$

4.5 式 (4.29) に $G_s = \rho_s/\rho_w = 2.70$, $e = 0.75$ を代入して i_c を求め，水頭差 ΔH を得る．

$$i_c = \frac{G_s - 1}{1 + e} = \frac{2.70 - 1}{1 + 0.75} = 0.97, \quad \Delta H = i_c \times L = 0.97 \times 40 = 38.8\,[\mathrm{cm}]$$

4.6 式 (4.27) において $F_s = 1$ とおけば，クイックサンドを起こさない限界の根入れ深さ D は，$D = h_{av}(\gamma_w/\gamma')$ で表される．ここに，水中単位体積重量 $\gamma' = \gamma_{sat} - \gamma_w = 19 - 9.80 = 9.20\,[\mathrm{kN/m^3}]$ と $h_{av} = 3\,[\mathrm{m}]$ を代入すると，D はつぎのようになる．

$$D = h_{av}\frac{\gamma_w}{\gamma'} = 3 \times \frac{9.80}{9.20} = 3.20\,[\mathrm{m}]$$

第 5 章

5.1 題意より，$e_0 = 1.85$, $e_1 = 1.60$, $H_0 = 8\,[\mathrm{m}]$ であるから，これらを式 (5.20) に代入すると，つぎのようになる．

$$S_f = \frac{\Delta e}{1 + e_0}H_0 = \frac{e_0 - e_1}{1 + e_0}H_0 = \frac{1.85 - 1.60}{1 + 1.85} \times 8 = 0.70\,[\mathrm{m}]$$

5.2 題意より，盛土載荷前の粘土層中央深さの応力は，

$$p_0 = (17.0 \times 1) + (8.8 \times 2) + (16.8 - 9.80) \times 2.5 = 52.1\,[\mathrm{kN/m^2}]$$

である．また，盛土荷重による応力増分は，$\Delta p = 17.5 \times 2 = 35\,[\mathrm{kN/m^2}]$ となる．よって，沈下量は，式 (5.22) よりつぎのようになる．

$$S_f = \frac{C_c}{1 + e_0}H_0 \cdot \log\frac{p_0 + \Delta p}{p_0} = \frac{0.82}{1 + 1.45} \times 5 \times \log\frac{52.1 + 35}{52.1} = 0.37\,[\mathrm{m}]$$

5.3 題意より，初期過剰間隙水圧分布が一様分布であり，両面排水条件であることから，圧密度 50% に対する時間係数 $T_v = 0.197$, 排水距離 $d = 3\,[\mathrm{m}]$ を式 (5.14) に代入すると，つぎのようになる．

$$t = \frac{d^2}{c_v}T_v = \frac{3^2 \times 0.197}{1.13 \times 10^{-7}}\,[\mathrm{s}] = \frac{3^2 \times 0.197 \times 10^7}{1.13 \times 86400} = 182\,[\mathrm{day}]$$

式 (5.14) を用いて $t = 365\,[\mathrm{day}]$ に対する時間係数を求めると，

$$T_v = \frac{c_v}{d^2}t = \frac{1.13 \times 10^{-7}}{3^2} \times 365 \times 86400 = 0.396$$

である．よって，図 5.10 の U – T_v 関係から圧密度 $U \fallingdotseq 70[\%]$ となる．

5.4 式 (5.14) からわかるように，c_v が同じで，初期条件，境界条件が同じであれば，任意の圧密度に達するのに要する時間 t は排水距離 d の 2 乗に比例する．この問題の場合，

現場の初期条件，境界条件と圧密試験の条件が同じであるため，現場の排水距離と圧密時間をそれぞれ d_f, t_f，圧密試験のときの値をそれぞれ d_e, t_e とすれば，つぎのようになる．

$$t_f = \frac{d_f{}^2}{d_e{}^2} t_e = \frac{(4000/2)^2}{(20/2)^2} \times 15\,[\mathrm{min}] = 416.7\,[\mathrm{day}] \fallingdotseq 417\,[\mathrm{day}]$$

5.5 (1), (2) 題意より，水位低下直後および最終段階（圧密終了後）の間隙水圧分布は，図 A.7 において，それぞれ太実線および破線で表される．

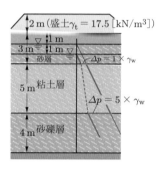

図 A.7　地下水位低下による圧密

(3) 図 A.7 で粘土層上面の水頭変化を Δh_1，粘土層下面で Δh_2 とすると，粘土層中央深さでの有効応力の増分 Δp は，

$$\Delta p = \frac{\Delta h_1 \cdot \gamma_w + \Delta h_2 \cdot \gamma_w}{2}$$
$$= \frac{(1 + 5) \times 9.80}{2} = 29.4\,[\mathrm{kN/m^2}]$$

となる．よって，沈下量は，式 (5.22) よりつぎのようになる．

$$S_f = \frac{C_c}{1 + e_0} H_0 \cdot \log \frac{p_0 + \Delta p}{p_0} = \frac{0.82}{1 + 1.45} \times 5 \times \log \frac{52.1 + 29.4}{52.1} = 0.32\,[\mathrm{m}]$$

(4) 上部・下部砂層ともに水頭の変化があることから，両面排水条件となる．間隙水圧分布は直線分布であるので，一様分布の場合と同じ U–T_v 関係となる（両面排水の場合，初期の過剰間隙水圧 u_0 の分布が直線分布であれば，u_0 の分布形によらず，U–T_v 関係は同じ）．したがって，式 (5.14) から，つぎのようになる．

$$t = \frac{d^2}{c_v} T_v = \frac{(5/2)^2 \times 0.197}{9.26 \times 10^{-8}}\,[\mathrm{s}] = \frac{2.5^2 \times 0.197 \times 10^8}{9.26 \times 86400} = 154\,[\mathrm{day}]$$

第6章

6.1 ゼロ空気間隙曲線を描くために，式 (6.1) に $v_a = 0$ を適用し，

$$(\rho_d)_{v_a = 0} = \frac{\rho_w}{\rho_w/\rho_s + w/100} = \frac{1.0}{1.0/2.67 + w/100}$$

の関係から，各含水比に対する $(\rho_d)_{v_a = 0}$ を算出すると，表 A.1 のようになる．

表 A.1　乾燥密度と含水比の関係

含水比 w [%]	12.8	15.1	18.2	21.4	24.6	26.7	29.0
乾燥密度 ρ_d [Mg/m³]	1.38	1.41	1.48	1.56	1.55	1.51	1.46
$(\rho_d)_{v_a = 0}$ [Mg/m³]	1.99	1.90	1.80	1.70	1.61	1.56	1.50

これにより図 A.8 を描くと，最適含水比 $w_{\text{opt}} = 22.6[\%]$，最大乾燥密度 $\rho_{\text{d max}} = 1.57\,[\text{Mg/m}^3]$ を得る．

6.2 最大乾燥密度の 95% の乾燥密度の値は，$0.95\rho_{\text{d max}} = 0.95 \times 1.57 = 1.49\,[\text{Mg/m}^3]$ と与えられるから，これを図 A.8 に適用すると，$D_c \geqq 95[\%]$ で締固めるための含水比の範囲として $18.6 \leqq w \leqq 27.6[\%]$ が得られる．

6.3 表 6.1 の各締固め方法についてランマー質量 m_{R}，ランマーの落下高さ H，締固め層数 N_{L}，層あたりの突固め回数 N_{B}，モールドの容積 V の値を式 (6.3) に代入して締固め仕事量を計算する．

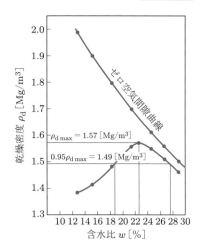

図 A.8　締固め曲線

$$\text{A 法}: E_c = \frac{W_{\text{R}} \cdot H \cdot N_{\text{L}} \cdot N_{\text{B}}}{V}$$

$$= \frac{m_{\text{R}} \cdot g \cdot H \cdot N_{\text{L}} \cdot N_{\text{B}}}{V}$$

$$= \frac{2.5 \times 9.80 \times 0.3 \times 3 \times 25}{1000 \times 10^{-6}} = \frac{552\,[\text{kg} \cdot (\text{m/s}^2) \cdot \text{m}]}{1 \times 10^{-3}\,[\text{m}^3]} = 552\,[\text{kJ/m}^3]$$

$$\text{B 法}: E_c = \frac{2.5 \times 9.80 \times 0.3 \times 3 \times 55}{2209 \times 10^{-6}} = 550\,[\text{kJ/m}^3]$$

$$\text{C 法}: E_c = 2483\,[\text{kJ/m}^3]$$

$$\text{D 法}: E_c = 2473\,[\text{kJ/m}^3]$$

$$\text{E 法}: E_c = 2482\,[\text{kJ/m}^3]$$

第 7 章

7.1 (1) 式 (7.11) で $c = 0$，$\sigma_f = 300\,[\text{kN/m}^2]$，$\tau_f = 210\,[\text{kN/m}^2]$ とすると，$\tan\phi = \sigma_f/\tau_f = 210/300 = 0.7$ より，$\phi = 35°$ となる．

(2) $\sigma_f = 450\,[\text{kN/m}^2]$，$\phi = 35°$ より，$\tau_f = \sigma_f \tan\phi = 450\tan 35° = 315\,[\text{kN/m}^2]$ となる．

7.2 各供試体の最大主応力を $\sigma_1 = \sigma_3 + (\sigma_1 - \sigma_3)$ として計算すると，それぞれ，

① $222\,\text{kN/m}^2$

② $443\,\text{kN/m}^2$

③ $667\,\text{kN/m}^2$

となる．したがって，モールの応力円は図 A.9 のようになり，強度パラメータとして $c_d = 0$，$\phi_d = 22.5°$ が得られる．

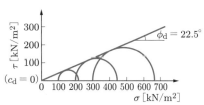

図 A.9　モールの応力円と破壊包絡線

7.3 題意より，$q_{\mathrm{u}} = 180\,[\mathrm{kN/m^2}]$, $q_{\mathrm{ur}} = 12\,[\mathrm{kN/m^2}]$ となる．よって，非排水せん断強さと鋭敏比は，それぞれ式 (7.18), (7.17) よりつぎのようになる．

$$s_{\mathrm{u}} = \frac{q_{\mathrm{u}}}{2} = \frac{180}{2} = 90\,[\mathrm{kN/m^2}], \qquad S_{\mathrm{t}} = \frac{q_{\mathrm{u}}}{q_{\mathrm{ur}}} = \frac{180}{12} = 15$$

7.4 (1) 題意より，非圧密非排水条件となるので，せん断強さは式 (7.18) を用いて，つぎのようになる．

$$s_{\mathrm{u}} = \frac{q_{\mathrm{u}}}{2} = \frac{70}{2} = 35\,[\mathrm{kN/m^2}]$$

(2) 題意より，圧密排水条件でのせん断強さを求めると，つぎのようになる．

$$s = c_{\mathrm{d}} + \sigma_f \tan \phi_{\mathrm{d}} = 15 + 104 \tan 30° = 75.0\,[\mathrm{kN/m^2}]$$

7.5 密に詰まった砂は，せん断時に膨張傾向を示す．したがって，

- CU 試験：せん断中に負の間隙水圧発生→有効応力が増大
- CD 試験：せん断中に体積膨張→密度減少

となる．よって，せん断強さは CU 試験結果のほうが大きい．

7.6 この地盤の圧密前のせん断強さ s_{u0} は，演習問題 7.4 から $s_{\mathrm{u0}} = 35\,[\mathrm{kN/m^2}]$ である．また，圧密非排水試験結果から，圧密による強度増加率 s_{u}/p は，

$$\frac{s_{\mathrm{u}}}{p} = \frac{76}{200} = 0.38$$

である．この地盤の $\varDelta p = 150\,[\mathrm{kN/m^2}]$ による非排水せん断強さの増加分 $\varDelta s_{\mathrm{u}}$ は

$$\varDelta s_{\mathrm{u}} = \frac{s_{\mathrm{u}}}{p} \times \varDelta p = 0.38 \times 150 = 57\,[\mathrm{kN/m^2}]$$

となる．よって，圧密終了後のこの地盤のせん断強さ s_{u} は，つぎのようになる．

$$s_{\mathrm{u}} = s_{\mathrm{u0}} + \varDelta s_{\mathrm{u}} = 35 + 57 = 92\,[\mathrm{kN/m^2}]$$

7.7 式 (7.20) に $D = 50\,[\mathrm{mm}]$, $H = 100\,[\mathrm{mm}]$, $M = 15\,[\mathrm{N \cdot m}]$ を代入すると，非排水せん断強さ τ_{v} はつぎのようになる．

$$\tau_{\mathrm{v}} = \frac{M}{\pi D^2 \left(H/2 + D/6 \right)} = \frac{15}{\pi \times 0.05^2 \times (0.1/2 + 0.05/6)}$$
$$= 32740.5\,[\mathrm{N/m^2}] \fallingdotseq 33\,[\mathrm{kN/m^2}]$$

7.8 式 (2.10) より飽和状態の土の密度 ρ_{sat} は

$$\rho_{\mathrm{sat}} = \frac{\rho_{\mathrm{s}}/\rho_{\mathrm{w}} + e}{1 + e} \rho_{\mathrm{w}} = \frac{2.68/1.0 + 1.02}{1 + 1.02} \times 1.0 = 1.832\,[\mathrm{Mg/m^3}]$$

となる．よって，飽和状態の単位体積重量 γ_{sat} は $\gamma_{\mathrm{sat}} = \rho_{\mathrm{sat}} \cdot g = 1.832 \times 9.80 = 18.0\,[\mathrm{kN/m^3}]$ である．この砂地盤で液状化が発生したということは，せん断強さ $s = 0$ であるから，次式のようになる．

$$s = c' + \sigma' \tan\phi' = 0 + (\sigma - u)\tan\phi' = 0$$

上式で $s = 0$ となるための条件は $(\sigma - u) = 0$ であるから，液状化発生時の間隙水圧はつぎのようになる．

$$u = \sigma = \gamma_{\text{sat}} \cdot z = 18.0 \times 3 = 54.0\,[\text{kN/m}^2]$$

第8章

8.1 図 8.4 から，

$$\text{AC}_\text{A} = c' \cot\phi' + \frac{\sigma'_{\text{v0}} + \sigma'_\text{A}}{2}, \quad \text{AC}_\text{P} = c' \cot\phi' + \frac{\sigma'_\text{P} + \sigma'_{\text{v0}}}{2}$$

である．主働状態のモールの応力円について，$\text{B}_\text{A}\text{C}_\text{A} = \text{AC}_\text{A} \sin\phi'$ の関係があるから，

$$\frac{\sigma'_{\text{v0}} - \sigma'_\text{A}}{2} = \left(c' \cot\phi' + \frac{\sigma'_{\text{v0}} + \sigma'_\text{A}}{2}\right)\sin\phi'$$

となる．上式を σ'_A について解くと，つぎのようになる．

$$\sigma'_\text{A} = \sigma'_{\text{v0}}\frac{1 - \sin\phi'}{1 + \sin\phi'} - 2c'\frac{\cos\phi'}{1 + \sin\phi'}$$

ここで，$K_\text{A} = (1 - \sin\phi')/(1 + \sin\phi')$ とすると，$\cos\phi'/(1 + \sin\phi') = \sqrt{K_\text{A}}$ と表される．したがって，式 (8.7) の主働土圧 $\sigma'_\text{A} = \sigma'_{\text{v0}}K_\text{A} - 2c'\sqrt{K_\text{A}}$ が得られる．

受働状態のモールの応力円については $\text{B}_\text{P}\text{C}_\text{P} = \text{AC}_\text{P}\sin\phi'$ の関係があるから，

$$\frac{\sigma'_\text{P} - \sigma'_{\text{v0}}}{2} = \left(c' \cot\phi' + \frac{\sigma'_\text{P} + \sigma'_{\text{v0}}}{2}\right)\sin\phi'$$

となる．以下，主働状態の場合と同様にして，式 (8.8) の $\sigma'_\text{P} = \sigma'_{\text{v0}}K_\text{P} + 2c'\sqrt{K_\text{P}}$ が得られる．なお，$K_\text{P} = (1 + \sin\phi')/(1 - \sin\phi')$, $\cos\phi'/(1 - \sin\phi') = \sqrt{K_\text{P}}$ である．

8.2 式 (8.3) より，主働土圧係数は，

$$K_\text{A} = \frac{1 - \sin\phi'}{1 + \sin\phi'} = \frac{1 - \sin 30°}{1 + \sin 30°} = \frac{1}{3}$$

である．引張り応力を無視して主働土圧合力 $P_\text{A}\,[\text{kN/m}]$ を計算すると，式 (8.19) より，つぎのようになる．

$$P_\text{A} = \frac{1}{2}\gamma H^2 K_\text{A} - 2c'H\sqrt{K_\text{A}} + \frac{2c'^2}{\gamma}$$

$$= \left(\frac{1}{2} \times 18 \times 4^2 \times \frac{1}{3}\right) - \left(2 \times 15 \times 4 \times \sqrt{\frac{1}{3}}\right) + \frac{2 \times 15^2}{18} = 3.72\,[\text{kN/m}]$$

つぎに，土圧の作用位置を計算するにあたり，引張り応力を無視した場合の正の応力が作用する部分の擁壁高さは式 (8.18) を用いて，

$$H - z_c = H - \frac{2c'}{\gamma\sqrt{K_A}} = 4 - \frac{2 \times 15}{18\sqrt{1/3}} = 1.11\,[\mathrm{m}]$$

となる．よって，土圧合力の作用位置は擁壁底面から $1.11 \times 1/3 = 0.37\,[\mathrm{m}]$ となる．

8.3 クーロンの主働土圧式 (8.30) に $\theta = 90°$，$\delta = \beta$ を代入すると，つぎのようになる．

$$
\begin{aligned}
P_A &= \frac{1}{2}\gamma H^2 \frac{1}{\sin\theta\cos\delta} \frac{\sin^2(\theta - \phi')\cos\delta}{\sin\theta\sin(\theta + \delta)} \left\{ 1 + \sqrt{\frac{\sin(\delta + \phi')\sin(\phi' - \beta)}{\sin(\theta + \delta)\sin(\theta - \beta)}} \right\}^{-2} \\
&= \frac{1}{2}\gamma H^2 \frac{\cos^2\phi'\cos\beta}{\cos^2\beta} \left\{ 1 + \sqrt{\frac{\sin(\phi' + \beta)\sin(\phi' - \beta)}{\cos^2\beta}} \right\}^{-2} \\
&= \frac{1}{2}\gamma H^2 \frac{\cos\beta\cos^2\phi'}{\left\{ \cos\beta + \sqrt{\sin(\phi' + \beta)\sin(\phi' - \beta)} \right\}^2} \\
&= \frac{1}{2}\gamma H^2 \frac{\cos\beta\cos^2\phi'}{\left(\cos\beta + \sqrt{\cos^2\beta - \cos^2\phi'} \right)^2}
\end{aligned}
$$

一方，ランキンの主働土圧合力の式 (8.16) を書き換えると，つぎのようになる．

$$
\begin{aligned}
P_A &= \frac{1}{2}\gamma H^2 \cos\beta \frac{\cos\beta - \sqrt{\cos^2\beta - \cos^2\phi'}}{\cos\beta + \sqrt{\cos^2\beta - \cos^2\phi'}} \\
&= \frac{1}{2}\gamma H^2 \frac{\cos\beta\cos^2\phi'}{\left(\cos\beta + \sqrt{\cos^2\beta - \cos^2\phi'} \right)^2}
\end{aligned}
$$

よって，$\theta = 90°$，$\delta = \beta$ の場合に，クーロンとランキンの土圧合力の式が一致する．

8.4 【例題 8.2】から，$H = 5\,[\mathrm{m}]$，$\phi' = 35°$，$c' = 0$，$\gamma = 18.0\,[\mathrm{kN/m^3}]$ であり，主働土圧係数は $K_A = (1 - \sin\phi')/(1 + \sin\phi') = (1 - \sin 35°)/(1 + \sin 35°) = 0.271$ である．これらの条件と $q = 20\,[\mathrm{kN/m^2}]$ を式 (8.32) に代入すると，

$$
\begin{aligned}
P_A &= \frac{1}{2}\gamma H^2 K_A + qHK_A = \left(\frac{1}{2} \times 18.0 \times 5^2 \times 0.271 \right) + (20 \times 5 \times 0.271) \\
&= 60.98 + 27.1 = 88.1\,[\mathrm{kN/m}]
\end{aligned}
$$

となる．土圧合力の作用点の位置を擁壁底面から h の高さとすると，擁壁下端を中心とするモーメントのつり合いから，次式が成り立つ．

$$P_A \cdot h = \left(\frac{1}{2}\gamma H^2 K_A \right) \cdot \frac{H}{3} + (qHK_A) \cdot \frac{H}{2}$$

よって，h はつぎのようになる．

$$h = \frac{\left\{ (1/2)\gamma H^2 K_A \right\} \cdot H/3 + (qHK_A) \cdot H/2}{P_A} = \frac{60.98 \times 5/3 + 27.1 \times 5/2}{88.08}$$

$$= 1.92\,[\mathrm{m}]$$

8.5 式 (8.35) を用いるにあたり，$k_{\mathrm{v}} = 0.05$, $\omega = \tan^{-1}\{k_{\mathrm{h}}/(1 - k_{\mathrm{v}})\} = \tan^{-1}\{0.2/(1 - 0.05)\} = 11.9°$ である．これらの値と，$\beta = 0$, $\delta = 0$ を式 (8.35) に代入すると，地震時主働土圧合力の大きさ P_{AE} はつぎのようになる．

$$
\begin{aligned}
P_{\mathrm{AE}} &= \frac{1}{2}(1 - k_{\mathrm{v}})\gamma H^2 \frac{\sin^2(\theta - \phi' + \omega)}{\cos\omega\sin^2\theta\sin(\theta + \delta + \omega)} \\
&\quad \times \left\{ 1 + \sqrt{\frac{\sin(\delta + \phi')\sin(\phi' - \beta - \omega)}{\sin(\theta + \delta + \omega)\sin(\theta - \beta)}} \right\}^{-2} \\
&= \frac{1}{2}(1 - 0.05) \times 18.0 \times 5^2 \frac{\sin^2(90° - 35° + 11.9°)}{\cos 11.9°\sin^2 90°\sin(90° + 0° + 11.9°)} \\
&\quad \times \left\{ 1 + \sqrt{\frac{\sin(0° + 35°)\sin(35° - 0° - 11.9°)}{\sin(90° + 0° + 11.9°)\sin(90° - 0°)}} \right\}^{-2} \\
&= 86.3\,[\mathrm{kN/m}]
\end{aligned}
$$

8.6 突出型の場合，土要素にはたらく鉛直方向の力のつり合いから次式が得られる．

$$dW + \sigma'_{\mathrm{v}}D + 2\tau dz - (\sigma'_{\mathrm{v}} + d\sigma'_{\mathrm{v}})D = 0 \tag{8.42}$$

式 (8.42) を $dW = \gamma D dz$ であること，およびせん断応力が $\tau = c' + K\sigma'_{\mathrm{v}}\tan\phi'$ で表されることを考慮して整理すると，

$$dz = \frac{D}{\gamma D + 2(c' + K\sigma'_{\mathrm{v}}\tan\phi')}d\sigma'_{\mathrm{v}}$$

となる．これを積分すると，つぎのようになる．

$$z = \frac{D}{2K\tan\phi'}\ln\left\{(\gamma D + 2c') + 2K\tan\phi'\cdot\sigma'_{\mathrm{v}}\right\} + C$$

これを，$z = 0$ で $\sigma'_{\mathrm{v}} = 0$ の条件で解くと，鉛直土圧 $\sigma'_{\mathrm{v}}\,[\mathrm{kN/m^2}]$ の式として

$$\sigma'_{\mathrm{v}} = \frac{\gamma D + 2c'}{2K\tan\phi'}\left\{\exp\left(\frac{2K\tan\phi'}{D}z\right) - 1\right\} \tag{8.43}$$

を得る．

与えられた数値を式 (8.41), (8.43) に代入すると，溝型の場合は，

$$
\begin{aligned}
\sigma'_{\mathrm{v}} &= \frac{\gamma B - 2c'}{2K\tan\phi'}\left\{ 1 - \exp\left(- \frac{2K\tan\phi'}{B}z \right) \right\} \\
&= \frac{18 \times 1}{2 \times 0.5 \times \tan 30°}\left\{ 1 - \exp\left(- \frac{2 \times 0.5 \times \tan 30°}{1}z \right) \right\} \\
&= 18\sqrt{3}\left\{ 1 - \exp\left(- \frac{z}{\sqrt{3}} \right) \right\}
\end{aligned}
$$

となり，突出型の場合は，

$$
\sigma'_v = \frac{\gamma D + 2c'}{2K \tan \phi'} \left\{ \exp \left(\frac{2K \tan \phi'}{D} z \right) - 1 \right\}
$$

$$
= \frac{18 \times 1}{2 \times 0.5 \times \tan 30°}
$$

$$
\times \left\{ \exp \left(\frac{2 \times 0.5 \times \tan 30°}{1} z \right) - 1 \right\}
$$

$$
= 18\sqrt{3} \left\{ \exp \left(\frac{z}{\sqrt{3}} \right) - 1 \right\}
$$

となる．これらの式をもとに，鉛直応力の深さ方向の分布を土被り応力とともに計算した結果が，図 A.10 である．

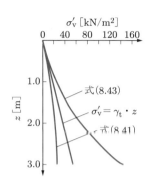

図 A.10　埋設管上部の鉛直応力の分布

第 9 章

9.1　式 (9.12) に【例題 9.1】のパラメータを代入し，安全率 $F_s = 1.25$ として z_0 を未知数とすれば，次式のようになる．

$$
1.25 = \frac{10 + \{17.0 \times z_0 + 8.7(3 - z_0)\} \cos^2 25° \tan 30°}{\{17.0 \times z_0 + 18.5(3 - z_0)\} \cos 25° \sin 25°}
$$

これを z_0 について解くと，$z_0 = 0.90 \,[\mathrm{m}]$ となる．

9.2　題意より，深度係数 $n_d = 12/6 = 2.0$．図 9.8 の安定図で $\beta = 40°$，$n_d = 2.0$ に対する安定係数は $N_s = 5.6$ と読み取れる．なお，同図から破壊形式は底部破壊となる．限界高さ H_c は式 (9.19a) より，$H_c = (s_u/\gamma_t)N_s = (30/17.0) \times 5.6 = 9.9 \,[\mathrm{m}]$ である．よって，安全率は，つぎのようになる．

$$
F_s = \frac{H_c}{H} = \frac{9.9}{6} = 1.65
$$

9.3　図 9.11 の安定図で $\beta = 50°$，$\phi_u = 15°$ に対する安定係数は $N_s = 10.6$ と読み取れる．よって，式 (9.19b) より限界高さ H_c は，$H_c = (c_u/\gamma_t)N_s = (20/18) \times 10.6 = 11.8 \,[\mathrm{m}]$ である．また，$F_s = 1.2$ となるための斜面高さ（掘削深さ）H は，つぎのようになる．

$$
H = \frac{H_c}{F_s} = \frac{11.8}{1.2} = 9.8 \,[\mathrm{m}]
$$

9.4　【例題 9.3】の場合と同様に，ϕ_m を変化させて F_ϕ，F_c を算出すると，表 A.2 のようになる．図 A.11 を描くことにより，$F_\phi = F_c$ を満足する値として $F = 1.25$ を得る．

9.5　【例題 9.4】で求めた諸数値 $\sum c_i l_i = 322.80 \,[\mathrm{kN}]$，$\sum W_i \sin \alpha_i = 433.93 \,[\mathrm{kN}]$，$\sum W_i \cos \alpha_i \tan \phi = 519.79 \,[\mathrm{kN}]$ に加えて，$\sum k_h W_i \sin \alpha_i \tan \phi = 31.59 \,[\mathrm{kN}]$，$\sum k_h W_i \cos \alpha_i = 285.62 \,[\mathrm{kN}]$ を式 (9.26) に代入すると，安全率は次のようになる．

表 A.2　安全率 F_ϕ と F_c の計算

ϕ_m [°]	$F_\phi = \dfrac{\tan\phi}{\tan\phi_\mathrm{m}}$	N_sm	$c_\mathrm{m} = \dfrac{\gamma H}{N_\mathrm{sm}}$ [kN/m²]	$F_c = \dfrac{c}{c_\mathrm{m}}$
5	3.06	6.2	19.8	1.01
10	1.52	7.2	17.0	1.18
15	1.00	8.5	14.4	1.39
20	0.74	10.2	12.0	1.67
25	0.57	12.0	10.2	1.96

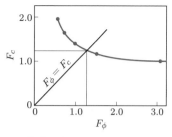

図 A.11　F_ϕ と F_c の関係

$$F_\mathrm{s} = \frac{\sum\{c_i l_i + (W_i \cos\alpha_i - k_\mathrm{h} W_i \sin\alpha_i)\tan\phi\}}{\sum(W_i \sin\alpha_i + k_\mathrm{h} W_i \cos\alpha_i)} = \frac{322.80 + 519.79 - 31.59}{433.93 + 285.62}$$
$$= 1.13$$

9.6　各スライスについて，滑動モーメントおよび抵抗モーメントの計算に必要な値を算出すると，表 A.3 のようになる．

表 A.3　安定解析計算表

スライス番号	A_i [m²]	l_w [m]	l_i [m]	W [kN]	$W \cdot l_w$ [kN·m]
1	1.30	4.13		25.35	−104.70
2	3.64	2.49		70.98	−176.74
3	5.98	0.82		116.61	−95.62
4	7.71	0.84	$\sum l_i = 16.75$	150.35	126.29
5	8.83	2.59		172.19	445.97
6	8.31	4.30		162.05	696.82
7	5.72	5.97		111.54	665.89
8	1.34	7.32		26.13	191.27
合計	$\sum s_\mathrm{u} \cdot l_i = 24 \times 16.75 = 402.0$ [kN]			$\sum W_i \cdot l_w = 1749.2$ [kN·m]	

滑動モーメント M_D は $M_\mathrm{D} = \sum W \cdot l_w = 1749.2$ [kN·m] で，抵抗モーメント M_R は $M_\mathrm{R} = R \cdot \sum s_\mathrm{u} \cdot l_i = 8.5 \times 402.0 = 3417.0$ [kN·m] である．よって，安全率は，式 (9.18) よりつぎのようになる．

$$F_\mathrm{s} = \frac{M_\mathrm{R}}{M_\mathrm{D}} = \frac{3417.0}{1749.2} = 1.95$$

第 10 章

10.1　連続フーチング基礎だから，表 10.1 より $\alpha = 1.0$, $\beta = 0.5$ である．なお，地盤の表面に設置されるので，$D_\mathrm{f} = 0$ である．また，表 10.2 より $\phi_\mathrm{u} = 0°$ に対する支持力係数は $N_c = 5.1$, $N_\gamma = 0$, $N_q = 1$ となる．よって，式 (10.3) より，支持力はつぎのようになる．

$$q_u = 1.0 \times 20 \times 5.1 + 0 + 0 = 102 \, [\text{kN/m}^2]$$

題意より，式 (10.3) に $c = 0$, $D_f = 0$ を適用すると，$q_u = \beta \gamma_1 B N_\gamma$ となる．

地下水位が十分深い場合は $\gamma_1 = \gamma_t$，地表面に達している場合は $\gamma_1 = \gamma'$ となるから，それぞれの場合の支持力を $q_{u \, ①}$ および $q_{u \, ②}$ とすると，支持力の比はつぎのようになる．

$$\frac{q_{u \, ①}}{q_{u \, ②}} = \frac{\beta \gamma_1 B N_\gamma}{\beta \gamma' B N_\gamma} = \frac{\gamma_t}{\gamma'}$$

10.2 円形基礎であることから，表 10.1 より $\alpha = 1.2$, $\beta = 0.3$ である．また，表 10.2 より $\phi_u = 15°$ に対する支持力係数は $N_c = 11.0$, $N_\gamma = 1.1$, $N_q = 3.9$ となる．よって，式 (10.3) より，基礎の極限支持力はつぎのようになる．

$$\begin{aligned} q_u &= \alpha c N_c + \beta \gamma_1 B N_\gamma + \gamma_2 D_f N_q \\ &= (1.2 \times 20 \times 11.0) + (0.3 \times 18 \times 8 \times 1.1) + (18 \times 3 \times 3.9) = 522 \, [\text{kN/m}^2] \end{aligned}$$

10.3 連続フーチング基礎であるから，表 10.1 より $\alpha = 1.0$, $\beta = 0.5$ である．また，表 10.2 より $\phi_u = 30°$ に対する支持力係数は $N_c = 30.1$, $N_\gamma = 15.7$, $N_q = 18.4$ となる．さらに，$\gamma_1 = \gamma_2 = \gamma' = 20 - 9.80 = 10.2 \, [\text{kN/m}^3]$ である．よって，式 (10.3) より，連続フーチング基礎の極限支持力はつぎのようになる．

$$\begin{aligned} q_u &= \alpha c N_c + \beta \gamma_1 B N_\gamma + \gamma_2 D_f N_q \\ &= (1.0 \times 10 \times 30.1) + (0.5 \times 10.2 \times 3 \times 15.7) + (10.2 \times 2 \times 18.4) \\ &= 917 \, [\text{kN/m}^2] \end{aligned}$$

10.4 題意より，打込み杭の支持力式を用いる．$\overline{N_1} = \overline{N_2} = 30$, $s_{u2} = 25 \, [\text{kN/m}^2]$, $A_p = (\pi/4) \times 0.5^2 = 0.196 \, [\text{m}^2]$, $(A_s)_s = \pi \times 0.5 \times 2 = 3.14 \, [\text{m}^2]$, $(A_s)_c = \pi \times 0.5 \times 20 = 31.4 \, [\text{m}^2]$ を代入すると，杭の極限支持力はつぎのようになる．

$$\begin{aligned} Q_u &= 300 \overline{N_1} A_p + 2.0 \overline{N_2} (A_s)_s + s_{u2}(A_s)_c \\ &= (300 \times 30 \times 0.196) + (2.0 \times 30 \times 3.14) + (25 \times 31.4) = 2740 \, [\text{kN}] \end{aligned}$$

10.5 題意より，式 (10.10), (10.3) を用いる．まず，群杭底面の支持力 q_u を求める．$B = 5 \, [\text{m}]$, $L = 7 \, [\text{m}]$ であるから，形状係数 α, β を表 10.1 により算出すると，それぞれ $\alpha = 1.143$, $\beta = 0.357$ である．また，せん断抵抗角 $\phi = 15°$ から，$N_c = 11.0$, $N_\gamma = 1.1$, $N_q = 3.9$ であり，12 m までの水中単位体積重量 $\gamma' = \gamma_{sat} - \gamma_w = 17 - 9.80 = 7.2 \, [\text{kN/m}^3]$, 12 m 以深の水中単位体積重量 $\gamma' = \gamma_{sat} - \gamma_w = 18.5 - 9.80 = 8.7 \, [\text{kN/m}^3]$ である．したがって，式 (10.3) に用いる $\gamma_1 = 8.7 \, [\text{kN/m}^3]$ であり，γ_2 については 12 m 深さまでが $\gamma_2 = 7.2 \, [\text{kN/m}^3]$, 12〜15 m の間が $\gamma_2 = 8.7 \, [\text{kN/m}^3]$ である．よって，q_u はつぎのようになる．

$$q_u = \alpha c N_c + \beta \gamma_1 B N_\gamma + \gamma_2 D_f N_q$$

$$= (1.143 \times 30 \times 11.0) + (0.357 \times 8.7 \times 5 \times 1.1) + (7.2 \times 12 + 8.7 \times 3) \times 3.9$$

$$= 833\,[\mathrm{kN/m^2}]$$

群杭の底面積は $A_{\mathrm{b}} = 5 \times 7 = 35\,[\mathrm{m^2}]$ で，12 m までの周面の面積 $A_{\mathrm{s1}} = 2(5+7) \times 12 = 288\,[\mathrm{m^2}]$，12 m 以深の周面の面積 $A_{\mathrm{s2}} = 2(5+7) \times 3 = 72\,[\mathrm{m^2}]$ である．したがって，群杭の極限支持力は，式 (10.10) を用いてつぎのようになる．

$$Q_{\mathrm{g}} = q_{\mathrm{u}} A_{\mathrm{b}} + s_1 A_{\mathrm{s1}} + s_2 A_{\mathrm{s2}}$$

$$= (833 \times 35) + (20 \times 288) + (30 \times 72) = 37075\,[\mathrm{kN}] = 37.1\,[\mathrm{MN}]$$

10.6 式 (10.13) に $k_{\mathrm{h}} = 20\,[\mathrm{MN/m^3}]$, $D = 0.3\,[\mathrm{m}]$, $EI = 2.0 \times 10^4\,[\mathrm{kN \cdot m^2}]$ を代入すると，

$$\beta = \sqrt[4]{\frac{k_{\mathrm{h}} D}{4EI}} = \sqrt[4]{\frac{20 \times 10^3 \times 0.3}{4 \times 2.0 \times 10^4}} = \sqrt[4]{7.5 \times 10^{-2}} = 0.5233\,[1/\mathrm{m}]$$

となる．式 (10.15) に上で求めた β の値と許容水平変位 δ を代入すると，杭の水平支持力はつぎのようになる．

$$H_{\mathrm{a}} = \frac{\delta k_{\mathrm{h}} D}{\beta} = \frac{0.02 \times (20 \times 10^3) \times 0.3}{0.5233} = 230\,[\mathrm{kN}]$$

参考文献 ⟫⟫⟫

第 1 章

[1.1] 地盤工学会編：地盤工学用語辞典，2006.

[1.2] 地盤工学会編：地盤調査の方法と解説，2013.

[1.3] 地盤工学会編：地盤調査―基本と手引―，2013.

第 2 章

[2.1] 地盤工学会編：地盤材料試験の方法と解説（第 1 回改訂版），2020.

[2.2] 地盤工学会編：土質試験―基本と手引―（第 3 回改訂版），2022.

[2.3] 地盤工学会編：地盤調査の方法と解説，2013.

[2.4] 地盤工学会編：地盤調査―基本と手引―，2013.

[2.5] Wood, D.M.: Soil Behaviour and Critical State S1oil Mechanics, Cambridge University Press, 1990.

[2.6] Skempton, A.W.: The Colloidal Activity of Clays, Proc. 3rd Int. Conf. on Soil Mechanics and Foundation Engineering, Vol.1, pp.57–61, 1953.

第 3 章

[3.1] 地盤工学会編：地盤材料試験の方法と解説（第 1 回改訂版），2020.

[3.2] Taylor, D.W.: Fundamentals of Soil mechanics, John Wiley & Sons, 7th printing, 1965.

[3.3] 林宏親・三田地利之・西本聡：原位置透水試験および圧密試験による泥炭地盤の透水特性の評価，土木学会論文集 C, Vol.64, No.3, pp.495–504, 2008.

[3.4] 地盤工学会編：土質試験―基本と手引―（第 3 回改訂版），2022.

[3.5] 地盤工学会編：地盤調査の方法と解説，2013.

[3.6] 地盤工学会編：地盤調査―基本と手引―，2013.

第 4 章

[4.1] Osterberg, J.O.: Influence values for vertical stresses in a semi-infinite mass due to an embankment loading, Proc. 4th Int. Conf. SMFE, Vol.1, pp.393–394, 1957.

第 5 章

[5.1] Terzaghi, K.: Theoretical Soil Mechanics, John Wiley and Sons, 1943.

[5.2] 河上房義：土質力学（第 8 版），森北出版，2012.

[5.3] 地盤工学会編：地盤材料試験の方法と解説（第 1 回改訂版），2020.

[5.4] 地盤工学会編：土質試験—基本と手引—（第 3 回改訂版），2022.

[5.5] Barron, R.A.: Consolidation of Fine Grained Soils by Drain Wells, Trans., ASCE, Vol.113, pp.718–754, 1948.

[5.6] 高木俊介：サンドドレーン排水工のグラフとその使用例，土と基礎，Vol.3, No.5, pp.8–14, 1955.

[5.7] 地盤工学会編：地盤工学ハンドブック，1999.

第 6 章

[6.1] 地盤工学会編：地盤材料試験の方法と解説（第 1 回改訂版），2020.

[6.2] 地盤工学会編：土質試験—基本と手引—（第 3 回改訂版），2022.

[6.3] 地盤工学会編：土質試験から学ぶ土と地盤の力学入門，1995.

[6.4] 日本道路協会編：道路土工—盛土工指針—，2010.

[6.5] 地盤工学会編：地盤調査の方法と解説，2013.

[6.6] 地盤工学会編：地盤調査—基本と手引—，2013.

第 7 章

[7.1] 地盤工学会編：地盤材料試験の方法と解説（第 1 回改訂版），2020.

[7.2] 地盤工学会編：地盤調査の方法と解説，2013.

[7.3] 地盤工学会編：土質試験—基本と手引—（第 3 回改訂版），2022.

[7.4] Hvorslev, M.J.: Physical Components of the Shear Strength of Saturated Clays, Proc. Res. Conf. Shear Strength of Cohesive Soils, Colorado, pp.169–273, 1960.

[7.5] Ladd, C.C. and Lambe, T.W.: The Strength of "Undisturbed" Clay Determined from Undrained Tests, Laboratory Shear Testing of Soils, ASTM, STP, No.361, pp.342–371, 1963.

[7.6] 地盤工学会編：地盤調査—基本と手引—，2013.

[7.7] Terzaghi, K. and Peck, R.B.: Soil Mechanics in Engineering Practice, 2nd Edition, John Wiley and Sons, 1967.

[7.8] 地盤工学会編：地盤・耐震工学入門，2008.

[7.9] Skempton, A.W.: The Pore Pressure Coefficients A and B, Geotechnique, Vol.4, No.4, pp.143–147, 1954.

[7.10] Mitachi, T. and Kitago, S.: Change in Undrained Shear Strength Characteristics of Saturated Remolded Clay due to Swelling, Soils and Foundations, Vol.16, No.1, pp.45–58, 1976.

[7.11] 三田地利之・小野丘：過圧密状態の粘土の非排水強度推定法，土と基礎，Vol.33-3, pp.21–28, 1985.

[7.12] Ladd, C.C.: Discussion, Main Session IV, Proc.8th ICSMFE, Vol.4.2, pp.108–115, 1973.

[7.13] Mitachi, T. and Kitago, S.: Undrained Triaxial and Plane Strain Behavior of Saturated Remoldad Clay, Soils and Foundations, Vol.20, No.1, pp.13–28, 1980.

[7.14] 地盤工学会編：不飽和地盤の挙動と評価，2004.

第8章

[8.1] 地盤工学会編：土圧入門，1997.

[8.2] 地盤工学会編：地盤工学数式入門，2001.

[8.3] 日本道路協会編：道路土工—仮設構造物工指針—，1999.

第9章

[9.1] Terzaghi, K. and Peck, R.B.: Soil Mechanics in Engineering Practice, 2nd Edition, John Wiley and Sons, 1967.

[9.2] 地盤工学会編：地盤工学数式入門，2001.

[9.3] Janbu, N.: Application of Composite Slip Surface for Stability Analysis, Proc. Stockholm Conf. on the Stability of Earth Slopes, Vol.3, pp.43–49, 1954.

[9.4] 地盤工学会編：地盤工学用語辞典，2006.

[9.5] Mitachi, T., Kuda, T., Okawara, M. and Ishibashi, M.: Determination of Strength Parameters for Landslide Slope Stability Analysis by Laboratory Test and Inverse Calculation Engagement, Journal of the Japan Landslide Society, Vol.40, No.2, pp.105–116, 2003.

第10章

[10.1] Terzaghi, K. : Theoretical Soil Mechanics, John Wiley and Sons, 1942.

[10.2] 地盤工学会編：地盤工学数式入門，2001.

[10.3] 日本建築学会編：建築基礎構造設計指針，2001.

[10.4] 地盤工学会編：支持力入門，1990.

索　引 ≫≫

英数字

1 次元圧密　83
C_c 法　93
CBR 試験　116
CD 試験　131
CU, $\overline{CU}$ 試験　130
D 値管理　112
e - $\log p$ 曲線　90
JGS　9
K_0 圧密　151
m_v 法　92
N 値　10, 183, 219
PVD 工法　101
RI 法　116
$\sqrt{t}$ 法　89
UU 試験　130
Δe 法　92
$\phi_u = 0$ 解析法　135, 199

あ 行

浅い基礎　208, 209
圧縮指数　29, 90, 93
圧縮性　80
アッターベルグ限界　26
圧密（過程）　79
圧密係数　85, 89
圧密降伏応力　80, 91
圧密試験　80, 88
圧密促進工法　100
圧密定圧（CP）一面せん断試
　験　133
圧密定体積（CV）一面せん断
　試験　132
圧密度　86
圧密排水三軸圧縮試験　138
圧密排水試験　131
圧密非排水三軸圧縮試験
　136

圧密非排水試験　130
圧力球根　70
圧力水頭　40
安定係数　195
石（分）　13, 14
一次圧密　99
一軸圧縮試験　139
一軸圧縮強さ　139
位置水頭　40
一面せん断試験　131
異方性地盤　43, 55
イライト　4, 5, 30
浮き基礎　209
打込み杭　217
埋込み杭　217
運積土　5
影響値　67, 68
鋭敏比　140
液状化　76, 146
液状化強度　149
液性限界（試験）　26-28
液性指数　30
鉛直土圧　160, 185
黄　土　6
応力経路（図）　132, 146
オスターバーグの図　67
オーバーコンパクション
　110

か 行

過圧密粘土　81
過圧密比 OCR　81, 151
過圧密領域　80
崖　錐　6
カオリナイト　4, 5, 16, 30
化学的風化　4
拡散イオン層　17
拡散二重層　17

重ね合わせの原理　68, 216
火山性堆積土　6
火山灰質粘性土　35
過剰間隙水圧　74, 77, 82,
　83
片面排水　87, 88
活性度　30
活性粘土　30
滑動モーメント　193
滑落崖　203
カムクレイモデル　60
間隙圧係数　150
間隙水　38
間隙水圧　60
間隙比　18
間隙率　18
換算高さ　177, 178
完新世　7
含水比（試験）　19, 22
完全軟化強度　205
乾燥法　108, 111
乾燥密度　20
関東ローム　6, 110
疑似過圧密粘土　153
吸着水　17, 39
吸着層　17
強度増加率　131, 137
強度パラメータ　128
強熱減量　171
極　123, 161, 164
極限支持力　210, 212
極限平衡法　188
局所せん断破壊　210, 212
曲率係数　25
許容支持力　211
許容沈下量　211
均等係数　25
杭基礎　209

クイッククレイ　6, 141
クイックサンド　76
空気間隙率　105, 113
組　杭　217
繰返し三軸試験　134, 157
繰返しせん断応力　156
繰返しねじりせん断試験　156
繰返し非排水三軸試験　148
繰返し法　108, 111
クリープ　100
クリープ破壊　154
黒ぼく　6
クーロン土圧　173, 175
クーロンの破壊規準　126
群杭（効果）　221
形状係数　213
ケーソン基礎　209
原位置試験　9, 128
原位置透水試験　45, 46
限界間隙比　144
限界状態　160
限界高さ（深さ）　191, 195
限界動水勾配　77
現場密度試験　23, 116
更新世　7
更新統　8
剛性基礎　72
洪積層　8
構造異方性　16
剛塑性材料　59, 60
降伏荷重　210
高有機質土　32
黒　泥　6
固定ピストン式シンウォール
　サンプラー　11
コンシステンシー（限界）　26
コンシステンシー指数　29

さ　行
最小（最大）間隙比　21
最小主応力　122, 124

最小主応力面　122
最大乾燥密度　105
最大主応力　122, 124
最大主応力面　122
最適含水比　105
細粒土（の構造）　16
細粒土の分類　35
細粒分　14
サウンディング　9
サクション　109
砂質土　19, 33
三軸圧縮試験　127, 134
三軸伸張試験　134
残積土　5
サンドドレーン工法　100
残留強度　155, 205
残留状態　143, 205
時間係数　86
支持杭　218
支持力　208
支持力係数　212
支持力算定式　218
地震合成角　181
地震時土圧　181
地すべり　203
自然含水比　19
湿潤単位体積重量　62
湿潤法　108, 111
湿潤密度　20
室内試験　10
室内せん断試験　128
室内透水試験　45
締固め（曲線）　104, 105
締固めエネルギー　108
締固め試験　106
締固め度　112
四面体シート　4
斜　杭　217
斜面先破壊　193, 196
斜面内破壊　193
終局限界状態　211
収縮限界　26
自由水　17

自由水面　39, 52, 53
修正 CBR　117
周面摩擦力　209, 217
重力井戸　47
重力水　17, 39
主応力　122, 161
主応力差　127, 134
主応力載荷型試験　126
主働状態　161
受働状態　161
主働土圧（係数）　161, 162
受働土圧（係数）　162
主働土圧合力　166, 172
受働土圧合力　166, 174
使用限界状態　211
初期過剰間隙水圧　86
植積土　6
しらす　6
シルト　13
浸潤線　52, 53
新生代　7
伸張条件　153
浸透（流）　39
浸透水圧　75
浸透力　75, 191
深度係数　195
震度係数　180
震度法　180, 200
水中単位体積重量　63
水　頭　40
水頭差　41
水平地盤反力係数　224
スクリューウエイト貫入試験　9, 10
ストークスの法則　23
砂（分）　13, 14
砂置換法　116
スプリットサンプラー　10
すべり面　118, 172, 193, 203, 210
スメクタイト　4, 5, 30
正規圧密粘土　81
正規圧密領域　81

静止状態　　160, 161
静止土圧（係数）　　161, 170
静的コーン貫入試験　　9
施工含水比　　111, 112
設計 CBR　　117
設計震度　　201
設計用強度パラメータ　　206
設計用土圧分布　　183
接地圧　　63, 71
セル圧　　126, 134
ゼロ空気間隙曲線　　105
全応力　　61, 137
先行圧密応力　　81
全水頭　　40
せん断応力　　118, 119
せん断応力載荷型試験　　125
先端支持力　　209, 217
せん断弾性係数　　157
せん断強さ　　118, 128
せん断抵抗　　118
せん断抵抗角　　128
せん断変形　　118
せん断面　　126, 127
全般せん断破壊　　210, 212
造岩鉱物　　4
層　序　　7
相対密度　　21
側　圧　　180
即時沈下　　215
塑性限界（試験）　　26, 28
塑性指数　　29
塑性状態　　26
塑性図　　30, 35
粗粒土（の構造）　　15
粗粒土の分類　　33
粗粒分　　14
損失水頭　　41

た　行
帯水層　　39
体積圧縮係数　　79, 84, 89
体積ひずみ　　84, 92
第四紀　　7

ダイレイタンシー　　144, 147
ダルシーの法則　　42
たわみ性基礎　　71
段階載荷圧密試験　　88
短期安定問題　　130
単　杭　　221
単孔式透水試験　　47
単純せん断　　153
弾性材料　　59
弾性支承　　224
弾性地盤反力法　　224
弾塑性材料　　59
弾塑性状態　　161
単粒構造　　16
地　殻　　4
地下水（位）　　39
地質（学）　　2
地質年代　　7
地　層　　7
チバニアン　　7
沖積層　　8
沖積土　　6
中点円　　195
長期安定問題　　131
直接基礎　　208
直接せん断試験　　125, 131
沈下係数　　216, 217
沈降分析　　23
土　　1, 3
土の工学的分類　　31
土の構造　　15
土の湿潤密度試験　　22
土の密度　　20
定圧せん断強さ　　133
抵抗モーメント　　193
定水位透水試験　　45
定積土　　5
定体積せん断強さ　　132
泥炭（地盤）　　6, 14, 43, 85
定ひずみ速度圧密試験　　88
底部破壊　　193, 195
テイラーの安定図　　194

テルツァギーの 1 次元圧密方程式　　85
転圧試験　　116
電子レンジ法　　22, 116
土　圧　　159
土圧係数　　160
土圧再配分　　182, 183
等価集水径　　101
等価せん断弾性係数　　156
等価ヤング係数　　157
等価粒径　　24
透水（性）　　39
透水係数　　42
動水勾配　　41
等ポテンシャル線　　51, 190
土被り応力　　62
独立フーチング基礎　　209
土質柱状図　　7, 10
土中水　　38
土中土圧　　159, 164, 165
土留め　　183
トラフィカビリティー　　113
土粒子　　14
土粒子の比重　　19
土粒子の密度（試験）　　19, 22

な　行
軟弱地盤　　30
二次圧密　　99
二次鉱物　　14
根入れ深さ　　77, 183, 208, 212
粘性土　　19, 35
粘着力（切片）　　128
粘土（分）　　13, 14
粘土鉱物　　4
ノギス法　　22

は　行
配向構造　　16
排水距離　　86
パイピング　　76

破壊規準（線）　125, 161
場所打ちコンクリート杭　217
八面体シート　4
バーティカルドレーン工法　100
パラフィン法　22
半固体状態　26
盤膨れ　78
被圧帯水層　39, 48, 77
被圧地下水　47, 98
非圧密非排水三軸圧縮試験　134
非圧密非排水試験　130
ピーク強度　155, 205
非繰返し法　108, 111
非拘束流れ　53
ビショップ法　199
ひずみ速度効果　154
非塑性　29
非排水せん断強さ　131, 141, 143, 151
ヒービング　184
標準貫入試験　10
標準ふるい　23
氷積土　6
不圧帯水層　39, 47
不圧地下水　47, 98
風　化　4
風積土　6
フェルニウス法　198
フォールコーン法　28
深い基礎　208, 209
不活性粘土　30
ブーシネスクの解　64
腐　植　14
フーチング基礎　209
物理的風化　4
負の摩擦力　223
不飽和水帯　39
不飽和土　19
プラスチックボードドレーン　101

ふるい分析　23
プレローディング工法　100
分割法　197
分級された土　25
噴　砂　147
平均圧密度　87
平均粒径　25
平板載荷試験　217
平面ひずみ条件　153
壁面土圧　159, 165
壁面摩擦角　172
べた基礎　209
ベッド　16
ベルヌーイの法則　40
変形係数　139
変水位透水試験　45
ベーンせん断試験　142
ベーンせん断強さ　143
ボイリング　76
崩積土　6
膨張指数　91, 93
飽和単位体積重量　62
飽和度　19
飽和土　19
飽和密度　20
掘抜き井戸　47, 48
ボルスレフの破壊規準　139

ま　行

マイヤホフの実用式　219
まき出し厚　116
摩擦杭　218
まさ土　5
乱れの少ない試料　11, 140
密度管理　112
密度計法　24
綿毛構造　16
毛管水　39
毛管飽和帯　39
モール・クーロンの破壊規準　128
モールの応力円　122
モールの破壊規準　127

モールの包絡線　127
モンモリロナイト　4, 5

や　行

矢板（壁）　76, 182
ヤーキーの経験式　170
ヤンブー法　200
有機質土　35
有効応力　61, 82, 137
有効応力解析　137
有効応力の原理　61
有効径　25, 42
有効せん断抵抗角　128
有効土被り応力　63, 160
揚圧力　76, 77
用極法　124
揚水試験　47
抑止工　204
抑制工　204

ら　行

ランキン土圧　161–163, 175
ランダム構造　16
流　管　52, 55
粒　径　13
粒径加積曲線　24
粒径幅の広い土　25
粒径（粒度）分布　23
粒子破砕　112, 146
流線（網）　51, 190
粒度（試験）　23
流動化　147
流動曲線　28
流動指数　28
両面排水　86, 88
履歴減衰率　157
履歴ループ　156
臨界円　194
リングせん断試験　156, 204
れき（礫）　13
連続フーチング基礎　209

著 者 略 歴

三田地 利之（みたち・としゆき）
1967 年　北海道大学工学部土木工学科卒業
1969 年　北海道大学大学院工学研究科土木工学専攻修士課程修了
　　　　　北海道大学工学部講師
1973 年　北海道大学工学部助教授
1980 年　工学博士
1984 年　北海道大学工学部教授
2008 年　北海道大学名誉教授
　　　　　日本大学生産工学部教授
2010〜2014 年　日本大学生産工学部特任教授

編集担当　二宮　惇（森北出版）
編集責任　藤原祐介（森北出版）
組　　版　ウルス
印　　刷　丸井工文社
製　　本　同

土質力学入門（第 2 版）　　　　　　　　　　© 三田地 利之　2020

2013 年 5 月 10 日　第 1 版第 1 刷発行　　　【本書の無断転載を禁ず】
2020 年 2 月 20 日　第 1 版第 8 刷発行
2020 年 10 月 19 日　第 2 版第 1 刷発行
2024 年 2 月 10 日　第 2 版第 4 刷発行

著　　者　三田地 利之
発 行 者　森北博巳
発 行 所　森北出版株式会社
　　　　　東京都千代田区富士見 1-4-11（〒102-0071）
　　　　　電話 03-3265-8341／FAX 03-3264-8709
　　　　　https://www.morikita.co.jp/
　　　　　日本書籍出版協会・自然科学書協会　会員
　　　　　JCOPY ＜（一社）出版者著作権管理機構　委託出版物＞

落丁・乱丁本はお取替えいたします.

Printed in Japan／ISBN978-4-627-46402-5